完全マスター

高圧ガス製造保安責任者
乙種機械

辻森 淳 著

Ohmsha

本書を発行するにあたって，内容に誤りのないようできる限りの注意を払いましたが，本書の内容を適用した結果生じたこと，また，適用できなかった結果について，著者，出版社とも一切の責任を負いませんのでご了承ください．

本書は，「著作権法」によって，著作権等の権利が保護されている著作物です．本書の複製権・翻訳権・上映権・譲渡権・公衆送信権（送信可能化権を含む）は著作権者が保有しています．本書の全部または一部につき，無断で転載，複写複製，電子的装置への入力等をされると，著作権等の権利侵害となる場合があります．また，代行業者等の第三者によるスキャンやデジタル化は，たとえ個人や家庭内での利用であっても著作権法上認められておりませんので，ご注意ください．

本書の無断複写は，著作権法上の制限事項を除き，禁じられています．本書の複写複製を希望される場合は，そのつど事前に下記へ連絡して許諾を得てください．

出版者著作権管理機構
（電話 03-5244-5088, FAX 03-5244-5089, e-mail: info@jcopy.or.jp）

JCOPY <出版者著作権管理機構 委託出版物>

はじめに

　「高圧ガス製造保安責任者乙種機械」試験に合格するためには，高圧ガス関連の知識や技術に関する参考書，試験問題集，法規集などの複数の書籍を用いて勉強する必要があり，通常，ある程度まとまった時間が必要になります．本書では，必要な試験の内容を一冊にまとめ，また，要点解説と演習問題を組み合わせることで，少しの時間でも効率よく学習することができるよう工夫してあります．

　高圧ガス製造保安責任者乙種機械試験では，法令20問，学識15問，保安管理技術15問の合計50問が出題されています．試験に合格するためには，これらの試験において，60%以上の正解を得ることが必要です．それぞれの問いでは，イ，ロ，ハなど3から5項目の記述に対し，5つの選択肢から正解を選ぶ形式になっていますが，それぞれの記述の正誤がわからなければ正しく解答できませんので，正確な知識と解答力が必要になります．

　本書では，試験問題の出題形式にとらわれず，多くの問題を組み込むことにより，記述に対する正誤を正確に判断できることに重点をおいた構成にいたしました．また，A5サイズのコンパクトな大きさにまとめ，常時携行し，通勤中など限られた時間と場所でも手軽に学習できるよう配慮しています．

　文末になりましたが，読者の皆様におかれましては，本書を用いて繰り返し学習することで，高圧ガス製造保安責任者乙種機械試験に合格されますよう，心からお祈り申し上げます．

2015年8月

辻森　淳

本書の使い方

　本書は，5編構成となっています．

　1編から3編は，試験問題に対応し，法令（1編），学識（2編），保安管理技術（3編）の各分野の要点の解説と演習問題から構成されています．要点を確認した後，演習問題を繰り返し練習することをお勧めいたします．単なる暗記ではなく，正解を得るための考え方や方法を学習できる内容になっております．

　なお，1編から3編の演習問題においては，試験問題の出題の形式である3～5項目の記述の方式とは異なり，各分野での必要事項を網羅するため多くの問題を配置しておりますことに留意して下さい．

　4編は，模擬試験となっていますので，1編から3編を何度も繰り返し練習し，ほぼ確実に正解できるようになった後の仕上げとして，ご利用下さい．模擬試験では難問もある程度含まれており，国家試験より難易度がやや高いので，これらの設問に正答が得られればかなりの実力がついたと認められます．

　5編は，高圧ガス製造保安責任者乙種機械試験に過去において出題された，高圧ガス保安法，高圧ガス保安法施行令，一般高圧ガス保安規則，液化石油ガス保安規則，コンビナート等保安規則，容器保安規則のうち，とくに重要なものを抽出してあり，1編の学習の際に参照する箇所にもなっています．

　なお，各編の要点の中の**太字**は出題頻度の高いキーワードであり，波線の部分は，問題の正誤を判断するために注意すべき箇所です．

目 次

1編 法 令

1 章 目的及び定義 (高圧ガス保安法第1条から第4条) …………… 2

2 章 製造の許可・貯蔵 (高圧ガス保安法第5条から第19条) ………… 5
 2.1 第一種製造者
 2.2 第一種貯蔵所

3 章 完成検査, 販売, 届出, 移動, 消費, 廃棄
 (高圧ガス保安法第20条から第25条) ……………………………… 8
 3.1 完成検査, 届出
 3.2 販売事業の届出
 3.3 周知義務
 3.4 輸入検査
 3.5 移　動
 3.6 消　費
 3.7 廃　棄

4 章 保　安 (高圧ガス保安法第26条から第39条) ………………… 15
 4.1 危害予防規程, 保安教育計画
 4.2 保安要員
 4.3 保安検査
 4.4 危険時の措置及び届出

5 章 容器・帳簿・検査・事故等 (高圧ガス保安法第40条から第86条) …… 23
 5.1 容　器
 5.2 容器検査
 5.3 移　動
 5.4 帳　簿
 5.5 事　故

6 章 第一種製造設備に係る技術上の基準他 (液化石油ガス保安規則) …… 33
 6.1 用語の定義
 6.2 第一種製造設備に係る技術上の基準

7 章　製造施設に係る技術上の基準（コンビナート等保安規則）……………… 40
　　7.1　用語の定義
　　7.2　製造施設に係る技術上の基準
8 章　定置式製造設備に係る技術上の基準（一般高圧ガス保安規則）……… 53
9 章　圧縮天然ガススタンドに係る技術上の基準
　　（一般高圧ガス保安規則）……………………………………………………… 70

2編　学　識

1 章　単　位 …………………………………………………………………… 74
　　1.1　SI 単位：世界共通の実用単位
　　1.2　接頭語
2 章　気体・液体の性質 ……………………………………………………… 77
　　2.1　理想気体
　　2.2　相変化，状態図
　　2.3　熱力学
3 章　化学反応 ………………………………………………………………… 98
　　3.1　化学反応式と化学平衡
　　3.2　燃焼・爆発
4 章　ガスの性質 ……………………………………………………………… 109
5 章　材　料 …………………………………………………………………… 119
　　5.1　材料力学
　　5.2　材　料
　　5.3　溶接と非破壊検査
　　5.4　腐食と防食
　　5.5　管，胴，球の応力
6 章　高圧装置 ………………………………………………………………… 143
　　6.1　圧縮機
　　6.2　ポンプ
　　6.3　塔　類
　　6.4　貯　槽
　　6.5　熱交換器

         6.6　容　　器
         6.7　冷凍機
         6.8　管継手・配管
7 章　計測機器 ………………………………………………………… 157
         7.1　温度計
         7.2　圧力計
         7.3　流量計
         7.4　液面計
         7.5　制御システム
         7.6　安全計装
8 章　流動と伝熱 ……………………………………………………… 166
         8.1　管内流
         8.2　伝　　熱

3 編　保安管理技術

1 章　圧縮機及びポンプ ……………………………………………… 178
         1.1　圧縮機
         1.2　ポンプ
         1.3　軸封装置
         1.4　漏えい防止
2 章　高圧設備 ………………………………………………………… 189
         2.1　管・継手
         2.2　バルブ（弁）
         2.3　ガスケット・パッキン
         2.4　安全弁等
3 章　保安・防災 ……………………………………………………… 203
         3.1　安全装置
         3.2　防災設備
         3.3　電気設備
         3.4　用役設備
         3.5　災害時の措置

3.6　安全管理
　　3.7　換　気
　　3.8　保安電力
　　3.9　リスクアセスメント
　　3.10　安全推進手法
4 章　運転・設備管理 ……………………………………………… 226
　　4.1　計測器の取扱い
　　4.2　製造設備の維持管理・検査
　　4.3　製造設備の運転
　　4.4　工事管理
5 章　材料と防食 …………………………………………………… 241

4 編　模擬試験

1 章　法　令 ………………………………………………………… 244
2 章　学　識 ………………………………………………………… 256
3 章　保安管理技術 ………………………………………………… 265

5 編　重要な法規

1 章　高圧ガス保安法 ……………………………………………… 274
2 章　高圧ガス保安法施行令 ……………………………………… 283
3 章　一般高圧ガス保安規則 ……………………………………… 285
4 章　液化石油ガス保安規則 ……………………………………… 299
5 章　コンビナート等保安規則 …………………………………… 302
6 章　容器保安規則 ………………………………………………… 309

参考文献…………………………………………………………………… 312

1編
法　令

　法令は，高圧ガス保安法，高圧ガス保安法施行令，容器保安規則，一般高圧ガス保安規則，液化石油ガス保安規則，コンビナート等保安規則などから出題される．これらの高圧ガス関連の法律のなかで，過去の出題傾向を分析し，高圧ガス製造保安責任者の試験問題に頻出している分野について解説する．

1章 目的及び定義

（高圧ガス保安法第1条から第4条）

　高圧ガス保安法について，**第1条**の目的及び**第2条**の定義については，以下の内容を把握する必要がある．高圧ガス保安法の目的は，**高圧ガスを安全に取り扱うための規制**にとどまらず，**保安のための自主活動を促進する**ことにある．

　次に，第2条の高圧ガスの定義より，表1.1 の圧縮ガス又は液化ガスが**高圧ガス**となる．

表1.1　高圧ガスの定義

圧縮ガス	・温度 35 度以下で圧力が 1 メガパスカル以上の圧縮ガス ・温度 15 度以下で圧力が 0.2 メガパスカル以上のアセチレンガス
液化ガス	・温度 35 度以下で圧力が 0.2 メガパスカル以上の液化ガス ・温度 35 度以下で圧力 0 パスカルを超える液化シアン化水素，液化ブロムメチル，液化酸化エチレン*）

＊高圧ガス保安法第2条第四号の政令で定める液化ガス
　→液化シアン水素，液化ブロムメチル，液化酸化エチレン

　ただし，高圧ガス保安法施行令第2条により，圧縮装置（空気分離装置を除く）における圧縮空気（温度35度で圧力5メガパスカル以下）とオートクレーブ内のガスが適用除外となる．ただし，圧縮装置であっても<u>空気分離装置</u>には適用される．また，オートクレーブ内であっても<u>水素，アセチレン及び塩化ビニル</u>には適用される．

演習問題

問1 次のイ～ヘの記述のうち，正しいものはどれか．

イ．高圧ガス保安法は，高圧ガスによる災害を防止して公共の安全を確保する目的のために，高圧ガスの製造，貯蔵，販売，移動その他の取扱い及び消費並びに容器の製造及び取扱いについて規制するとともに，民間事業者及び高圧ガス保安協会による高圧ガスの保安に関する自主的な活動を促進することを定めている．

ロ．温度15度において圧力が0.2メガパスカルとなる圧縮アセチレンガスは高圧ガスである．

ハ．液化ガスであって，その圧力が0.2メガパスカルとなる温度が25度であるものは，現在の圧力が0.19メガパスカルであっても高圧ガスである．

ニ．圧力が0.2メガパスカルとなる場合の温度が35度以下である液化ガスであっても，現在の圧力が0.1メガパスカルであるものは高圧ガスではない．

ホ．常用の温度35度において圧力が1メガパスカル以上となる圧縮ガス（圧縮アセチレンガスを除く）は，現在の圧力が1メガパスカル未満であっても，高圧ガスである．

ヘ．高圧ガス保安法は，高圧ガスによる災害を防止するため，高圧ガスの製造，貯蔵，販売等を規制するとともに，民間事業者及び高圧ガス保安協会による高圧ガスの保安に関する自主的な活動を促進し，もって公共の安全を確保することを目的としている．

解説

- イ ○　高圧ガス保安法第1条のとおり．
- ロ ○　高圧ガス保安法第2条第二号のとおり．
- ハ ○　高圧ガス保安法第2条第三号のとおり．
- ニ ×　高圧ガス保安法第2条第三号より，高圧ガスとなる．
- ホ ○　高圧ガス保安法第2条第一号のとおり．
- ヘ ○　高圧ガス保安法第1条のとおり．

問2 次のイ～ホの記述のうち，正しいものはどれか．

イ．液化酸化エチレンは，高圧ガスである．

ロ．液化シアン化水素，液化ブロムメチルは，高圧ガスである．

ハ．空気分離装置に用いられている圧縮装置内における圧縮空気は，温度35度において圧力が5メガパスカル以下であれば，高圧ガス保安法の適用を受けな

ニ. 圧縮装置（空気分離装置に用いられているものを除く）内における圧縮空気は，常用の温度における圧力が1メガパスカル以上であっても，高圧ガス保安法の適用を受けない場合がある．
ホ. オートクレーブ内における高圧ガスは，そのガスの種類にかかわらず高圧ガス保安法の適用を受けない．

解説

- イ○　高圧ガス保安法施行令第1条第三号のとおり．難問
- ロ○　高圧ガス保安法第2条第四号及び高圧ガス保安法施行令第1条第三号のとおり．
- ハ×　高圧ガス保安法施行令第2条第3項第一号より，空気分離器は適用除外の対象ではない．
- ニ○　高圧ガス保安法施行令第2条第3項第一号より，圧縮装置（空気分離装置に用いられるものを除く）内における圧縮空気であって，温度35度において圧力5メガパスカル以下のものは，高圧ガス保安法の適用を受けない．
- ホ×　高圧ガス保安法施行令第2条第3項第五号より，オートクレーブ内であっても水素，アセチレン及び塩化ビニルは適用除外の対象とはならない．

2章 製造の許可・貯蔵

(高圧ガス保安法第5条から第19条)

高圧ガス保安法第5条から第19条では，**製造の許可や貯蔵**について規定されている．

2.1 第一種製造者

第5条では，都道府県知事の製造に対する許可が必要な「**第一種製造者**」について定められている．

> 第一種製造者：容積100立方メートル毎日以上の高圧ガスの製造，又は容積300立方メートル毎日以上の第一種ガスの製造

また，第14条より，"第一種製造者は，下記の場合，**都道府県知事の許可を受けなければならない．ただし，製造のための施設の位置，構造，設備について経済産業省令で定める軽微な工事**をしようとするときは，都道府県知事への許可を必要とせず，完成後遅滞なく，その旨を**都道府県知事に届ければよい．**

- **製造のための施設の位置，構造，設備の変更の工事**
- **製造をする高圧ガスの種類，製造の方法の変更**

2.2 第一種貯蔵所

第16条では，都道府県知事の許可を受けなければならない貯蔵所として，「**第一種貯蔵所**」が定められている．ただし，都道府県知事に製造の許可を受けた第一種製造者については，当該ガスについての貯蔵に関する手続きは免除される．

> 第一種貯蔵所：都道府県知事の許可が必要
> ・第一種ガス：容積3 000立方メートル以上の圧縮ガス，30トン以上の液化ガス
> ・第一種ガス以外：容積1 000立方メートル以上の圧縮ガス，10トン以上の液化ガス
> ※液化ガスの場合は10キログラムを容積1立方メートルとみなす．
> 第二種貯蔵所：届出

- 第一種ガス：容積 300 立方メートル以上 3 000 立方メートル未満の圧縮ガス，3 トン以上 30 トン未満の液化ガス
- 第一種ガス以外：容積 300 立方メートル以上 1 000 立方メートル未満の圧縮ガス，3 トン以上 10 トン未満の液化ガス

※第一種ガス：ヘリウム，ネオン，アルゴン，クリプトン，キセノン，ラドン，窒素，二酸化炭素（炭酸ガス），フルオロカーボン（可燃性ものを除く），空気
※第二種ガス：第 1 種ガス以外のガス

演習問題

問 1 次のイ～リの記述のうち，正しいものはどれか．

イ．アセチレンに係る高圧ガスの製造をしようとする者が，事業所ごとに，都道府県知事の許可を受けなければならない場合の処理することができるガスの容積の最小の値は，1 日 100 立方メートルである．

ロ．第一種製造者は，製造をする高圧ガスの種類を変更しようとするときは，都道府県知事の許可を受けなければならない．

ハ．販売業者が販売のため，容積 1 000 立方メートルの圧縮水素を貯蔵するときは，第二種貯蔵所においてすることができる．

ニ．高圧ガスの製造について都道府県知事の許可を受けなければならない場合の処理することができるガスの容積の最小の値は，製造をする高圧ガスの種類が第一種ガスである場合と第一種ガス以外のガスである場合とでは異なる．

ホ．第一種製造者は，製造のための施設の位置，構造又は設備を変更することなく，製造をする高圧ガスの種類を変更したときは，軽微な変更の工事として，変更後遅滞なく，その旨を都道府県知事に届け出なければならない．

ヘ．第一種製造者は，高圧ガスの製造の許可を受けたところに従って貯蔵能力が 1 000 トンの貯槽により液化プロピレンを貯蔵するときは，都道府県知事の許可を受けて設置する第一種貯蔵所において貯蔵する必要はない．

ト．販売業者が高圧ガスの販売のため，質量 3 000 キログラム未満の液化フルオロカーボン（可燃性でないもの）のみを貯蔵するときは，第一種貯蔵所又は第二種貯蔵所において貯蔵する必要はない．

チ．第一種ガス以外の高圧ガスのみの製造をしようとする者が，事業所ごとに，都

道府県知事の許可を受けなければならない場合の処理することができるガスの容積の最小の値は，1日300立方メートルである．
リ．第一種製造者が製造設備の高圧ガスのポンプを処理能力の異なるものに取り替える工事は，軽微な変更の工事に該当するもので，その第一種製造者は，その完成後遅滞なく，その旨を都道府県知事に届け出ればよい．

解説

- イ◯ 高圧ガス保安法第5条第1項第一号のとおり．
- ロ◯ 高圧ガス保安法第14条第1項のとおり．
- ハ✕ 高圧ガス保安法第16条のとおり，容積1 000立方メートル以上の圧縮水素（第二種ガス）を貯蔵するときは，第一種貯蔵所においてしなければならない．
- ニ◯ 高圧ガス保安法第5条第1項第一号，高圧ガス保安法施行令第3条のとおり．
- ホ✕ 高圧ガス保安法第14条第1項より，製造のための施設の位置，構造，設備の変更の工事，又は，製造をする高圧ガスの種類，製造の方法を変更するときは，都道府県知事の許可を受けなければならない．
- ヘ◯ 高圧ガス保安法第16条第1項より，「第一種製造者が第5条第1項の許可を受けたところに従って高圧ガスを貯蔵するときにはこの限りではない」，すなわち，第一種製造者であれば，第一種貯蔵所で貯蔵しなくてもよい．
- ト◯ 高圧ガス保安法第16条，同第17条の2，及び高圧ガス保安法施行令第3条，同第5条より，第一種ガスであるヘリウム，ネオン，アルゴン，クリプトン，キセノン，ラドン，窒素，二酸化炭素（炭酸ガス），フルオロカーボン（可燃性ものを除く），空気において，容積300立方メートル未満の圧縮ガス，3トン未満の液化ガスである場合には，第一種貯蔵所又は第二種貯蔵所において貯蔵する必要はない．
- チ✕ 高圧ガス保安法第5条第1項第一号より，都道府県知事の許可を受けなければならない容積は，1日100立方メートル以上製造する場合である．
- リ✕ 高圧ガス保安法第14条第1項より，製造のための施設の位置，構造若しくは設備を変更するときは，都道府県知事の許可を受けなければならない．

3章 完成検査，販売，届出，移動，消費，廃棄

（高圧ガス保安法第20条から第25条）

本章では，高圧ガス保安法第20条から第25条の内容である完成検査，販売事業の届出，輸入検査，移動，消費，廃棄などについて述べる．

3.1 完成検査，届出

高圧ガス保安法第20条では，第一種製造者は，製造の許可及び貯蔵の許可を受け，さらに高圧ガス製造の施設，**第一種貯蔵所**の工事を完成したときは，次のどちらかをした後でなければ使用することができないと定められている．

- 都道府県知事の完成検査を受ける．
- 指定機関の完成検査を受け，都道府県知事に届け出る．

また，高圧ガスの製造のための施設，第一種貯蔵所の位置，構造，若しくは設備の変更の工事（**特定変更工事**）を完成させたときは，都道府県知事が行う完成検査を受けなければならない．ただし，「高圧ガス保安協会，経済産業大臣が指定する者が行う完成検査を受け都道府県知事に届け出た場合」や「自ら特定変更工事に係る完成検査を行うことができる者として経済産業大臣の認定を受けている者が，検査の記録を都道府県知事に届け出た場合」は，その必要はない．

3.2 販売事業の届出

高圧ガス保安法第20条の4では，販売事業について，第一種製造者で製造をした高圧ガスをその事業所において販売するときを除き，**事業開始の日の20日前までに**，販売をする高圧ガスの種類を記載し，**都道府県知事**に届け出なければならないと定められている．また，製造の開始又は廃止したときは遅滞なく**都道府県知事**に届けなければならない．

3.3 周知義務

高圧ガス保安法第20条の5により，販売業者等は，販売する高圧ガスを購入する者に対し，災害の発生の防止に関する事項を周知する義務がある．

販売契約を締結したとき及び第20条の5による周知をしてから1年以上経過して高圧ガスを引き渡したときごと（一般高圧ガス保安規則第38条）に当該高圧ガスによる災害の発生の防止に関して

- 溶接又は熱切断用のアセチレン，天然ガス又は酸素
- 在宅酸素療法用の液化酸素
- スクーバダイビング等呼吸用の空気

の3種類の高圧ガスに対し周知させるべき項目として，一般高圧ガス保安規則第39条に次の6項目が規定されている．

- 使用する消費設備のその販売する高圧ガスに対する適応性に関する基本的事項
- 消費設備の操作，管理及び点検に関し注意すべき基本的な事項
- 消費設備を使用する場所の環境に関する基本的な事項
- 消費設備の変更に関し注意すべき基本的な事項
- ガス漏れを感知した場合その他高圧ガスによる災害が発生し，又は発生するおそれがある場合に消費者がとるべき緊急の措置及び販売事業者等に対する連絡に関する基本的な事項
- 前号に掲げるもののほか，高圧ガスによる災害の発生防止に関し必要な事項

また，高圧ガス保安法第20条の6では，販売業者等は，経済産業省令で定める技術上の基準に従って高圧ガスの販売をしなければならないと定められている．

3.4 輸入検査

高圧ガス保安法第22条では，高圧ガスの輸入をした者は，輸入をした高圧ガス及びその容器につき，次の場合を除き，都道府県知事が行う輸入検査を受け，これらが経済産業省令で定める技術上の基準に適合していると認められた後でなければ，これを移動してはならないと定められている．

- 協会又は経済産業大臣が指定する者が行う輸入検査を受け，これらが輸入検査基準に適合していると認められ，その旨を都道府県知事に届け出た場合
- 船舶から導管により陸揚げして輸入をする場合
- 経済産業省令で定める緩衝装置内における輸入をする場合

3.5 移 動

高圧ガス保安法第23条では，高圧ガスの移動について定められている．

- 移動に際し，経済産業省令で定める保安上必要な措置を講じなければならない．
- 車両により高圧ガスを移動するときは，その積載方法及び移動方法について

技術上の基準に従ってしなければならない．
- 導管により高圧ガスを輸送するには技術上の基準に従ってその導管を設置し，及び維持しなければならない．

さらに，高圧ガス保安法第 23 条を受け，一般高圧ガス保安規則第 49 条より，車両に固定した容器による移動に係る技術上の基準として，次のような事項が定められている．

- 車両の見やすい箇所に警戒標を掲げること．
- 充てん容器等は，その温度を常に **40 度以下**に保つこと．この場合において，液化ガスの充てん容器等にあっては，温度計又は温度を適切に検知することができる装置を設けること．
- 液化ガスのうち，可燃性ガス，毒性ガス又は酸素の充てん容器等には，ガラス等損傷しやすい材料を用いた液面計を使用しないこと．
- 可燃性ガス，酸素又は三フッ化窒素を移動するときは，消火設備並びに災害発生防止のための応急措置に必要な資材及び工具等を携行すること．

また，次の①〜③の高圧ガスを移動するときは，甲種化学責任者免状，乙種化学責任者免状，丙種化学責任者免状，甲種機械責任者免状若しくは乙種機械責任者免状の交付を受けている者に当該高圧ガスの移動について監視させること．

① 圧縮ガス
・容積 300 立方メートル以上の**可燃性ガス**及び**酸素**
・容積 100 立方メートル以上の**毒性ガス**

② 液化ガス
・質量 3 000 キログラム以上の**可燃性ガス**及び**酸素**
・質量 1 000 キログラム以上の**毒性ガス**

③ 特殊高圧ガス

また，移動に際し
- 1 人の運転者による連続運転時間が，4 時間を超える場合
- 1 人の運転者による運転時間が，1 日当たり 9 時間を超える場合

に該当する場合は，交替して運転させるため，容器を固定した車両 1 台について運転者 2 人を充てること．特に，可燃性ガス，毒性ガス又は酸素の高圧ガスを移動するときは，高圧ガスの名称，性状及び移動中の災害防止のために必要な注意事項を記載した書面を運転者に交付し，移動中携帯させ，これを遵守させることと定められている．

3.6 消費

　高圧ガス保安法第24条の2では，**特定高圧ガス（圧縮モノシラン，圧縮ジボラン，液化アルシン，その他の特定高圧ガス）**を消費する者は，事業所ごとに，消費開始の日の20日前までに，消費する特定高圧ガスの種類，消費のための施設の位置，構造及び設備並びに消費の方法を記載した書面を添えて，その旨を都道府県知事に届けなければならないと定められている．表1.2にその他政令で定める特定高圧ガスの種類と容量を示す．

表1.2　特定高圧ガス

圧縮水素	容積300立方メートル以上
圧縮天然ガス	容積300立方メートル以上
液化酸素	質量3 000キログラム以上
液化アンモニア	質量3 000キログラム以上
液化石油ガス	質量3 000キログラム以上
液化塩素	質量1 000キログラム以上

3.7 廃棄

　高圧ガス保安法第25条より，高圧ガスの廃棄は，廃棄の場所，数量その他廃棄の方法について経済産業省令で定める技術上の基準に従ってしなければならないと定められている．この際

- 可燃性ガスは，火気を取り扱う場所を避け，かつ，通風の良い場所で少量ずつすること（一般高圧ガス保安規則第62条）．
- 廃棄は，火気を取り扱う場所の周囲8メートル以内を避け，かつ，通風の良い場所で少量ずつすること（液化石油ガス保安規則第60条）．

と定められている．

演 習 問 題

問1 次のイ〜ヌの記述のうち，正しいものはどれか．

イ．質量1000キログラムの液化塩素を貯蔵して消費する者は，事業所ごとに，消費開始の日の20日前までに，その旨を都道府県知事に届け出なければならない．

ロ．容量300立方メートルの圧縮水素のみを貯蔵して消費する者は，事業所ごとに，消費開始の日の20日前までに，その旨を都道府県知事に届け出る必要はない．

ハ．販売業者は，同一の都道府県内に新たに販売所を設けて高圧ガスの販売の事業を営もうとする場合，その販売所における高圧ガスの販売の事業開始後遅滞なく，その旨を都道府県知事に届け出なければならない．

ニ．第一種製造者（冷凍のため高圧ガスの製造をする者を除く）は，その事業所で製造した高圧ガスをその事業所において販売しようとするときは，その旨を都道府県知事に届け出る必要はないが，販売の方法に係る技術上の基準に従って販売しなければならない．

ホ．高圧ガスである圧縮天然ガスを貯蔵せずに，他の事業所から導管により受け入れて消費する者は，消費開始の日の20日前までに，その旨を都道府県知事に届け出なければならない．

ヘ．特定高圧ガス消費者であり，かつ，第一種製造者である者は，その製造について都道府県知事の許可を受けているので，特定高圧ガスの消費をすることについて都道府県知事に届け出る必要はない．

ト．第一種製造者は，高圧ガスの製造施設の特定変更工事を完成し，指定完成検査機関が行う完成検査を受け所定の技術上の基準に適合していると認められた場合は，その旨を都道府県知事に届け出ることなく，かつ，都府県知事が行う完成検査も受けることなく，その施設を使用することができる．

チ．高圧ガスである液化アルシンを消費する者は，特定高圧ガス消費者である．

リ．すでに完成検査を受けている製造施設の全部の引渡しがあった場合，その引渡しを受けた者は，都道府県知事の許可を受けることなくこの製造施設を使用することができる．

ヌ．製造施設の位置，構造又は設備の変更について都道府県知事の許可を受けた工事のうち，特定変更工事は完成検査の対象である．

解 説

- イ ○ 高圧ガス保安法第24条の2，高圧ガス保安法施行令第7条第2項のとおり．
- ロ × 高圧ガス保安法第24条の2，高圧ガス保安法施行令第7条第2項より，届け出

12

● 3章 完成検査，販売，届出，移動，消費，廃棄 ●

なければならない．
- ハ✗ 高圧ガス保安法第20条の4より，事業開始の20日前までに届け出なければならない．
- ニ○ 高圧ガス保安法第20条の4より，第一種製造者は販売事業の届出の必要はない．また，同第20条の4より，販売者は技術上の基準に従って販売しなければならない．
- ホ○ 高圧ガス保安法第24条の2，高圧ガス保安法施行令第7条第2項より，特定高圧ガス消費者は，消費開始の20日前までに都道府県知事に届け出なければならない．
- ヘ✗ 高圧ガス保安法第24条の2より，第一種製造者であっても，特定高圧ガス消費者は，消費開始の20日前までに都道府県知事に届け出なければならない．
- ト✗ 高圧ガス保安法第20条より，都道府県知事の完成検査を受けるか，もしくは指定完成検査機関が行う完成検査を受け都道府県知事に届けなければならない．
- チ○ 高圧ガス保安法第24条の2より，圧縮モノシラン，圧縮ジボラン，液化アルシンは特定高圧ガスである．
- リ✗ 高圧ガス保安法第20条，同第5条などにより，製造施設を使用するためには，完成検査と都道府県知事の製造等の許可の両方が必要である．
- ヌ○ 高圧ガス保安法第20条第3項のとおり．

問2 次のイ～ホの記述のうち，正しいものはどれか．

- イ．高圧ガスを移動する際には，経済産業省令で定める保安上必要な措置を講じなければならないが，車両による移動の場合は，その必要はない．
- ロ．車両に固定した容器（高圧ガスを燃料として使用する車両に固定した燃料装置用容器を除く）により可燃性ガス又は酸素を移動するときは，消火設備並びに災害発生防止のための応急措置に必要な資材及び工具等を携行しなければならない．
- ハ．製造設備内の高圧ガスを廃棄するとき，一般高圧ガス保安規則で定める廃棄に係る技術上の基準に従ってしなければならない高圧ガスは，可燃性ガス，毒性ガス及び酸素である．
- ニ．可燃性ガス又は毒性ガスを継続かつ反復して廃棄するときは，そのガスの滞留を検知するための措置を講じて行わなければならないと定められているが，酸素の場合はその定めはない．
- ホ．液化塩素の充てん容器を車両に積載して移動するとき，その液化塩素の質量が2 000キログラムの場合は，移動監視者にその移動について監視させなくてよい．

解　説

- イ✕　前半は設問文のとおりであるが，後半は，高圧ガス保安法第23条第2項より，車両により高圧ガスを移動するときは，その積載方法及び移動方法について経済産業省令で定める技術上の基準に従ってしなければならないので誤り．
- ロ◯　一般高圧ガス保安規則第49条第1項第十四号のとおり．
- ハ◯　一般高圧ガス保安規則第61条のとおり．なお，消費に関しては，可燃性ガス，毒性ガス，酸素のほかに空気も該当する．
- ニ◯　一般高圧ガス保安規則第62条第4項のとおり．
- ホ✕　一般高圧ガス保安規則第49条第1項第十七号より，毒性ガスの液化ガスの場合は，1 000キログラム以上が移動監視者の対象になる．難問

4章 保安

（高圧ガス保安法第26条から第39条）

高圧ガス保安法第26条から第39条では，危害予防規程，保安教育，保安統括者など，保安検査，自主検査などについて規定している．

4.1 危害予防規程，保安教育計画

まず，高圧ガス保安法第26条，第27条では，第一種製造者は，**危害予防規程**を定め都道府県知事に届け出ること，**保安教育計画**を定め実行することが規定されている．

〈危害予防規程に記載する内容〉

- 経済産業省令で定める技術上の基準に関すること．
- 保安管理体制並びに保安統括者，保安技術管理者，保安係員，保安主任者及び保安企画推進員の行うべき職務の範囲に関すること．
- 製造設備の安全な運転及び操作に関すること．
- 製造施設の保安に係る巡視及び点検に関すること．
- 製造施設の新増設に係る工事及び修理作業の管理に関すること．
- 製造施設が危険な状態となったときの措置及びその訓練方法に関すること．
- 協力会社の作業の管理に関すること．
- 従業者に対する当該危害予防規程の周知方法及び当該危害予防規程に違反した者に対する措置に関すること．
- 保安に係る記録に関すること．
- 危害予防規程の作成及び変更の手続に関すること．

4.2 保安要員

1）保安要員の概要

高圧ガス保安法第27条の2及び第27条の3では，**保安統括者，保安技術管理者，保安係員，保安主任者，及び保安企画推進員**について定められている．また，第33条より，保安統括者，保安技術管理者，保安係員が旅行，疾病その他の事故によってその職務を行うことができない場合に備え，高圧ガス製造保安責任者免状の交付を受けている**代理人**をあらかじめ選任しておかなければならない．

① 保安統括者

- 高圧ガスの製造に係る保安に関する業務を統括管理する．
- 第一種製造者の事業所ごとに選任する．<u>高圧ガス製造保安責任者でなくてもよい</u>．

※都道府県知事への届出が必要．

② 保安技術管理者
- 保安技術管理者は，保安統括者を補佐して，高圧ガスの製造に係る保安に関する技術的な事項を管理する．
- 第一種製造者のうち，高圧ガスの処理能力が 1 000 000 立方メートル（貯槽を設置して専ら高圧ガスの充てんを行う場合は 2 000 000 立方メートル）以上の事業所に必要．
- 高圧ガス製造保安責任者で，高圧ガス製造に関する経験を有する者から選任する．

③ 保安係員
- 製造のための施設の維持，製造の方法の監視その他高圧ガスの製造に係る保安に関する技術的な事項で経済産業省令で定めるものを管理する．
- 第一種製造者の経済産業省令で定める製造のための施設の区分ごとに選任する．
- 高圧ガス製造保安責任者で，高圧ガス製造に関する経験を有する者から選任する．

④ 保安主任者
- 保安技術管理者を補佐して，保安係員を指揮する．
- 高圧ガス製造保安責任者で，高圧ガス製造に関する経験を有する者から選任する．

⑤ 保安企画推進員
- 危害予防規程の立案及び整備，保安教育計画の立案及び推進，その他高圧ガスの製造に係る保安に関する業務で経済産業省令で定めるものに関し，保安統括者を補佐する．
- 高圧ガス製造に関する経験を有する者から選任する．

※保安係員，保安主任者，保安企画推進員は，高圧ガスによる災害の防止に関する講習を受けなければならない．

2) 保安係員の職務（コンビナート等保安規則第 31 条）
- 製造施設の位置，構造及び設備が経済産業省令で定める技術上の基準に適合

するように監督すること．
- 製造の方法が経済産業省令で定める技術上の基準に適合するように監督すること．
- **定期自主検査**の実施を**監督**すること．
- 製造施設及び製造の方法についての巡視及び点検を行うこと．
- 高圧ガスの製造に係る保安についての作業標準，設備管理基準及び協力会社管理基準並びに災害の発生又はそのおそれがある場合の措置基準の作成に関し，助言を行うこと．
- 災害の発生又はそのおそれがある場合における応急措置を実施すること．

※第一種製造者は，保安係員に対し，製造保安責任者免状の交付を受けた日の属する年度の翌年度の開始の日から3年以内に第1回の講習を受けさせなければならない．

3）保安企画推進員の職務（コンビナート等保安規則第32条）
- 危害予防規程の立案及び整備を行うこと．
- 保安教育計画の立案及び推進を行うこと．
- 高圧ガスの製造に係る保安に関する基本的方針の立案を行うこと．
- 高圧ガスの製造に係る保安についての作業標準，設備管理基準及び協力会社管理基準並びに災害の発生又はそのおそれがある場合の措置基準に関し，指導及び勧告を行うこと．
- 防災訓練の企画及び推進を行うこと．
- 災害が発生した場合におけるその原因の調査及び対策の検討を行うこと．
- 高圧ガスの製造に係る保安に関する情報の収集を行うこと．
- 製造施設の設計・施工（製造施設の変更に係るものを含む．）に関し，保安上の観点から助言，指導及び勧告を行うこと．

4.3 保安検査

1）保安検査

高圧ガス保安法第35条では，第一種製造者に対し，**特定施設**（高圧ガスの爆発その他危害が発生するおそれがある製造のための施設）について，「指定保安検査機関が行う保安検査を受けその旨を都道府県知事に届け出た場合」又は「自ら特定施設に係る保安検査を行うことができる者として経済産業大臣の認定を受けている者が，その認定に係る特定施設について，検査の記録を都道府県知事に届

け出た場合」を除き，定期的に，「技術上の基準に適合しているかどうかについて」都道府県知事が行う**保安検査**を受けなければならない．

2）自主検査

製造又は消費のための施設について，保安のための**自主検査**を行い，その**検査記録を作成し，これを保存**しなければならないと定められている．

- 経済産業省令で定める技術上の基準に適合しているかどうかについて，1年に1回以上行わなければならない．
- 第一種製造者はその選任した保安係員に，特定高圧ガス消費者はその選任した取扱主任者に，当該自主検査の実施について監督を行わせなければならない．
- 第一種製造者及び特定高圧ガス消費者は，検査記録に次の各号に掲げる事項を記載しなければならない．
  - （1）検査をしたガス設備又は消費施設
  - （2）検査をしたガス設備又は消費施設ごとの検査の方法及び結果
  - （3）検査年月日
  - （4）検査の実施について監督を行った保安係員又は取扱主任者の氏名

4.4 危険時の措置及び届出

次に，高圧ガス保安法**第36条**では，高圧ガスの製造・貯蔵・販売などの施設及び容器が危険な状態になったときの措置として，以下のように定めている．

- 施設，高圧ガスを充てんした容器の所有者は，応急措置を講じなければならない．
- 危険な事態を発見した者は，都道府県知事又は警察官，消防吏員若しくは消防団員若しくは海上保安官に届け出なければならない．

これを受けた**一般高圧ガス保安規則**第84条より，製造又は消費の作業を中止し，製造設備若しくは消費設備内のガスを安全な場所に移し，又は大気中に安全に放出し，この作業に特に必要な作業員のほかは退避させることと定められている．

また，高圧ガス保安法第37条では，何人も，第一種製造者，第一種貯蔵所の指定場所で火気を取り扱ってはならない．また，関係者の承認を得ないで，発火しやすい物を携帯してそれらの場所に立ち入ってはならないと定めている．

演習問題

問1 次のイ～ヲの記述のうち，第一種製造者について正しいものはどれか．

イ．第一種製造者は，特定施設について，その位置，構造及び設備が所定の技術上の基準に適合しているかどうかについて行われる保安検査を定期的に受けなければならない．

ロ．第一種製造者は，高圧ガスの製造の方法が，所定の技術上の基準に適合しているかどうかについて調べる定期自主検査を行わなければならない．

ハ．高圧ガスの充てん容器が危険な状態になったとき，その事態を発見した者は，直ちに，その旨を都道府県知事又は警察官，消防吏員若しくは消防団員若しくは海上保安官に届け出なければならない．

ニ．高圧ガスの製造施設が危険な状態になったとき，直ちに，応急の措置を行うとともに製造の作業を中止し，製造設備内のガスを安全な場所に移し，又は大気中に安全に放出し，この作業に特に必要な作業員のほかを退避させることは，製造施設の所有者又は占有者がとるべき危険時の措置の一つである．

ホ．特定高圧ガス消費者がその事業所において指定した場所では，取扱主任者を除いて，何人も火気を取り扱ってはならない．

ヘ．保安検査を実施することは，保安係員の職務の一つとして定められている．

ト．製造施設について定期に，保安のための自主検査を行い，これが所定の技術上の基準に適合していることを確認した場合，都道府県知事，高圧ガス保安協会又は指定保安検査機関が行う保安検査を受ける必要はない．

チ．この事業者は，平成17年3月1日に丙種化学責任者免状の交付を受け，その後保安係員に選任されたことがない者が平成21年8月1日に保安係員に選任されたので，この保安係員に，選任した日から6か月以内に高圧ガス保安協会が行う高圧ガスによる災害の防止に関する第1回の講習を受けさせることにした．

リ．第一種貯蔵所又は第二種貯蔵所が危険な状態となったとき，直ちに，応急の措置を講じなければならないと定められている者は，第一種貯蔵所の所有者又は占有者に限られる．

ヌ．あらかじめ，保安統括者の代理者を選任し，保安統括者が旅行，疾病，その他の事項によってその職務を行うことができない場合に，その職務を代行させなければならないが，その選任又は解任について都道府県知事に届け出る必要はない．

ル．保安係員に行わせるべき職務の一つに，「製造施設及び製造の方法についての巡視及び点検を行うこと」がある．

ヲ．1年に1回以上定期自主検査を行わなければならないが，その検査記録を保存する必要はない．

解 説

- イ◯ 高圧ガス保安法第35条第1項のとおり．
- ロ× 高圧ガス保安法第35条の2より，「製造又は消費施設」について定期自主検査を行わなければならない．「製造の方法」が誤り．難問
- ハ◯ 高圧ガス保安法第36条第2項のとおり．
- ニ◯ 高圧ガス保安法第36条及び一般高圧ガス保安規則第84条より，製造施設又は消費施設が危険な状態になったときは，直ちに応急の措置を行うとともに，製造又は消費の作業を中止し，製造設備若しくは消費設備内のガスを安全な場所に移し，又は大気中に安全に放出し，この作業に特に必要な作業員のほかは退避させることと定められている．
- ホ× 高圧ガス保安法第37条より，取扱主任者を含め何人も火気を取り扱ってはならない．難問
- ヘ× 一般高圧ガス保安規則第76条で定められた保安係員の職務に，保安検査は該当しない．難問
- ト× 高圧ガス保安法第35条より，第一種製造者は保安検査を受けなければならない．
- チ◯ 一般高圧ガス保安規則第68条より，当該保安係員に，選任した日から3年以内に高圧ガス保安協会が行う高圧ガスによる災害の防止に関する第1回の講習を受けさせなければならない．
- リ× 高圧ガス保安法第36条は，第一種貯蔵所に限定されていない．
- ヌ× 高圧ガス保安法第33条より，都道府県知事に届け出なければならない．
- ル◯ 一般高圧ガス保安規則第76条のとおり．
- ヲ× 高圧ガス保安法第35条の2より，自主検査の検査記録を作成し，保存しなければならない．

問2 次のイ～ヲの記述のうち，第一種製造者について正しいものはどれか．

- イ．危害予防規程を定め，これを都道府県知事に届け出る，又は従業者に対して適宜保安教育を施せば，保安教育計画を定める必要はない．
- ロ．危害予防規程を定め，これを都道府県知事に届け出なければならない．また，これを変更したときも同様である．
- ハ．選任した保安係員には，所定の期間内に，高圧ガス保安協会又は指定講習機関が行う高圧ガスによる災害の防止に関する講習を受けさせなければならない．
- ニ．この事業所の製造施設につき従業員の交替制をとる場合には，その交替制のために編成された従業員の単位ごとに，保安係員を選任しなければならない．
- ホ．選任した保安係員に製造施設の定期自主検査の実施について監督を行わせなければならない．
- ヘ．選任した保安係員が旅行，疾病その他の事故によってその職務を行うことがで

きなくなった場合には，直ちに，高圧ガスの製造に関する知識経験を有する者のうちから代理者を選定し，都道府県知事に届け出なければならない．
ト．危害予防規程に記載すべき事項の一つに，「協力会社の作業の管理に関すること」がある．
チ．保安検査は，特定施設がその位置，構造及び設備に係る技術上の基準に適合しているかどうかについて行われる．
リ．この事業者は，保安係員の代理者を選任するとき，製造保安責任者免状の交付を受けていなくとも，高圧ガスの製造に関して10年の経験を有する者であれば，代理者として選任することができる．
ヌ．定期自主検査を行ったときは，その検査記録を保存するとともに，遅滞なくその結果を都道府県知事に届け出なければならない．
ル．従業員に対する保安教育計画を定め，都道府県知事に届け出，かつ忠実に実行しなければならない．

解説

- **イ×** 高圧ガス保安法第27条第1項より，第一種製造者は，その従業員に対する保安教育計画を定めなければならないと定められている．
- **ロ○** 高圧ガス保安法第26条第1項のとおり．
- **ハ○** 高圧ガス保安法第27条の2第7項のとおり．
- **ニ○** 一般高圧ガス保安規則第66条第2項のとおり．
- **ホ○** 高圧ガス保安法第35条の2，一般高圧ガス保安規則第83条第4項のとおり．
- **ヘ×** 高圧ガス保安法第33条第1項より，代理者を「あらかじめ」選任しなければならない．**難問**
- **ト○** 一般高圧ガス保安規則第63条第2項第七号のとおり．
- **チ○** 高圧ガス保安法第35条第2項のとおり．
- **リ×** 高圧ガス保安法第33条より，保安係員の代理者は高圧ガス製造保安責任者免状の交付を受けた者でなければならない．
- **ヌ×** 高圧ガス保安法第35条の2より，定期自主検査を行ったときは，その検査記録を保存しなければならないが，都道府県知事に届け出る必要はない．**難問**
- **ル×** 高圧ガス保安法第27条第1項より，保安教育計画を定め，忠実に実行しなければならないが，都道府県知事に届け出る必要はない．**難問**

| 問3 | 次のイ～ニの記述のうち，第一種製造者について正しいものはどれか．

イ．従業者に対する保安教育計画を定め，これを忠実に実行しなければならない．
ロ．この事業所の保安統括者には，製造保安責任者免状の交付を受けていないが，この事業所における事業の実施を統括管理する者を選任した．
ハ．この事業所の保安技術管理者には，甲種機械責任者免状の交付を受け，かつ，高圧ガスの製造に関する所定の経験を有する者を選任し，また，保安主任者に高圧ガスの製造に関する所定の経験を有する者を選任した．
ニ．この事業所の保安企画推進員には，高圧ガスの製造に関する所定の経験を有する者を選任した．

解　説

- イ◯　高圧ガス保安法第27条第1項のとおり．
- ロ◯　高圧ガス保安法第27条の2のとおり．保安統括者は製造保安責任者免状がなくてもよい．なお，保安技術管理者は製造保安責任者の免状と高圧ガス製造の経験が必要．難問
- ハ✗　高圧ガス保安法第27条の3より，保安主任者は，製造保安責任者免状の交付を受けている者の中で，高圧ガスの製造に関する経験を有する者を選任しなければならない．難問
- ニ◯　高圧ガス保安法第27条の3のとおり．

5章 容器・帳簿・検査・事故等

（高圧ガス保安法第40条から第86条）

高圧ガス保安法第40条から第86条では，容器・帳簿・検査・事故等，また，指定試験機関，高圧ガス保安協会，雑則，罰則について規定されている．

5.1 容　器

高圧ガスを充てんする容器については，高圧ガス保安法第40条より定められた技術上の基準に従って**製造**し，又は**輸入**した者は，**第44条**に定められている**容器検査**を受けなければならない．容器検査に合格した容器には，**容器保安規則第8条**及び**第10条**の刻印や表示をしなければならないと定められている．

1) 容器に充てんできる高圧ガスの種類

容器に充てんできる高圧ガスは，刻印等又は自主検査刻印等において示された種類の高圧ガスであり，次のように定められている．

- 圧縮ガス：刻印等で示された圧力以下
- 液化ガス：刻印等で示された内容積に応じて計算した質量以下

$$G = V \div C$$

G：液化ガスの質量（単位：キログラム）の数値
V：容器の内容積（単位：リットル）の数値
C：定数

2) 容器に刻印する内容（容器保安規則第8条）

- 検査実施者の名称の符号
- 容器製造者
- 充てんすべき高圧ガスの種類
- 容器の記号
- 内容積（記号 V，単位リットル）
- 容器検査に合格した年月
- 圧縮ガス，超低温容器，液化天然ガス自動車燃料装置用容器については，最高充てん圧力（記号 FP，単位メガパスカル）及び M

3) 容器に表示する内容（容器保安規則第10条）

- 充てんすることができる高圧ガスの名称
- 充てんすることができる高圧ガスが可燃性ガス及び毒性ガスの場合にあって

は，当該高圧ガスの性質を示す文字（可燃性ガスにあっては「**燃**」，毒性ガスにあっては「**毒**」）
※容器には，基本的には安全弁を取り付けるが，以下のものについては，安全弁を取り付ける必要がない．
- 安全弁を著しく劣化させるおそれがある高圧ガスを充てんする容器
- 毒性ガスを充てんする容器であって安全弁を装置することが不適切であるもの

4）附属品に表示する内容（容器保安規則第18条）
- 附属品検査に合格した年月日
- 検査実施者の名称の符号
- 附属品製造業者の名称又はその符号
- 附属品の記号及び番号
- 附属品の質量（記号W，単位キログラム）
- 耐圧試験における圧力（記号ＴＰ，単位メガパスカル）及びM
- 附属品が装置されるべき容器の種類
- 安全弁の種類（液化水素運送自動車用容器に装置する安全弁）

容器に高圧ガスを充てんする場合には，高圧ガス保安法**第48条**より，以下のように定められている．
- 刻印又は自主検査刻印がされていること．
- バルブを装着してあること．
- 刻印又は自主検査刻印に示された種類，圧力以下，内容積に応じて計算された質量以下であること．

また，高圧ガスの容器はガスの種類に応じて，容器表面積の1/2以上に表1.3のとおり，塗色しなければならない．

表 1.3　容器の色

高圧ガスの種類	塗　色
酸素ガス	黒
水素ガス	赤
液化炭酸ガス	緑
液化アンモニア	白
液化塩素	黄
アセチレンガス	かっ色
その他の高圧ガス	ねずみ色

5.2 容器検査

1) 検 査

高圧ガス保安法**第 56 条**より，**容器検査**に合格しなかった容器は，これをくず化し，その他容器として使用することができないように処分しなければならない．また，第 63 条より，高圧ガス又は容器を喪失したとき，又は盗まれたときは，遅滞なく都道府県知事又は警察官に届け出なければならない．

2) 再検査

高圧ガス保安法**第 49 条**より，**容器再検査**は，経済産業省令で定める高圧ガスの種類及び圧力の大きさ別の規格に適合している場合に合格し，その容器に刻印をしなければならないと定められている．

容器の再検査については，容器保安規則第 26 条より，外観検査と耐圧試験に合格しなければならない．なお，以下に定める期間を経過した容器は再検査を受けなければならない．

- **溶接容器**，超低温容器及びろう付け容器については，製造した後の経過年数 20 年未満のものは **5 年**，経過年数 20 年以上のものは **2 年**．
- **一般継目なし容器**については **5 年**．

再検査の外観検査では

- 容器の使用上支障のある腐食，割れ，すじなどがないもの
- 内容積が 15 リットル以上 120 リットル未満の液化石油ガスを充てんする容器にあっては，スカートの著しい腐食，摩耗又は変形がないものであり，かつ，底面間隔が容器底部の腐食の防止のため十分なもの

を合格としている．なお，容器の**附属品**については，検査に合格した日から<u>2年</u>を経過して最初に受ける容器再検査までの間に再検査を受けると定められている．

<u>超低温容器</u>については，<u>気密試験</u>と<u>断熱性能試験</u>にも合格しなければならない．

5.3 移　動

車両に固定した容器により高圧ガスを移動する場合については，一般高圧ガス保安規則**第 49 条**（車両に固定した容器による移動に係る技術上の基準等）及び**第 50 条**（その他の場合における移動に係る技術上の基準等）に定められている．

まず，一般高圧ガス保安規則**第 49 条**では，移動時の監視体制について，下記の①～③の高圧ガスを移動するときは，甲種化学責任者免状，乙種化学責任者免状，丙種化学責任者免状，甲種機械責任者免状若しくは乙種機械責任者免状の交付を受けている者又は協会が行う高圧ガスの移動についての講習を受け，当該講習の検定に合格した者（移動監視者）に当該高圧ガスの移動について監視させなければならないと定められている．

① 　圧縮ガスのうち
- 容積 300 立方メートル以上の**可燃性ガス**及び**酸素**
- 容積 100 立方メートル以上の**毒性ガス**

② 　液化ガスのうち
- 質量 3 000 キログラム以上の**可燃性ガス**及び**酸素**
- 質量 1 000 キログラム以上の**毒性ガス**

③特殊高圧ガス

また，運搬に関して，**一般高圧ガス保安規則第 49 条で規定された高圧ガス**を移動する者は，次の措置を講じなければならない．
- 移動するときは，繁華街又は人ごみを避けること．ただし，著しく回り道となる場合その他やむを得ない場合には，この限りでない．
- 運搬の経路，交通事情，自然条件その他の条件から判断して次の各号のいずれかに該当して移動する場合は，<u>交替して運転させるため，容器を固定した車両 1 台について運転者 2 人を充てること</u>が義務付けられている．
  （1）1 人の運転者による連続運転時間が 4 時間を超える場合
  （2）1 人の運転者による運転時間が 1 日当たり 9 時間を超える場合

また，高圧ガスを移動するときは，移動中充てん容器等が危険な状態となった場合，事故が発生した場合には，荷送人へ確実に連絡するための措置，事故等が発生した際に共同して対応するための組織，災害の発生又は拡大の防止のために必要な措置を講じなければならない．

さらに，一般高圧ガス保安規則**第50条**において，**その他の高圧ガス**についても，一般高圧ガス保安規則**第49条**の規定を準用すると定められている．

5.4 帳　簿

高圧ガス保安法第60条では，帳簿の作成・保存について定められており，これを受けて，**一般高圧ガス保安規則第95条（帳簿）**において，**第一種製造者**は事業所ごとに表1.4の内容を記載した帳簿を備え，高圧ガスを容器に充てん，又は高圧ガスを充てんした容器を授受した場合には記載の日から**2年間**，製造施設に異常があった場合には**10年間**保存しなければならないと定められている．

表1.4　帳簿への記載（第一種製造者）

記載すべき場合	記載すべき事項
① 高圧ガスを容器に充てんした場合	充てん容器の記号及び番号，高圧ガスの種類及び充てん圧力，充てん質量，充てん年月日
② 高圧ガスを容器により授受した場合	充てん容器の記号及び番号，高圧ガスの種類及び充てん圧力，授受先，授受年月日
③ 製造施設に異常があった場合	異常があった年月日，それに対してとった措置

また，**第一種貯蔵所又は第二種貯蔵所**の所有者，占有者は，貯蔵所ごとに，表1.5の内容を記載した帳簿を備え，高圧ガスを容器により授受した場合には記載の日から**2年間**，貯蔵所に異常があった場合には記載の日から**10年間**保存しなければならない．

表1.5　帳簿への記載（第一種貯蔵所又は第二種貯蔵所）

記載すべき場合	記載すべき事項
① 高圧ガスを容器により授受した場合	充てん容器の記号及び番号，充てん容器ごとの高圧ガスの種類及び圧力（液化ガスについては，充てん質量），授受先並びに授受年月日
② 第一種貯蔵所又は第二種貯蔵所に異常があった場合	異常があった年月日及びそれに対してとった措置

また，**販売業者**は，表1.6の内容を記載した帳簿を備え，記載の日から**2年間**保存しなければならない．

表1.6 帳簿への記載（販売業者）

記載すべき場合	記載すべき事項
① 高圧ガスを容器により授受した場合	充てん容器の記号及び番号，充てん容器ごとの高圧ガスの種類及び充てん圧力（液化ガスについては，充てん質量），授受先並びに授受年月日
② 購入する者に対し，高圧ガスによる災害の発生の防止に関し必要な事項の周知を行った場合	・周知に係る消費者の氏名又は名称及び住所 ・周知をした者の氏名 ・周知の年月日

5.5 事 故

事故の際の届出に関しては，高圧ガス保安法**第63条**より，第一種製造者，第二種製造者，販売業者，液化石油ガス販売事業者，高圧ガスを貯蔵し又は消費する者，容器製造業者，容器の輸入をした者その他高圧ガス又は容器を取り扱う者は，以下の場合，遅滞なくその旨を都道府県知事又は警察官に届け出なければならないと定められている．

- その所有し，又は占有する高圧ガスについて災害が発生したとき
- その所有し，又は占有する高圧ガス又は容器を喪失し，又は盗まれたとき

演習問題

問1 次のイ〜ヌの記述のうち，正しいものはどれか．

イ．第一種製造者は，事業所ごとに帳簿を備え，その製造施設に異常があった場合，異常があった年月日及びそれに対してとった措置をその帳簿に記載し，記載の日から10年間保存しなければならない．

ロ．定められた種類の高圧ガスを車両により移動する場合，所定の運転時間を超えて移動するとき，交替して運転させるため，その車両1台につき運転者2人を充てなければならない．

ハ．第二種製造者であっても，その製造に係る高圧ガスについて災害が発生したときは，遅滞なく，その旨を都道府県知事又は警察官に届け出なければならない．

ニ．第一種製造者は，所有する容器に充てんされた高圧ガスについて災害が発生したときは，遅滞なく，その旨を都道府県知事又は警察官に届け出なければならないが，高圧ガスが充てんされていない容器を喪失したときは，その旨を都道府県知事及び警察官に届け出る必要はない．

ホ．車両に固定した容器（高圧ガスを燃料として使用する車両に固定した燃料装置用容器を除く）により質量1000キログラム以上の液化アンモニアを移動するときは，あらかじめ，その充てん容器又は残ガス容器が危険な状態になった場合はその充てん容器又は残ガス容器に係る事故が発生した場合における荷送人へ確実に連絡するための措置を講じておかなければならない．

ヘ．第一種製造者は，その所有し又は占有する高圧ガスについて災害が発生したときは，遅滞なくその旨を都道府県知事又は警察官に届け出なければならないが，第二種製造者にあってはこの限りではない．

ト．第一種製造者は，その所有する容器を盗まれたときは，遅滞なく，その旨を都道府県知事又は警察官に届けなければならないが，その容器は高圧ガスの質量が充てん時の2分の1以上減少していないものに限られている．

チ．第二種貯蔵所の所有者又は占有者が高圧ガスを容器により授受した場合，所定の事項を記載した帳簿の保存期間は，記載の日から2年間と定められている．

リ．容器の廃棄をする者は，その容器をくず化し，その他容器として使用することができないように処分しなければならない．

ヌ．容器に充てんする液化石油ガスは，所定の方法により刻印等又は自主検査刻印等で示された容器の内容積に応じて計算した質量以下のものでなければならない．

解説

イ◯ 高圧ガス保安法第60条より，第一種製造者は経済産業省令で定める事項を記載

した帳簿の保存が義務付けられている．また，一般高圧ガス保安規則第 95 条より，その期間は，製造施設に異常があった場合，10 年である．

ロ× 一般高圧ガス保安規則第 49 条及び第 50 条より，車両に固定した容器により（種類に関係なく）高圧ガスを移動する際，連続運転時間が 4 時間を超える場合又は 1 日の運転時間が 9 時間を超える場合は，当該車両 1 台につき運転者 2 人を充てなければならないと定められている．難問

ハ○ 高圧ガス保安法第 63 条のとおり．

ニ× 高圧ガス保安法第 63 条第 1 項第二号より，高圧ガス又は容器を喪失し，又は盗まれたときにはその旨を都道府県知事又は警察官に届け出なければならない．
※容器内に高圧ガスが充てんされている，されていないにかかわらず届け出なければならない．

ホ○ 一般高圧ガス保安規則第 49 条第 1 項第十九号イのとおり．

ヘ× 高圧ガス保安法第 63 条第 1 項より，第二種製造者も事故届の対象となる．難問

ト× 高圧ガス保安法第 63 条第 2 項に充てん質量の制限はない．難問

チ○ 高圧ガス保安法第 60 条のとおり．

リ○ 高圧ガス保安法第 56 条のとおり．

ヌ○ 高圧ガス保安法第 48 条第 4 項第一号のとおり．

問 2 次のイ〜リの記述のうち，高圧ガスを充てんするための容器（再充てん禁止容器を除く）について正しいものはどれか．

イ．容器検査に合格した容器に刻印をすべき事項の一つに，圧縮ガスを充てんする容器にあっては，最高充てん圧力がある．

ロ．可燃性ガスを充てんすることができる容器に表示すべき事項の一つに，その高圧ガスの性質を示す文字「燃」の明示がある．

ハ．容器に装置されるバルブには，そのバルブが装置されるべき容器の種類の刻印がされている．

ニ．容器に装置されている附属品の附属品再検査の期間は，その附属品が装置されている容器の容器再検査の期間に関係なく定められている．

ホ．超低温容器の容器再検査において，耐圧試験は行われるが，断熱性能試験は行われない．

ヘ．容器検査又は容器再検査を受け，これに合格し所定の刻印等がされた容器に高圧ガスを充てんすることができる条件の一つに，その容器が所定の期間を経過していないことがある．

ト．一般継目なし容器の容器再検査の期間は，製造した後の経過年数に応じて定められている．

チ．容器が容器検査に合格した場合は，その容器に所定の刻印等がされるが，その容器が容器再検査に合格した場合には，その容器には刻印等はされない．

リ．液化アンモニアを充てんする容器の外面に表示すべき事項の一つに，アンモニアの性質を示す文字「燃」及び「毒」の明示がある．

解　説

- イ〇　容器保安規則第8条第1項第十二号より，種類，容器の記号，内容積（記号V，単位リットル），容器検査に合格した年月，最高充てん圧力（記号FP，単位メガパスカル）及びMなどを刻印しなければならない．
- ロ〇　容器保安規則第10条第1項第二号ロより，充てんすることができる高圧ガスの名称及び充てんすることができる高圧ガスが可燃性ガス及び毒性ガスの場合にあっては，当該高圧ガスの性質を示す文字（可燃性ガスにあっては「燃」，毒性ガスにあっては「毒」）を明示しなければならない．
- ハ〇　容器保安規則第18条第1項第七号より，容器に装置される附属品には，附属品検査に合格した年月日，検査実施者の名称の符号，附属品製造業者の名称又はその符号，附属品の記号及び番号，附属品の質量，耐圧試験における圧力，附属品が装置されるべき容器の種類を刻印しなければならない．
- ニ✕　容器保安規則第27条第1項より，容器の附属品再検査については，検査に合格した日から2年を経過して最初に受ける容器再検査までの間と定められており，容器と附属品の再検査の期間には関係がある．【難問】
- ホ✕　容器保安規則第26条第2項第二号より，超低温容器の容器再検査は，耐圧試験のほか，気密試験と断熱性能試験にも合格しなければならない．
- ヘ〇　高圧ガス保安法第48条第1項第五号のとおり．
- ト✕　容器保安規則第24条第1項第三号より，一般継目なし容器については5年と定められている．
- チ✕　高圧ガス保安法第49条第3項より，容器が容器再検査に合格した場合，経済産業省令で定めるところにより，その容器に刻印をしなければならないと定められている．
- リ〇　容器保安規則第10条第1項第二号ロのとおり．

問3　次のイ～チの記述のうち，高圧ガスを充てんするための容器について正しいものはどれか．

- イ．圧縮ガスを充てんする容器の刻印のうち，「FP14.7M」は，その容器の最高充てん圧力が14.7メガパスカルであることを表している．
- ロ．附属品検査に合格したバルブに刻印をすべき事項の一つに，「耐圧試験における圧力（記号TP，単位メガパスカル）及びM」がある．
- ハ．毒性ガスを充てんする容器には，その充てんすべき高圧ガスの名称が刻印で示されているので，その高圧ガスの性質を示す文字を明示すれば，そのガスの名

称は明示しなくてもよい．
ニ．容器に充てんする液化ガスは，刻印等又は自主検査印等において示された種類のガス，圧力以下，内容積に応じて計算した質量以下のものでなければならない．
ホ．容器再検査に合格しなかった容器については，特に定める場合を除き，遅滞なく，これをくず化し，その他容器として使用することができないように処分しなければならない．
ヘ．液化炭酸ガスを充てんする容器に表示すべき事項の一つに，「その容器の外面の見やすい箇所に，その表面積の2分の1以上について緑色の塗色をすること」がある．
ト．容器に装置されていない附属品の附属品再検査の期間は，その附属品が装置されるべき容器の容器再検査の期間に関係なく3年である．
チ．容器に充てんすることができる液化アンモニアの質量は，次の算式により表される．

$G = 0.9WV$

G：液化アンモニアの質量（単位：キログラム）の数値
W：常用の温度における液化アンモニアの密度（単位：キログラム毎リットル）の数値
V：容器の内容積（単位：リットル）の数値

解　説

- イ◯　容器保安規則第8条第1項第十二号のとおり．
- ロ◯　容器保安規則第18条第1項第六号のとおり．
- ハ✕　容器保安規則第10条第1項第二号イ，ロより，充てんすることができる高圧ガスの名称と高圧ガスの性質を必ず明示しなければならない．
- ニ◯　高圧ガス保安法第48条第4項第一号のとおり．
- ホ◯　高圧ガス保安法第56条第3項のとおり．
- ヘ◯　容器保安規則第10条第1項第一号の表のとおり．
- ト✕　容器保安規則第27条第1項第四号より，2年である．
- チ✕　容器保安規則第22条より，液化ガスに充てんできる質量は

  $G = V \div C$

  G：液化ガスの質量（単位：キログラム）の数値，V：容器の内容積（単位：リットル）の数値，C：定数

となる．

6章 第一種製造設備に係る技術上の基準他
（液化石油ガス保安規則）

本章では，液化石油ガス保安規則が適用される技術上の基準について解説する．

6.1 用語の定義

まず，液化石油ガス保安規則第2条には用語として
- 第一種設備距離：貯蔵能力に対応する距離
- 第一種置場距離：容器置場の面積に対応する距離

などが，定義されている．

6.2 第一種製造設備に係る技術上の基準

1) 液化石油ガス保安規則第6条

液化石油ガス保安規則第6条では第一種製造設備に係る技術上の基準として，以下のように定められている．

- 製造施設は，貯蔵設備及び処理設備の外面から，第一種保安物件に対し第一種設備距離以上，第二種保安物件に対し第二種設備距離以上の距離を有すること．ただし，経済産業大臣がこれと同等の安全性を有するもの（厚さ12センチメートル以上の鉄筋コンクリート造り又はこれと同等以上の強度を有する構造の障壁と防火上及び消火上有効な措置の併用）と認めた措置を講じている場合はこの限りでない．
- 貯槽は，地盤面上の重量物の荷重に耐えることができる十分な強度を有し，防水措置を講じた室に設置し，かつ，当該貯槽室内に漏えいしたガスの滞留を防止するための措置を講ずること．
- 貯槽を地盤面下に埋設するときは，貯槽の頂部は，0.6メートル以上地盤面から下にあること．
- 貯槽を2以上隣接して設置する場合は，その相互間に1メートル以上の間隔を保つこと．
- 製造設備は，その外面から火気を取り扱う施設に対し8メートル以上の距離を有し，漏えいした液化石油ガスが火気を取り扱う施設に流動することを防止するための措置あるいは液化石油ガスが漏えいしたときに連動装置により

直ちに使用中の火気を消すための措置を講ずること．
- 貯槽には，液化石油ガスの貯槽であることが容易に識別することができるような措置を講ずること．
- 貯槽（貯蔵能力が1000トン以上のものに限る）の周囲には，液状の液化石油ガスが漏えいした場合にその流出を防止するための措置を講ずること．
- 製造設備を設置する室は，液化石油ガスが漏えいしたとき滞留しないような構造とすること．
- 製造施設には，その規模に応じて，適切な**防消火設備**を適切な箇所に設けること．
- 容器置場は，明示され，かつ，その外部から見やすいように警戒標を掲げたものであること．
- **容器置場**は，その外面から，第一種保安物件に対し第一種置場距離以上の距離を有すること．

2）液化石油ガス保安規則第8条

　液化石油ガス保安規則第8条には，液化石油ガススタンドに係る技術上の基準として，高圧ガス保安法**第6条第1項第一号**から**第35号**までの基準に適合することと定められており，さらに，以下についても適合するよう定められている．
- ディスペンサーは，その本体の外面から公道の道路境界線に対し5メートル以上の距離を有すること．
- ディスペンサーには，充てん終了時に，液化石油ガスを停止する装置を設け，かつ，充てんホースからの漏えいを防止するための措置を講ずること．
- 充てんを受ける車両は，地盤面上に設置した貯槽の外面から3メートル以上離れて停止させるための措置を講ずること（ただし，貯槽と車両との間にガードレールなどの防護措置を講じた場合は，この限りでない）．

　また，技術上の基準として，高圧ガス保安法第6条第2項第一号及び第四号から第七号までの基準に適合することのほかに，液化石油ガスの充てんにおいて，充てんした後に液化石油ガスが漏えいし，又は爆発しないような措置を講じるために
- 容器とディスペンサーとの接続部分を外してから車両を発車させること．
- 空気中の混入比率が容量で1000分の1である場合において感知できるようなにおいがするものを充てんすること．

と定められている．

3) 液化石油ガス保安規則第53条第2項第一号

液化石油ガス保安規則第53条第2項第一号には，液化ガスの特定高圧ガス消費者に対して，貯蔵設備等の周囲5メートル以内においては，火気の使用を禁じ，かつ，引火性又は発火性の物を置かないことと定められている．

4) 液化石油ガス保安規則第62条第2項第一号

第一種製造者，第二種製造者は保安統括者を選任しなけれならないが，**液化石油ガス保安規則第62条第2項第一号**では，保安統括者選任に関し，「処理能力が25万立方メートル未満の液化石油ガススタンド」で，甲種機械責任者免状，乙種機械責任者免状の交付を受けたもので，かつ，液化石油ガスの製造に関し6月以上の経験を有する者にその製造に係る保安について監督させる場合には，保安統括者の選任は必要ないと定められている．

5) 液化石油ガス保安規則第71条第1項

液化石油ガス保安規則第71条第1項には，取扱主任者の選任として

- 液化石油ガスの製造又は消費に関し1年以上の経験を有する者
- 大学，高等専門学校にて理学又は工学の過程を修めて卒業した者で，かつ，液化石油ガスの製造又は消費に関し6月以上の経験を有する者
- 甲種機械責任者免状若しくは乙種機械責任者免状の交付を受けている者

と定められている．

演 習 問 題

問1 次のイ～への記述のうち，製造設備が液化石油ガススタンドである製造施設を有する第一種製造者の事業所について液化石油ガス保安規則上正しいものはどれか．

イ．液化石油ガスの充てんを受ける車両は，地盤面上に設置した貯槽とその車両との間にガードレール等の防護措置を講じない場合，その貯槽の外面から3メートル以上離れて停止させるための措置を講じなければならない．

ロ．充てんする液化石油ガスは，車両の燃料の用に供するので，無臭のものでよい．

ハ．ディスペンサーは，その本体と公道の道路境界線との間に所定の強度を有する構造の障壁を設けた場合，その本体の外面から公道の道路境界線に対して有すべき距離を減じることができる．

ニ．貯蔵設備及び処理設備の外面から第一種保安物件に対して有すべき第一種設備距離及び第二種保安物件に対して有すべき第二種設備距離は，貯蔵設備の貯蔵能力から算出される．

ホ．貯槽には，液化石油ガスの貯槽であることが容易に識別することができるような措置を講じなければならない．

ヘ．充てんを受ける車両の停止位置に散水装置を設けた場合は，その車両を貯槽（地盤面上に設置されたものに限る）の外面から3メートル以上離れて停止させるための措置又は車両とその貯槽との間のガードレール等の防護措置のいずれの措置も講じなくてよい．

解 説

- **イ ○** 液化石油ガス保安規則第8条第1項第四号のとおり．
- **ロ ×** 液化石油ガス保安規則第8条第2項第二号ロより，「空気中の混入比率が容量で1000分の1である場合において感知できるようなにおいがするものを充てんすること」と定められている．
- **ハ ×** 液化石油ガス保安規則第8条第1項第二号より，ディスペンサーは，公道の道路境界線に対し5メートル以上の距離を有するものでなければならない．
- **ニ ○** 液化石油ガス保安規則第6条第1項第二号，第2条第1項第十六号のとおり．
- **ホ ○** 液化石油ガス保安規則第6条第1項第九号のとおり．
- **ヘ ×** 液化石油ガス保安規則第8条第1項第四号より，散水装置の有無にかかわらず，充てんを受ける車両は，地盤面上に設置した貯槽の外面から3メートル以上離れて停止させるための措置を講ずるか，又は貯槽と車両との間にガードレール等の防護措置を講じなければならない．

> **問 2** 次のイ～ホの記述のうち，製造設備が液化石油ガススタンドである製造施設を有する第一種製造者の事業所について液化石油ガス保安規則上正しいものはどれか．
>
> イ．製造設備の処理設備の外面から第一種保安物件に対して有しなければならない第一種設備距離は，その処理能力から算出される．
> ロ．製造施設には，その製造施設から漏えいする液化石油ガスが滞留するおそれのある場所に，そのガスの漏えいを検知し，かつ，警報するための設備を設けなければならない．
> ハ．地盤面下に埋設された液化石油ガスの貯槽についても，液化石油ガスの貯槽であることが容器に識別することができるような措置を講じなければならない．
> ニ．充てんする液化石油ガスは，車両の燃料の用に供するので，無臭のものでよい．
> ホ．処理能力が 25 万立方メートル未満の液化石油ガススタンドである場合，その第一種製造者は，所定の製造保安責任者免状の交付を受け，かつ，液化石油ガスの製造に関し 6 か月以上の経験を有する者にその製造に係る保安について監督させれば，その事業所に保安統括者を選任しなくてよい．

解 説

- イ✗ 液化石油ガス保安規則第 6 条第 1 項第二号，第 2 条第 1 項第十六号より，第一種設備距離は，貯蔵設備の貯蔵能力から算出される． **難問**
- ロ〇 液化石油ガス保安規則第 6 条第 1 項第二十九号のとおり．
- ハ〇 液化石油ガス保安規則第 6 条第 1 項第九号のとおり．
- ニ✗ 液化石油ガス保安規則第 8 条第 2 項第二号ロより，空気中の混入比率が容量で 1 000 分の一である場合において感知できるようなにおいがするものを充てんすることと定められている．
- ホ〇 液化石油ガス保安規則第 62 条第 2 項第一号のとおり．

問3 次のイ，ロの記述のうち，液化石油ガスの特定ガス消費者について液化石油ガス保安規則上正しいものはどれか．

イ．この貯槽の周囲5メートル以内においては，所定の措置を講じた場合を除き，引火性又は発火性の物を置いてはならない．

ロ．液化石油ガスの製造に関し1年以上の経験を有する者であれば，所定の製造保安責任者免状の交付を受けていない者を取扱主任者に選任することができる．

解 説

イ◯ 液化石油ガス保安規則第53条第2項第一号のとおり．
ロ◯ 液化石油ガス保安規則第71条第一号のとおり．

問4 次のイ，ロ，ハの記述のうち，車両に固定した容器から液化天然ガスを貯槽に受け入れ，専らポンプを使用して容器（自動車燃料装置用容器を除く）に充てんする第一種製造者の高圧ガス製造施設に係る技術上の基準について，液化石油ガス保安規則上正しいものはどれか．

イ．製造設備の処理設備の外面から第一種保安物件に対して有しなければならない第一種設備距離は，その処理設備の処理能力から算出される．

ロ．液化石油ガスの充てん容器等を置く容器置場（貯蔵設備ではないもの）の外面から第一種保安物件に対して有しなければならない第一種置場距離は，その容器置場に置くことができる容器の個数から求める液化石油ガスの貯蔵能力から算出される．

ハ．製造設備の貯槽がその外面から第一種保安物件に対して第一種置場距離を有する必要がなく，所定の距離でよい場合の，必要な措置の一つとして，貯槽を地盤面下に埋設することがあるが，その場合の貯槽の頂部は0.6メートル以上地盤面から下になければならない．

解 説

イ✕ 液化石油ガス保安規則第2条第1項第十六号より，第一種設備距離は，その処理設備の処理能力からではなく，処理設備の**貯蔵能力**から算出される．[難問]

ロ✕ 液化石油ガス保安規則第2条第1項第十八号より，第一種置場距離は，容器置場に置くことができる容器の個数から求める液化石油ガスの貯蔵能力ではなく，容器置場の**面積**から算出される．[難問]

ハ◯ 液化石油ガス保安規則第6条第1項第五号ロより，地盤面下に埋設する貯槽について，貯槽の頂部は，**0.6メートル**以上地盤面から下にあることと定められている．

問5 次のイ～ホの記述のうち，第一種製造者の定置式製造設備である製造施設に係る技術上の基準について，液化石油ガス保安規則上正しいものはどれか．

イ．貯槽が地盤面下に埋設されている製造施設には，防消火設備を設置する必要はない．
ロ．製造施設を設置する室は，漏えいした液化石油ガスが滞留しないような構造のものとしなければならない．
ハ．2基の液化石油ガス貯槽を隣接して地盤面下に埋設する場合，それら貯槽相互間の間隔を保つべき定めはない．
ニ．液化石油ガスの製造施設の処理設備の外面から第一種保安物件に対して有すべき第一種設備距離は，その処理設備に接続する貯蔵設備の貯蔵能力に応じて算出される．
ホ．液化石油ガスの製造設備のうち，液化石油ガスの通る部分は，その外面から火気（その設備内のものを除く）を取り扱う施設に対して，特に定められている措置を講じない場合，8メートル以上の距離を有しなければならない．

解 説

イ✕ 液化石油ガス保安規則第6条第1項第三十一号より，製造施設には，その規模に応じて，適切な防消火設備を適切な箇所に設けることと定められており，すべての製造設備に防消火設備を設置しなければならない．

ロ◯ 液化石油ガス保安規則第6条第1項第十二号より，製造設備を設置する室は，液化石油ガスが漏えいしたとき滞留しないような構造とすることと定められている．

ハ✕ 液化石油ガス保安規則第6条第1項第五号ハより，貯槽を2以上隣接して設置する場合は，その相互間に<u>1メートル以上</u>の間隔を保つことと定められている．

ニ◯ 液化石油ガス保安規則第2条第1項第十六号より，<u>第一種設備距離</u>とは，<u>貯蔵能力</u>に対応する距離と定められている．

ホ◯ 液化石油ガス保安規則第6条第1項第七号より，製造設備（液化石油ガスの通る部分に限る）は，その外面から火気（当該製造設備内のものを除く）を取り扱う施設に対し<u>8メートル以上</u>の距離を有し，又は当該製造設備から漏えいした液化石油ガスが当該火気を取り扱う施設に流動することを防止するための措置若しくは液化石油ガスが漏えいしたときに連動装置により直ちに使用中の火気を消すための措置を講ずることと定められている．

7章 製造施設に係る技術上の基準
（コンビナート等保安規則）

本章では，コンビナート等保安規則の適用を受ける施設について述べる．

7.1 用語の定義

コンビナート等保安規則第2条では，**特定製造事業所**が以下のとおり定義されている．

- コンビナート地域内にある製造事業所
- 保安用不活性ガス以外のガスの処理能力が **100万立方メートル**（貯槽を設置して専ら高圧ガスの充てんを行う場合は，**200万立方メートル**）以上の製造事業所

また，この施設において高圧ガスを製造する第一種製造者は，**特定製造者**と呼ばれる．

7.2 製造施設に係る技術上の基準

1) 製造施設全般に係る規定

高圧ガス保安法第8条で定める技術上の基準として，**コンビナート等保安規則第5条**の抜粋を示す．下記の内容は，一般高圧ガス保安規則第6条に規定されているものと同様の項目もある．

- **新設製造施設**：保安物件を当該特定製造事業所の境界線と読み替える．
- 製造施設は，保安のための宿直施設に対し所定の距離以上の距離を有すること．
- 特定製造事業所の敷地のうち高圧ガス設備が設置されているものは，**保安区画**に区分すること．
- 高圧ガス設備は，常用の圧力の1.5倍以上の圧力で水その他の安全な液体を使用して行う耐圧試験，液体を使用することが困難であると認められるときは，常用の圧力の1.25倍以上の圧力で空気，窒素等の気体を使用して行う耐圧試験に合格するものであること．
- 貯槽及び配管並びにこれらの支持構造物及び基礎は地震の影響に対して安全な構造とすること．
- 特殊反応設備には，内部における反応の状況を的確に計測し，特殊反応設備

内の温度，圧力，流量等が正常な反応条件を逸脱，又は逸脱するおそれがあるときに自動的に警報を発することができる内部反応監視装置を設けること．この場合，内部反応監視装置のうち異常な温度，圧力の上昇その他の異常な事態の発生を最も早期に検知することができるものは，計測結果を自動的に記録することができるものであること．

- 圧縮機と圧力が10メガパスカル以上の圧縮ガスを容器に充てんする容器置場との間には，厚さ12センチメートル以上の鉄筋コンクリート造りの障壁を設けること．
- 安全弁に付帯して設けた止め弁は，常に全開しておくこと．ただし，安全弁の修理又は清掃のため特に必要な場合はこの限りでない．
- 貯槽に液化ガスを充てんするときは，液化ガスの容量が貯槽の常用の温度においてその内容積の **90パーセント**を超えないようにすること．

2）可燃性ガス、毒性ガス、酸素等に係る規定

特に，可燃性ガス，毒性ガス，酸素などに対しては，さらに以下の項目の適用も受ける．

- **高圧ガス（毒ガス以外）**の製造施設は，その貯蔵設備及び処理設備の外面から，保安物件に対し<u>50メートル以上の距離</u>を有すること．
- 保安区画内の高圧ガス設備は，隣接する保安区画内にある高圧ガス設備に対し <u>30メートル以上の距離</u>を有すること．
- **可燃性ガスの貯槽**は，他の可燃性ガス又は酸素の貯槽に対し，**所定の距離**（1メートル又は当該貯槽及び他の可燃性ガス若しくは酸素の貯槽の最大直径の和の4分の1のいずれか大なるものに等しい距離以上の距離）を有すること．
- **可燃性ガス**の製造設備は，その外面から火気を取り扱う施設に対し8メートル以上の距離を有し，又は当該製造設備から漏えいしたガスが当該火気を取り扱う施設に流動することを防止するための措置若しくは可燃性ガスが漏えいしたときに連動装置により直ちに使用中の火気を消すための措置を講ずること．
- **可燃性ガス，毒性ガス**及び**酸素**のガス設備は，気密な構造とすること．
- **可燃性ガス，毒性ガス**又は**酸素**の高圧ガス設備のうち**特殊反応設備**は，緊急時に安全に，かつ，速やかに遮断するための措置（<u>計器室において操作することができる措置又は自動的に遮断する措置に限る</u>）を講ずること．

- **可燃性ガスの貯槽**には，可燃性ガスの貯槽であることを容易に識別することができるような措置を講ずること．
- **可燃性ガス**，毒性ガスの貯槽及びこれらの支柱には，温度の上昇を防止するための措置を講ずること．
- 液化ガスの貯槽には，液面計（**酸素**又は不活性ガスの貯槽にあっては，丸形ガラス管液面計以外の液面計に限る）を設けること．この場合において，ガラス液面計を使用するときは，当該ガラス液面計には，その破損を防止するための措置を講じ，貯槽（**可燃性ガス及び毒性ガス**のものに限る）とガラス液面計とを接続する配管には，当該ガラス液面計の破損による漏えいを防止するための措置を講ずること．
- **可燃性ガス，毒性ガス**又は**酸素**の液化ガスの貯槽の周囲には，漏えいした場合にその流出を防止するための措置を講ずること．
- アンモニア，**塩素**，硫化水素などの製造設備には，当該ガスが漏えいしたときに安全に，かつ，速やかに除害するための措置を講ずること．
- **可燃性ガス，毒性ガス**の製造設備又はこれらの製造設備に係る計装回路には，これらの製造設備が正常な製造の行われる条件を逸脱したとき自動的に製造を制御するインターロック機構を設けること．
- **毒性ガス**の製造施設には，その外部から毒性ガスの製造施設である旨を容易に識別することができるような措置を講ずること．この場合において，ポンプ，バルブ及び継手その他毒性ガスが漏えいするおそれのある箇所には，その旨の危険標識を掲げること．
- **可燃性ガス，毒性ガス**及び**酸素**の製造施設には，その規模に応じ，適切な防消火設備を適切な箇所に設けること．
- **可燃性ガス**の製造設備に係る計器室は，発生するおそれのある危険の程度に応じて安全な位置に設置すること．
- **可燃性ガス**の製造設備に係る計器室の扉及び窓は，耐火性のものであること．
- アセトアルデヒド，イソプレン，エチレン，塩化ビニル，酸化エチレン，酸化プロピレン，プロパン，プロピレン，ブタン，ブチレン及びブタジエンのガスの製造施設に係る計器室内は，<u>外部からのガスの侵入を防ぐために必要な措置を講ずること</u>．ただし，漏えいしたガスが計器室内に侵入するおそれのない場合は，この限りでない．

- 貯槽は，沈下状況を測定すること．
- **毒性ガス**の製造施設及び容器置場は，保安物件に対し容器置場の面積に対応する距離であって，じょ限量に対応した距離を有すること．
- **毒性ガス**の液化ガスの貯槽については，90パーセントを超えることを自動的に検知し，かつ，警報するための措置を講ずること．
- **可燃性ガス**，**毒性ガス**及び**酸素**の充てん容器等は，それぞれ区分して容器置場に置くこと．
- 修理等を行うときは，あらかじめ，修理等の作業計画及び当該作業の責任者を定め，作業計画に従い責任者の監視の下に行うこと．
- 市街地，主要河川，湖沼等を横断する導管（不活性ガスに係るものを除く）には，**緊急遮断装置**又はこれと同等以上の効果のある装置を設けること．
- コンビナート製造者は，その製造施設が危険な状態となった場合，関係事業所から事故の発生又は拡大の防止のため必要な応援を緊急に受けるための措置を講じておかなければならない．

3）コンビナート製造事業者間の導管

コンビナート等保安規則第10条では，コンビナート製造事業所間の導管について，以下のとおり定められている．

- 導管を地盤面上に設置し，又は地盤面下に埋設するときは，その見やすい箇所に高圧ガスの種類，導管に異常を認めたときの連絡先その他必要な事項を明瞭に記載した標識を設けること．
- 導管には，腐食を防止するための措置を講ずること．
- 市街地，主要河川，湖沼等を横断する導管には，緊急遮断装置又はこれと同等以上の効果のある装置を設けること．
- 導管の経路には，高圧ガスの種類及び圧力並びに導管の周囲の状況に応じ，必要な箇所に，地盤の震動を的確に検知し，かつ，警報するための感震装置を設けるとともに，地震時における災害を防止するための措置を講ずること．

4）コンビナート製造事業所間の連絡方法

① 連絡方法の通知等

コンビナート等保安規則第11条には，コンビナート製造事業所において高圧ガスの製造を行う者は，製造を開始する前あるいは変更したときに，関係事業所との間における保安に関する事項の連絡系統，連絡担当者その他の連絡の方法を

定め，関係事業所に通知しなければならないと定められている．また，コンビナート製造者は，関係事業所又は関連事業所に，高圧ガスに係る事故が発生したとき，多量のガスを放出したとき，<u>隣接するコンビナート製造事業所の境界線から50メートル以内において火気を取り扱おうとするとき</u>，<u>隣接するコンビナート製造事業所の境界線から**100メートル以内において大量の火気**を取り扱おうとするとき</u>，導管又は配管による関連事業所への高圧ガスの輸送を開始したとき，その他保安上特に連絡を要する事態が発生したとき，その旨を連絡しなければならない．連絡は，当該連絡をされるべき関係事業所又は関連事業所において保安上必要な措置を講ずることができるよう適切に行うものとすると定められている．

② 保安技術管理者，保安係員の選任等

4章で述べた保安について，**コンビナート等保安規則第24条**には，処理能力が<u>100万立方メートル以上の場合は「甲種化学又は甲種機械責任者免状」の交付を受けている者，処理能力が100万立方メートル未満の場合は「甲種化学，乙種化学，甲種機械，乙種機械責任者免状」の交付を受けており，所定の経験を有する者</u>から**保安技術管理者**を選任しなければならないと定められている．また，同第25条で，特定製造者は，「甲種化学責任者免状，乙種化学責任者免状，丙種化学責任者免状，甲種機械責任者免状，乙種機械責任者免状」の交付を受けている者で，<u>1年以上の高圧ガスの製造に関する経験を有する者</u>のうちから，**保安係員**を選任しなければならない．

③ 保安係員等の講習

コンビナート等保安規則27条には，保安係員等の講習として，以下のように高圧ガスによる災害の防止に関する講習を受けなければならないと定められている．

〈1回目〉
- 保安係員，保安主任者：翌年の開始から**3年以内**
- 保安企画推進員：<u>選任された日から**6か月以内**</u>

〈2回目以降〉
- 保安係員，保安主任者：前回講習の翌年の開始から**5年以内**
- 保安企画推進員：前回講習の翌年の開始から**5年以内**

④ 保安主任者の選任等

コンビナート等保安規則第28条には，処理能力**100万立方メートル**（貯槽を設置して専ら高圧ガスの充てんを行う場合にあっては200万立方メートル）以

上の場合，以下の免状の交付を受けている者の中から**保安主任者**を選任しなければならないと定められている．

- 特定製造者：甲種化学，乙種化学，甲種機械，乙種機械
- 特定液化石油ガス製造施設：甲種化学，乙種化学，甲種機械，乙種機械，及び特別試験科目に係る丙種化学を除く丙種化学

⑤　保安企画推進員の選任等

コンビナート等保安規則第29条には，**保安企画推進員**は，以下の基準を満たした者から選任しなければならないと定められている．

- 保安技術管理者に選任され，その職務に通算して3年以上従事した者．
- 保安主任者若しくは保安技術管理者又は従前の規定による高圧ガス作業主任者に選任され，それらの職務に通算して5年以上従事した者．
- 保安係員，保安主任者若しくは保安技術管理者又は従前の規定による高圧ガス作業主任者に選任され，それらの職務に通算して7年以上従事した者．
- 高圧ガスの製造に係る保安に関する企画又は指導の業務に通算して3年以上従事した者．
- 学校教育法による大学若しくは高等専門学校又は従前の規定による大学若しくは専門学校において化学，物理学又は工学に関する課程を修めて卒業し，かつ，高圧ガスの製造に係る保安に関する業務に通算して7年以上従事した者．
- 学校教育法による高等学校又は従前の規定による工業学校において工業に関する課程を修めて卒業し，かつ，高圧ガスの製造に係る保安に関する業務に通算して10年以上従事した者

⑥　定期自主検査を行う製造施設

コンビナート等保安規則第38条では，**定期自主検査を行う製造施設**として，経済産業省令で定めるガスの種類ごとに経済産業省令で定める量は，ガスの種類にかかわらず，30立方メートルであり，すべてのガス設備（告示で定めるものを除く）について，行わなければならない．

⑦　検査記録の届出

コンビナート等保安規則第49条では，保安検査結果の届出について定められている．認定完成検査実施者は，完成検査記録届書に「検査をした特定変更工事の内容」及び「特定変更工事の設備ごとの検査の方法，記録及びその結果」を記載した検査の記録を添えて，都道府県知事に提出しなければならない．

演 習 問 題

問1

> 専らナフサを分解して，エチレン，プロピレン等を製造し，これらの高圧ガスを導管により他のコンビナート製造事業所に送り出すために，次に掲げる高圧ガスの製造施設（定置式製造設備であるもの）を有する事業所であって，コンビナート地域内にあるもの．
> この事業所は認定完成検査実施者及び認定保安検査実施者である．
> 　　事業所全体の処理能力　　　　　：1 000 000 000 立方メートル毎日
> 　　（うち可燃性ガス　　　　　　　：99 500 000 立方メートル毎日）
> 　　貯槽の貯蔵能力　液化エチレン　：3 000 トン

次のイ～ヘの記述のうち，この事業所，及びこの事業所に適応される技術上の基準について正しいものはどれか．

イ．貯蔵能力1 000トンの液化プロピレンの貯槽を増設する場合，その貯槽の外面から有しなければならない保安距離は，この事業所の境界線までの間で確保しなければならない．

ロ．貯蔵能力1 000トンの液化プロピレンの貯槽を増設するときに，この貯槽に防火上及び消火上有効な措置を講じた場合は，この貯槽の外面から隣接する既存の液化ブタジエンの貯槽に対して所定の距離を有する必要はない．

ハ．保安用不活性ガスとして用いるための窒素の製造設備を増設する場合であっても，その高圧ガス設備を所定の保安区画内に設置しなければならない．

ニ．エチレンの製造施設の特殊反応設備には，緊急時に安全に，かつ，速やかに遮断するための措置を講じなければならないが，その措置は計器室において操作できる措置又は自動的に遮断する措置でなければならない．

ホ．エチレンの製造施設に係る計器室，プロピレンの製造施設に係る計器室及びブタジエンの製造施設に係る計器室のいずれにおいても，漏えいしたガスが計器室内に侵入するおそれのない場合を除き，外部からの侵入を防ぐための措置を講じなければならない．

ヘ．エチレンの導管には，市街地を横断するものに限り，所定の緊急遮断装置又はこれと同等以上の効果のある装置を設けなければならない．

解　説

この事業所は，エチレン，プロピレン等の高圧ガスを100立方メートル毎日以上製造している，定置式製造設備を有する第一種製造者である．また，コンビナート地域内に

ある製造事業所であることから，コンビナート等保安規則の特定製造事業所となる．
- イ○ コンビナート等保安規則第5条第1項第二号及び第三号のとおり．
- ロ× コンビナート等保安規則第5条第1項第十三号より，貯蔵能力が300立方メートル又は3 000キログラム以上の可燃性ガスの貯槽は，他の可燃性ガス又は酸素の貯槽に対し所定の距離を有しなければならない．
- ハ○ コンビナート等保安規則第5条第1項第九号のとおり．
- ニ○ コンビナート等保安規則第5条第1項第二十七号のとおり．
- ホ○ コンビナート等保安規則第5条第1項第六十一号ハのとおり．
- ヘ× コンビナート等保安規則第10条第三十号より，市街地だけでなく，主要河川や湖沼等を横断する導管にも，緊急遮断装置又はこれと同等以上の効果のある装置を設けなければならない．

問2

　専らナフサを分解して，エチレン，プロピレン等を製造し，これらの高圧ガスを導管により他のコンビナート製造事業所に送り出すために，次に掲げる高圧ガスの製造施設を有する事業所．
　この事業所は認定完成検査実施者及び認定保安検査実施者である．

事業所全体の処理能力	：1 000 000 000 立方メートル毎日
（うち可燃性ガス	：99 500 000 立方メートル毎日）
貯槽の貯蔵能力　液化エチレン	：3 000トン　3基
液化プロピレン	：3 000トン　3基
液化ブタジエン	：2 000トン　2基
導　　管	：エチレン，プロピレン，及びブタジエンをそれぞれ送り出すもの

次のイ〜ヘの記述のうち，この事業所に適応される技術上の基準について正しいものはどれか．

イ．この事業所に窒素の製造設備を増設する場合，その窒素の貯蔵設備及び処理設備は，特に定められたものを除き，その外面から保安物件に対し50メートル以上の距離を有しなければならない．

ロ．高圧ガス設備の外面から事業所の境界線まで所定の距離を有する場合，事業所の敷地のうち通路などにより区画されている区域であってその高圧ガス設備を設置している区域を，所定の保安区画に区分する必要はない．

ハ．特殊反応設備には内部反応監視装置を設けなければならないが，その内部反応監視装置は，それらのうち異常な事態の発生を最も早期に検知することができるものであっても計測結果を自動的に記録することを要しない．

ニ．この事業者は隣接するコンビナート製造事業所の境界線から所定の距離以内で大量の火気を取り扱おうとする場合は，関係事業所にその旨連絡しなければならない．この場合の連絡は連絡されるべき関係事業所において保安上必要な措置がとれるよう適切に行わなければならない．

ホ．エチレンの製造施設は，その貯蔵設備及び処理設備の外面から，この事業所敷地外の保安のための宿直施設に対し，所定の距離を有しなければならないが，この事業所敷地内の保安のための宿直施設に対しては所定の距離を有すべき定めはない．

ヘ．保安区画内の高圧ガス設備（特に定めるものを除く．）は，その燃焼熱量の値が所定の数値以下であっても，その外面からその保安区画に隣接する保安区画内の高圧ガス設備（特に定めるものを除く）に対して30メートル以上の距離を有しなければならない．

解　説

　この事業所は，高圧ガスを100立方メートル毎日以上製造している，第一種製造者である．また，可燃性ガスの処理能力が **100万立方メートル毎日以上**であることから，**特定事業所**となる．

- イ○　コンビナート等保安規則第5条第1項第五号のとおり．
- ロ×　コンビナート等保安規則第5条第1項第九号より，高圧ガス設備が設置されている区域は，保安区画に区分しなければならない．
- ハ×　コンビナート等保安規則第5条第1項第二十五号より，特殊反応設備の内部反応監視装置は，異常な事態の発生を最も早期に検知することができるものであっても計測結果を自動的に記録できるものでなければならない．
- ニ○　コンビナート等保安規則第11条第3項第六号のとおり．
- ホ○　コンビナート等保安規則第5条第1項第七号より，同一敷地内の宿直施設は除外される．
- ヘ○　コンビナート等保安規則第5条第1項第十号イのとおり．

問3

　専らナフサを分解して，エチレン，プロピレン等を製造し，これらの高圧ガスを導管により他のコンビナート製造事業所に送り出すために，次に掲げる高圧ガスの製造施設を有する事業所であって，コンビナート地域内にあるもの．
　この事業者は認定完成検査実施者及び認定保安検査実施者である．

　事業所全体の処理能力　　　：100 000 000 立方メートル毎日
　（うち可燃性ガス　　　　　：95 000 000 立方メートル毎日）

7章 製造施設に係る技術上の基準

```
貯槽の貯蔵能力  液化エチレン    ：3 000トン  3基
               液化プロピレン   ：3 000トン  3基
               液化ブタジエン   ：2 000トン  2基
導　管                        ：エチレン，プロピレン及びブタジエ
                               ンをそれぞれ送り出すもの
```

次のイ〜への記述のうち，この事業所に適応される技術上の基準について正しいものはどれか．

イ．この製造事業所において地盤面上に設置している2基の液化ブタジエンの貯槽間に有しなければならない距離は，貯槽の最大直径に関係なく一律に定められている．

ロ．この事業所に窒素の製造設備を増設する場合，この窒素の貯蔵設備及び処理設備は，特に定められたものを除き，その外面から保安物件に対し50メートル以上の距離を有しなければならない．

ハ．保安区画内の高圧ガス設備の外面から，隣接する保安区画内の高圧ガス設備に対して有すべき距離は，保安区画内の高圧ガス設備の燃焼熱量の数値に応じて算定される．

ニ．特殊反応設備については，緊急時に安全かつ，速やかに遮断するための措置を講じなければならないが，この措置は計器室において操作することができる措置又は自動的に遮断する措置に限られている．

ホ．コンビナート製造事業所間の地盤面下に埋設した導管には，その見やすい箇所に高圧ガスの種類，導管に異常が認められたときの連絡先その他必要な事項を明瞭に記載した標識を設けなければならない．

ヘ．この事業者は，導管により関連事業所への高圧ガスの輸送を開始するときは関連事業所に連絡を要するが，停止するときは連絡をしなくてよい．

解　説

この事業所は，高圧ガスを100立方メートル毎日以上製造している，第一種製造者である．また，可燃性ガスの処理能力が100万立方メートル毎日以上であることから，特定事業所となる．また，コンビナート地域内にある．

イ✗　コンビナート等保安規則第5条第1項第十三号より，可燃性ガスの貯槽は，他の可燃性ガス又は酸素の貯槽に対し1メートル又は当該貯槽及び他の可燃性ガス若しくは酸素の貯槽の最大直径の和の1/4のいずれか大なるものに等しい距離以上の距離を有することと定められている．

ロ〇　コンビナート等保安規則第5条第1項第五号のとおり．

ハ✗　コンビナート等保安規則第5条第1項第十号イより，保安区画内の高圧ガス設備の外面から隣接する保安区画内にある高圧ガス設備に対し30メートル以上の距

離を有することと定められている．
- ニ◯ コンビナート等保安規則第5条第1項第二十七号のとおり．
- ホ◯ コンビナート等保安規則第10条第二号のとおり．
- ヘ✕ コンビナート等保安規則第11条第3項第七号より，導管又は配管による関連事業所への高圧ガスの輸送を開始し，又は停止しようとするときは，関連事業所に連絡をしなければならない．

問 4

専らナフサを分解して，エチレン，プロピレン等を製造し，これらの高圧ガスを導管により他のコンビナート製造事業所に送り出すために，次に掲げる高圧ガスの製造施設を有する事業所であって，コンビナート地域内にあるもの．
この事業者は認定完成検査実施者及び認定保安検査実施者である．

事業所全体の処理能力	：100 000 000 立方メートル毎日
（うち可燃性ガス	：99 500 000 立方メートル毎日）
貯槽の貯蔵能力　液化エチレン	：3 000 トン　3 基
液化プロピレン	：3 000 トン　3 基
液化ブタジエン	：2 000 トン　2 基
導　管	：エチレン，プロピレン及びブタジエンをそれぞれ送り出すもの

次のイ～チの記述のうち，この事業所について正しいものはどれか．
- イ．選任した保安主任者が旅行，疾病その他の事故によってその職務を行うことができなくなったときは，遅滞なく，高圧ガスの製造に関する所定の経験を有する者のうちから代理者を選任し，その職務を代行させなければならない．
- ロ．保安統括者の代理者を選任し，又は解任したときは，遅滞なく，その旨を都道府県知事に届け出なければならない．
- ハ．選任した保安企画推進員の定められた職務の一つに，危害予防規程の立案及び整備を行うことがある．
- ニ．認定保安検査実施者の認定に係る特定施設について自ら保安検査を行い，所定の技術上の基準に適合していることを確認した検査の記録を都道府県知事に届け出た場合は，都道府県知事が行う保安検査を受けなくてよい．
- ホ．認定保安検査実施者の認定に係る特定施設については，その施設のガス設備が所定の技術上の基準に適合しているかどうかについて，1年に1回以上，定期に自主検査を行うべき定めはない．
- ヘ．認定完成検査実施者であるので，製造施設の完成検査を自ら実施した後，その検査記録を都道府県知事に届け出ることなくその製造施設を使用することがで

きる．
ト．1日に製造する高圧ガスの容積が定められた容積以上であるので，保安主任者を選任している．
チ．認定に係る特定施設の保安検査を行ったときに都道府県知事に届け出る検査の記録は，検査をした特定施設とその施設の設備ごとの検査の方法，記録及びその結果について記載したものである．

解　説

- イ✕　高圧ガス保安法第33条第1項より，保安主任者の代理人はあらかじめ選任しておかなければならない．
- ロ○　高圧ガス保安法第27条の2第5項のとおり．
- ハ○　高圧ガス保安法第32条第5項のとおり．
- ニ○　高圧ガス保安法第35条第1項第二号のとおり．
- ホ✕　高圧ガス保安法第35条の2より，保安のための自主検査を行わなければならない．
- ヘ✕　高圧ガス保安法第20条第3項第二号より，検査記録を都道府県知事に届け出なければならない．
- ト○　コンビナート等保安規則第28条第1項のとおり．
- チ○　コンビナート等保安規則第49条第2項のとおり．

問5

　専らナフサを分解して，エチレン，プロピレン等を製造し，これらの高圧ガスを導管により他のコンビナート製造事業所に送り出すために，次に掲げる高圧ガスの製造施設を有する事業所であって，コンビナート地域内にあるもの．
　この事業者は認定完成検査実施者及び認定保安検査実施者である．

事業所全体の処理能力	：200 000 000 立方メートル毎日
(うち可燃性ガス	：199 000 000 立方メートル毎日)
貯槽の貯蔵能力　液化エチレン	：3 000 トン　3 基
液化プロピレン	：3 000 トン　3 基
液化ブタジエン	：2 000 トン　2 基
導　　管	：エチレン，プロピレン及びブタジエンをそれぞれ送り出すもの

　次のイ〜ホの記述のうち，この事業所について正しいものはどれか．
イ．定期に保安のための自主検査を行わなければならない製造のための施設とし

て，高圧ガス設備を除くガス設備は対象として定められていない．
ロ．この事業所の保安技術管理者には，乙種化学責任者免状又は乙種機械責任者免状の交付を受け，かつ，所定の高圧ガスの製造に関する経験を有する者を選任することができる．
ハ．保安主任者には，甲種化学，乙種化学，甲種機械，乙種機械，丙種化学責任者免状（特別試験科目に係る丙種化学責任者免状の交付を受けているものを除く）を受けている者であって，1年以上の高圧ガスの製造に関する経験を有する者を選任することができる．
ニ．保安係員には，所定の製造保安責任者免状の交付を受け，かつ，高圧ガスの製造に関する1年以上の経験を有する者を選任することができる．
ホ．選任した保安企画推進員の定められた職務の一つに，災害が発生した場合におけるその原因の調査及び対策の検討を行うことがある．

解　説

- イ× コンビナート等保安規則第38条第2項より，告知で定められているものを除きすべてのガス設備が対象となる．
- ロ× コンビナート等保安規則第24条第1項の表より，処理能力100万立方メートル以上の施設では，保安技術管理者は，甲種化学又は甲種機械責任者免状を受けている者でなければならない． [難問]
- ハ○ コンビナート等保安規則第28条第3項のとおり．
- ニ○ コンビナート等保安規則第25条第3項より，1年以上の高圧ガス製造に関する経験が必要である．
- ホ○ コンビナート等保安規則第32条第六号のとおり．保安企画推進員の職務として，ほかに，「危害予防規程の立案及び整備」「保安教育計画の立案及び推進」を行うことなどがある．

8章 定置式製造設備に係る技術上の基準
（一般高圧ガス保安規則）

本章では，高圧ガス保安法第8条で定める定置式製造設備及び圧縮天然ガススタンドに係る技術上の基準に係る内容について述べる．

定置式製造設備の技術上の基準は，**一般高圧ガス保安規則第6条**に規定されている．まず，一般高圧ガス保安規則第2条より，次のような用語の定義を知っておく必要がある．

- **可燃性ガス**：アセチレン，アンモニア，エチレン，水素，プロピレンなど
- **毒性ガス**：アンモニア，塩素など
- **第一種設備距離，第二種設備距離**：貯蔵・処理能力で決まる
- **第一種置場距離，第二種置場距離**：容器置場の面積で決まる

次に，定置式製造設備に係る技術上の基準として，第6条がある．

1) すべての第一種製造者に対する規定

① 製造施設
- 製造施設は，**第一種保安物件**に対し**第一種設備距離**以上，**第二種保安物件**に対し**第二種設備距離**以上の距離を有すること．
  - 第一種保安物件：学校，病院，劇場，駅，百貨店，ホテルなど
  - 第二種保安物件：第一種保安物件以外の建築物であって，住居の用に供するもの

② 可燃性ガスの製造設備
- **可燃性ガスの製造設備**は，その外面から火気を取り扱う施設に対し8メートル以上の距離を有し，又は当該製造設備から漏えいしたガスが当該火気を取り扱う施設に流動することを防止するための措置若しくは可燃性ガスが漏えいしたときに連動装置により直ちに使用中の火気を消すための措置を講ずること．
- 可燃性ガスの製造設備の高圧ガス設備は，その外面から当該製造設備以外の可燃性ガスの製造設備の高圧ガス設備に対し5メートル以上，特定圧縮水素スタンドの処理設備及び貯蔵設備に対し6メートル以上，酸素の製造設備の高圧ガス設備に対し10メートル以上の距離を有すること．
- 可燃性ガスの貯槽は，その外面から他の可燃性ガス又は酸素の貯槽に対し，1メートル又は当該貯槽及び他の可燃性ガス若しくは酸素の貯槽の最大直径の

和の 4 分の 1 のいずれか大なるものに等しい距離以上の距離を有すること．
- 可燃性ガスの貯槽には，可燃性ガスの貯槽であることが容易に識別することができるような措置を講ずること．
- 可燃性ガス，毒性ガス又は酸素の液化ガスの貯槽（可燃性ガス又は酸素の液化ガスの貯槽にあっては貯蔵能力が 1 000 トン以上のもの，毒性ガスの液化ガスの貯槽にあっては貯蔵能力が 5 トン以上のものに限る）の周囲には，液状の当該ガスが漏えいした場合にその流出を防止するための措置を講ずること．
- 防液堤を設置する場合は，その内側及びその外面から 10 メートル（毒性ガスの液化ガスの貯槽に係るものにあっては，毒性ガスの種類及び貯蔵能力に応じて経済産業大臣が定める距離）以内には，当該貯槽の付属設備その他の設備又は施設であって経済産業大臣が定めるもの以外のものを設けないこと．
- 可燃性ガスの製造設備を設置する室は，当該ガスが漏えいしたとき滞留しないような構造とすること．
- 可燃性ガス，毒性ガス及び酸素のガス設備（高圧ガス設備及び空気取入口を除く）は，気密な構造とすること．

③ 高圧ガス設備

- 高圧ガス設備は，常用の圧力の **1.5 倍以上**の圧力で行う **耐圧試験** に合格すること．耐圧試験は，水その他の安全な液体を使用する．
  ※液体を使用することが困難であると認められるときは，常用の圧力の 1.25 倍以上の圧力で空気，窒素等の気体を使用する．
- 高圧ガス設備は，**常用の圧力以上**の圧力で行う **気密試験** に合格すること．
- 高圧ガス設備は，最大の応力に対し，当該設備の形状，寸法，材料の許容応力，溶接継手の効率等に応じ，十分な強度を有するものであること．
- 高圧ガス設備の基礎は，不同沈下等により有害なひずみが生じないようなものであること．この場合において，貯槽の支柱は，同一の基礎に緊結すること．

④ 貯　槽

- 貯槽は，沈下状況を測定すること．この測定の結果，沈下していたものにあっては，その沈下の程度に応じ適切な措置を講ずること．
- 可燃性ガス，毒性ガス又は酸素の液化ガスの貯槽の周囲には，液状の当該ガ

スが漏えいした場合にその流出を防止するための措置を講じること．
- 貯槽及びこれらの支持構造物及び基礎は，地震の影響に対して安全な構造とすること．

⑤ 各種機器
- 高圧ガス設備には，圧力計を設け，かつ，圧力が許容圧力を超えた場合に直ちにその圧力を許容圧力以下に戻すことができる安全装置を設けること．
- 安全弁又は破裂板には，放出管を設けること．この場合において，放出管の開口部の位置は，放出するガスの性質に応じた適切な位置であること．
- 圧縮機と圧力が **10 メガパスカル以上の圧縮ガス**を容器に充てんする場所及び容器置場との間には，厚さ **12 センチメートル以上の鉄筋コンクリート造**りの障壁を設けること．
- 毒性ガスのガス設備に係る配管，管継手及びバルブの接合は，溶接により行うこと．ただし，溶接によることが適当でない場合は，保安上必要な強度を有するフランジ接合又はねじ接合継手による接合をもって代えることができる．
- 製造設備に設けたバルブ又はコックには，作業員が当該バルブ又はコックを適切に操作することができるような措置を講ずること．
- **容器置場**は，明示され，かつ，その外部から見やすいように**警戒標**を掲げたものであること．
- 可燃性ガスの容器置場は，漏えいしたガスが滞留しないような構造とすること．
- 特に，特殊高圧ガス，五フッ化ヒ素等，亜硫酸ガス，アンモニア，塩素，クロロメチル，酸化エチレン，シアン化水素，ホスゲン又は硫化水素の容器置場には，当該ガスが漏えいしたときに安全に，かつ，速やかに除害するための措置を講ずること．
- 安全弁に付帯して設けた止め弁は，常に全開しておくこと．ただし，修理，清掃など，特に必要な場合はこの限りでない．
- 貯槽に液化ガスを充てんするときは内容積の 90 パーセントを超えないように充てんすること．
- **毒性ガスの液化ガスの貯槽**については，当該 90 パーセントを超えることを**自動的に検知**し，かつ，**警報**するための措置を講ずること．
- 圧縮ガス及び液化ガスを継目なし容器に充てんするときは，**音響検査**を行う

こと．
- 車両に固定した容器に高圧ガスを送り出し，又は当該容器から高圧ガスを受け入れるときは，車止めを設けること等により車両を固定すること．

⑥ 点検，修理等
- 高圧ガスの製造は，製造設備の**使用開始時及び使用終了時に製造施設の異常の有無を点検する**ほか，**1日に1回以上製造設備の作動状況について点検し**，異常のあるときは補修その他の危険を防止する措置を講じてすること．
- 修理や清掃などをするときは，あらかじめ，修理等の**作業計画**及び当該作業の**責任者**を定め，修理等は作業計画に従い，責任者の監視の下に行うこと．また，異常があったときに責任者に通報するための措置を講じて行うこと．
- 修理や清掃などが終了したときは，当該ガス設備が正常に作動することを確認した後でなければ製造をしないこと．
- ガス設備を開放して修理等をするときは，開放する部分に他の部分からガスが漏えいすることを防止するための措置を講ずること．

⑦ 充てん容器等
- 充てん容器等は，充てん容器及び残ガス容器にそれぞれ区分して容器置場に置くこと．
- 可燃性ガス，毒性ガス及び酸素の充てん容器等は，それぞれ区分して容器置場に置くこと．
- 容器置場には，計量器等作業に必要な物以外の物を置かないこと．
- 充てん容器等は，常に**温度40度以下**に保つこと．
- 充てん容器等には，転落，転倒等による衝撃及びバルブの損傷を防止する措置を講じ，かつ，粗暴な取扱いをしないこと．

2) 特定のガスに係る規定

可燃性ガス，毒性ガス，酸素，アセチレンなど取り扱うガスの種類を限定した規定は，以下のとおりである．

① 距離等
- **可燃性ガスの製造設備**は，火気を取り扱う施設に対し**8メートル以上の距離**を有し，又は，漏えいしたガスが火気を取り扱う施設に流動することを防止するための措置あるいは可燃性ガスが漏えいしたときに連動装置により直ちに使用中の火気を消すための措置を講ずること．
- **可燃性ガスの製造設備の高圧ガス設備**は，可燃性ガスの製造設備に対し5

メートル以上，酸素の製造設備の高圧ガス設備に対し **10 メートル以上**の距離を有すること．
- **可燃性ガスの貯槽**は，他の可燃性ガス又は酸素の貯槽に対し，1 メートル又は貯槽及び他の可燃性ガス若しくは酸素の貯槽の最大直径の和の 4 分の 1 のいずれか大なるものに等しい距離以上の距離を有すること．

② 設備，機器等

- ガス設備（**可燃性ガス，毒性ガス及び酸素以外のガス**にあっては高圧ガス設備に限る）に使用する材料は，ガスの種類，性状，温度，圧力等に応じ，当該設備の材料に及ぼす影響に対し，安全な化学的成分及び機械的性質を有するものであること．
- 液化ガスの貯槽には，液面計（**酸素又は不活性ガス以外**の貯槽は丸形ガラス管液面計以外の液面計に限る）を設けること．この場合において，ガラス液面計を使用するときは，液面計の破損による液化ガスの漏えいを防止するための措置を講ずること．
- **可燃性ガス，毒性ガス**又は**酸素**の液化ガスの貯槽に取り付けた配管には，液化ガスが漏えいしたときに安全に，かつ，速やかに遮断するための措置を講ずること．
- 製造設備内の**可燃性ガス，毒性ガス**及び**酸素**については，一般高圧ガス保安規則で定める技術上の基準に従って消費及び廃棄しなければならない．
- **可燃性ガス**の高圧ガス設備に係る電気設備は，防爆性能を有する構造であること．
- 圧縮アセチレンガスを容器に充てんする場所及び容器置場には，火災等の原因により容器が破裂することを防止するための措置を講ずること．
- 圧縮機と**圧縮アセチレンガス**を容器に充てんする場所及び容器置場との間には，それぞれ厚さ **12 センチメートル以上**の鉄筋コンクリート造りの障壁を設けること．
- **可燃性ガス，毒性ガス**の製造施設には，漏えいするガスが滞留するおそれのある場所に漏えいを検知し，警報するための設備を設けること．
- **可燃性ガス，毒性ガス**の貯槽及びこれらの支柱には，温度の上昇を防止するための措置を講ずること．
- **毒性ガス**の製造施設には，外部から毒性ガスの製造施設である旨を容易に識別することができるような措置を講じ，ポンプ，バルブ及び継手その他毒性

ガスが漏えいするおそれのある箇所に危険標識を掲げること．
- **毒性ガス**のガス設備に係る配管，管継手及びバルブの接合は，溶接により行うこと．ただし，溶接によることが適当でない場合は，保安上必要な強度を有するフランジ接合又はねじ接合継手による接合をもって代えることができる．
- **特殊高圧ガス**，五フッ化ヒ素等，亜硫酸ガス，アンモニア，塩素，クロルメチル，酸化エチレン，シアン化水素，ホスゲン又は硫化水素の製造設備には，漏えいしたときに安全に，速やかに除害するための措置を講ずること．
- **可燃性ガス**の製造設備には，静電気を除去する措置を講ずること．
- **可燃性ガス**及び**酸素**の製造施設には，その規模に応じ，適切な防消火設備を適切な箇所に設けること．
- **毒性ガス**の液化ガスの貯槽については，内容積の 90 パーセントを超えることを自動的に検知し，警報するための措置を講ずること．

③ 容器等

- **アセチレン**を容器に充てんするときは，充てん中の圧力が 2.5 メガパスカル以下で，充てん後の圧力が温度 15 度において 1.5 メガパスカル以下になるような措置を講ずること．
- **酸素**を容器に充てんするときは，あらかじめ，バルブ，容器及び充てん用配管とバルブとの接触部に付着した石油類，油脂類又は汚れ等の付着物を除去し，かつ，容器とバルブとの間には，可燃性のパッキンを使用しないこと．
- **アセチレン**は，アセトン又はジメチルホルムアミドを浸潤させた多孔質物を内蔵する容器であって適切なものに充てんすること．

演習問題

問1から問3の問題は，次の例による事業所に関するものである．

> 液化アンモニアを貯槽に貯蔵し，専らポンプにより容器に充てんするため，並びに液化酸素及び液化窒素を貯槽に貯蔵し，専らポンプにより加圧し蒸発器で気化したガスを容器に充てんするため，次に掲げる高圧ガスの製造施設を有する事業所であって，コンビナート地域外にあるもの．
> この事業者は認定完成検査実施者及び認定保安検査実施者ではない．
>
> | | | |
> |---|---|---|
> | 事業所全体の処理能力 | | ：600 000 立方メートル毎日 |
> | （内訳） アンモニア | | ：200 000 立方メートル毎日 |
> | 酸素 | | ：200 000 立方メートル毎日 |
> | 窒素 | | ：200 000 立方メートル毎日 |
> | 貯槽の貯蔵能力 | 液化アンモニア | ：30 トン　1 基 |
> | | 液化酸素 | ：20 トン　1 基 |
> | | 液化窒素 | ：20 トン　1 基 |
> | ポンプ | 液化アンモニア | ：定置式　1 基 |
> | | 液化酸素 | ：定置式　1 基 |
> | | 液化窒素 | ：定置式　1 基 |
> | 容器置場（貯蔵設備でないもの） | | ：面積 1 000 平方メートル（液化アンモニア，圧縮酸素，圧縮窒素に係るもの） |

問1 この事業所に適用される技術上の基準について，次のイ～ヌの記述のうち正しいものはどれか．

イ．液化アンモニアのポンプの外面から液化酸素のポンプに対して有すべき所定の距離は，これらの設備の間に所定の強度を有する構造の障壁を設けることにより減じることができる．

ロ．高圧ガス設備の配管の変更工事の完成検査における気密試験は，アンモニア，酸素又は窒素のいずれの高圧ガス設備の配管の場合においても，常用の圧力以上の圧力で行われなければならない．

ハ．液化アンモニアの貯槽の支柱は，同一の基礎に緊結しなければならない．

ニ．事業所の境界線を明示し，かつ，この事業所の外部から見やすいように警戒標を掲げている場合であっても，容器置場を明示し，かつ，その外部から見やすいように警戒標を掲げなければならない．

ホ．液化アンモニアの貯槽の周囲には，液状のアンモニアが漏えいした場合にその流出を防止するための措置を講じなければならない．

ヘ．液化アンモニアの容器置場は，そのアンモニアが漏えいしたときに滞留しない

ような構造とし，また，漏えいしたアンモニアを安全に，かつ，速やかに除害するための措置を講じなければならない．
ト．液化アンモニアの貯槽には，温度の上昇を防止するための措置を講じなければならないが，その支柱にはその措置を講じる必要はない．
チ．液化アンモニアの貯槽の周囲に設置した防液堤の内側には，その貯槽の附属設備その他の設備又は施設であって定められたもの以外のものを設けてはならない．
リ．不活性ガスである液化窒素の貯槽には，圧力計又は液面計のどちらかを設けなければならない．
ヌ．毒性ガスのガス設備に係る配管，管継手及びバルブの接合は，溶接により行うこと．ただし，溶接によることが適当でない場合は，保安上必要な強度を有するフランジ接合又はねじ接合継手による接合をもって代えることができる．

　この事業所は，高圧ガスを100立方メートル毎日以上製造している，定置式製造設備を有する，第一種製造者である．
　※アンモニアは可燃性，毒性ガスである．

解　説

- イ✕　一般高圧ガス保安規則第6条第1項第四号より，可燃性ガスの製造設備の高圧ガス設備は，酸素の製造設備の高圧ガス設備に対し10メートル以上の距離を有することと定められている．
- ロ○　一般高圧ガス保安規則第6条第1項第十二号のとおり．
- ハ○　一般高圧ガス保安規則第6条第1項第十五号より，高圧ガス設備における貯槽（貯蔵能力が100立方メートル又は1トン以上のものに限る）の支柱は，同一の基礎に緊結しなければならない．
- ニ○　一般高圧ガス保安規則第6条第1項第四十二号イのとおり．
- ホ○　一般高圧ガス保安規則第6条第1項第七号のとおり．
- ヘ○　一般高圧ガス保安規則第6条第1項第四十二号ヘ及びチのとおり．
- ト✕　一般高圧ガス保安規則第6条第1項第三十二号より，支柱に温度上昇防止の措置を講じなければならない．
- チ○　一般高圧ガス保安規則第6条第1項第八号のとおり．
- リ✕　一般高圧ガス保安規則第6条第1項第二十二号より，液化ガスの貯槽には液面計を設けなければならない．　難問
- ヌ○　一般高圧ガス保安規則第6条第1項第三十五号のとおり．

● 8章　定置式製造設備に係る技術上の基準 ●

問2　この事業所に適用される技術上の基準について，次のイ〜リの記述のうち正しいものはどれか．

イ．ガス設備の修理又は清掃は，あらかじめ，その作業の責任者を定め，かつ，その責任者の監視の下に作業を行えば，その作業計画を定める必要はない．

ロ．液化窒素のポンプについて，その修理が終了したときはそのポンプが正常に作動することを確認した後でなければ高圧ガスの製造をしてはならないが，開放して清掃した場合はそのポンプが正常に作動することを確認することなく高圧ガスの製造をすることができる．

ハ．これらの貯槽に液化ガスを充てんする場合において，その液化ガスの容量がその貯槽の常用の温度においてその内容積の 90 パーセントを超えることを自動的に検知し，かつ，警報するための措置を講じるべき定めがあるのは，液化アンモニアの貯槽のみである．

ニ．容器置場に置く充てん容器及び残ガス容器（それぞれ内容積が 5 リットルを超えるもの）には，転落，転倒等による衝撃及びバルブの損傷を防止する措置を講じ，かつ，粗暴な取扱いをしてはならない．

ホ．液化酸素の貯槽に液化酸素を受け入れるときは，酸素の放出を防ぐため，その貯槽に設けた安全弁に付帯して設けた止め弁を閉止しておかなければならない．

ヘ．アンモニアの製造をする場合，その製造設備の作動状況については，1日に1回以上その製造設備の態様に応じ頻繁に点検しなければならないが，窒素の製造をする場合は，その製造設備の使用開始時又は使用終了時のいずれか1回，その製造設備の属する製造施設の異常の有無を点検すればよい．

ト．酸素の貯蔵設備について，第一種保安物件に対して所定の強度を有する構造の障壁を設ければ，その貯蔵設備の外面から第一種保安物件に対して有すべき第一種設備距離は減じられる．

チ．アンモニアの製造設備のアンモニアの通る部分の外面からその製造設備外の火気を取り扱う施設まで8メートル以上の距離を有している場合は，その設備から漏えいしたアンモニアが火気を取り扱う施設に流動することを防止するための措置を講じる必要はない．

リ．酸素の製造設備のうちバルブ及び継手その他の酸素が漏えいするおそれのある箇所に，その旨の危険標識を掲げるべき定めはない．

解　説

イ☒　一般高圧ガス保安規則第 6 条第 2 項第五号イより，修理又は清掃時には，作業計画を定めなければならない．

ロ☒　一般高圧ガス保安規則第 6 条第 2 項第五号ホより，修理等には修理のほか清掃も

- ハ○ 一般高圧ガス保安規則第6条第2項第二号より，自動検知・警報の措置が必要な貯槽は毒性ガス（本設備ではアンモニアが該当）のみである．
- ニ○ 一般高圧ガス保安規則第6条第2項第八号へのとおり．
- ホ× 一般高圧ガス保安規則第6条第2項第一号より，安全弁に付帯した止め弁は常に「全開」にしておかなければならない．
- ヘ× 一般高圧ガス保安規則第6条第2項第四号より，すべての高圧ガス製造装置について1日に1回以上点検しなければならない．
- ト× 一般高圧ガス保安規則第6条第1項第二号より，製造施設は，その貯蔵設備及び処理設備の外面から第一種保安物件に対し第一種設備距離以上の距離を有することと定められている．
- チ○ 一般高圧ガス保安規則第6条第1項第三号より，可燃性ガスの製造設備は，火気を取り扱う施設に対し8メートル以上の距離を有し，又は，漏えいしたガスが火気を取り扱う施設に流動することを防止するための措置あるいは可燃性ガスが漏えいしたときに連動装置により直ちに使用中の火気を消すための措置を講ずることと定められており，8メートルの距離を有するか，又は，漏えいを防止する措置のどちらか一方でよい．**難問**
- リ○ 一般高圧ガス保安規則第6条第1項第三十三号より，毒性ガスについては，バルブ及び継手その他ガスが漏えいするおそれのある箇所にその旨の危険標識を掲げることとの定めはあるものの，酸素についての規定はない．**難問**

問3 この事業所に適用される技術上の基準について，次のイ～ヌの記述のうち正しいものはどれか．

- イ．アンモニアのガス設備に使用する材料は，高圧ガス設備以外のガス設備であっても，ガスの種類，性状，温度，圧力等に応じ，その設備の材料に及ぼす化学的影響及び物理的影響に対し，安全な化学的成分及び機械的性質を有するものでなければならない．
- ロ．高圧ガス設備について行う耐圧試験は，水その他の安全な液体を使用することが困難であると認められるときは，空気，窒素等の気体を使用して行うことができる．
- ハ．液化酸素の貯槽は内容積が5 000リットル以上であるので，その貯槽に取り付けた液化酸素を送り出し，又は受け入れるために用いられる配管のいずれか一方には，液化酸素が漏えいしたときに安全に，かつ，速やかに遮断するための措置を講じなければならない．
- ニ．液化アンモニアの貯槽に設ける液面計にガラス液面計を使用するときは，そのガラス液面計の破損を防止するための措置を講じなければならない．
- ホ．窒素の製造設備に設けたバルブ（操作ボタン等により開閉されないもの）に

● 8章 定置式製造設備に係る技術上の基準 ●

は，作業員がそのバルブを適切に操作することができるような措置を講じる必要はない．
ヘ．液化酸素の貯槽は，その沈下状況を測定しなければならないが，不活性ガスである液化窒素の貯槽はその必要がない．
ト．アンモニアの製造施設には，その製造施設から漏えいするアンモニアが滞留するおそれのある場所に，そのアンモニアの漏えいを検知し，かつ，警報するための設備を設けなければならない．
チ．アンモニア及び酸素の高圧ガス設備には，その設備内の圧力が許容圧力を超えた場合に直ちにその圧力を許容圧力以下に戻すことができる安全装置を設けなければならないが，不活性ガスである窒素の高圧設備には同様の安全装置を設けるべき定めはない．
リ．アンモニアの製造設備には，アンモニアが漏えいしたときに安全に，かつ，速やかに除害するための措置を講じなければならない．
ヌ．酸素の高圧ガス設備に使用する材料は，ガスの種類，性状，温度，圧力等に応じ，その設備の材料に及ぼす化学的影響及び物理的影響に対し，安全な化学的成分及び機械的性質を有するものとしなければならないが，窒素の高圧ガス設備に使用する材料については，その定めはない．

解 説

- イ○ 一般高圧ガス保安規則第6条第1項第十四号のとおり．
- ロ○ 一般高圧ガス保安規則第6条第1項第十一号のとおり．水その他の液体を使用することが困難な場合には，空気，窒素などの気体を使用することができる．
- ハ× 一般高圧ガス保安規則第6条第1項第二十五号より，送出しと受入れの両方の配管に措置しなければならない．難問
- ニ○ 一般高圧ガス保安規則第6条第1項第二十二号のとおり．
- ホ× 一般高圧ガス保安規則第6条第1項第四十一号より，作業員が当該バルブ又はコックを適切に操作することができるような措置を講ずることと定められている．
- ヘ× 一般高圧ガス保安規則第6条第1項第十六号より，ガスの種類に関係なく，貯槽は沈下状況を測定するための措置を講じ，沈下状況を測定することと定められている．
- ト○ 一般高圧ガス保安規則第6条第1項第三十一号のとおり．
- チ× 一般高圧ガス保安規則第6条第1項第十九号より，ガスの種類に関係なく，圧力が許容圧力を超えた場合に直ちにその圧力を許容圧力以下に戻すことができる安全装置を設けることと定められている．
- リ○ 一般高圧ガス保安規則第6条第1項第三十七号のとおり．
- ヌ× 一般高圧ガス保安規則第6条第1項第十四号より，設問の内容は，ガスの種類に

関係なく，すべての高圧ガスに適用される．

問4から問5の問題は，次の例による事業所に関するものである．

> アセチレンを発生させて，専ら圧縮機により容器に充てんするため，並びに液化酸素及び液化窒素を貯槽に貯蔵し，専らポンプにより加圧し蒸発器で気化したガスを容器に充てんするため，次に掲げる高圧ガスの製造施設を有する事業所であって，コンビナート地域外にあるもの．
>
> | | | |
> |---|---|---|
> | 事業所全体の処理能力 | | ：405 000 立方メートル毎日 |
> | （内訳）　アセチレン | | ：5 000 立方メートル毎日 |
> | 　　　　　酸素 | | ：200 000 立方メートル毎日 |
> | 　　　　　窒素 | | ：200 000 立方メートル毎日 |
> | 貯槽の貯蔵能力 | 液化酸素 | ：20 トン　1 基 |
> | | 液化窒素 | ：20 トン　1 基 |
> | 圧縮機 | 圧縮アセチレンガス | ：定置式　2 基 |
> | ポンプ | 液化酸素 | ：定置式　1 基 |
> | | 液化窒素 | ：定置式　1 基 |
> | 容器置場（貯蔵設備でないもの） | | ：面積 1 000 平方メートル （アセチレン，酸素，窒素に係るもの） |

問4　次のイ～チの記述のうち，この事業所に適用される技術上の基準について正しいものはどれか．

イ．これらの貯槽の基礎は，不同沈下等により貯槽に有害なひずみが生じないようなものでなければならない．

ロ．製造設備のうち，アセチレンの通る部分は，その部分からアセチレンが漏えいしたときの所定の措置を講じていない場合は，その外面から火気（その設備内のものを除く）を取り扱う施設に対し，8メートル以上の距離を有しなければならない．

ハ．製造施設の変更工事の完成検査において，高圧ガス配管は，常用の圧力以上の圧力で行う耐圧試験に合格した場合は，気密試験の実施を省略することができる．

ニ．アセチレンの製造設備の高圧ガス設備に使用する材料は，ガスの種類，性状，温度，圧力等に応じ，その設備の材料に及ぼす化学的影響及び物理的影響に対し，安全な化学的成分及び機械的性質を有するものでなければならないが，高圧ガス設備以外のガス設備に使用する材料については，その定めはない．

ホ．アセチレンと酸素の容器置場には，適切な消火設備を適切な箇所に設けなけれ

ばならない.
ヘ. アセチレンの製造設備の高圧ガス設備は,その外面から酸素の製造設備のうち液化酸素の貯槽に対してのみ所定の距離を有していればよい.
ト. 液化酸素の貯槽は,所定の耐震設計の基準により,地震の影響に対して安全な構造としなければならないが,液化窒素の貯槽には,その定めはない.
チ. 容器置場の外面から第二種保安物件に対して有しなければならない第二種置場距離は,その容器置場の面積に応じて算出される.

この事業所は,高圧ガスを100立方メートル毎日以上製造している,定置式製造設備を有する,第一種製造者である.

解 説

- イ○ 一般高圧ガス保安規則第6条第1項第十五号のとおり.
- ロ○ 一般高圧ガス保安規則第6条第1項第三号のとおり.
- ハ× 一般高圧ガス保安規則第6条第1項第十二号より,高圧ガス設備は,常用の圧力以上の圧力で行う気密試験又はこれらと同等以上の試験に合格することと定められている.
- ニ× 一般高圧ガス保安規則第6条第1項第十四号より,可燃性ガスであるアセチレンのガス設備は,高圧ガスだけでなくすべてのガス設備の材料について,材料に及ぼす化学的影響及び物理的影響に対し,安全な化学的成分及び機械的性質を有するものでなければならない.
- ホ○ 一般高圧ガス保安規則第6条第1項第四十二号ヌのとおり.
- ヘ× 一般高圧ガス保安規則第6条第1項第四号より,可燃性ガスの製造設備の高圧ガス設備は,可燃性ガスの製造設備の高圧ガス設備に対し5メートル以上,特定圧縮水素スタンドの処理設備及び貯蔵設備に対し6メートル以上,酸素の製造設備の高圧ガス設備に対し10メートル以上の距離を有することと定められている.
- ト× 一般高圧ガス保安規則第6条第1項第十七号より,ガスの種類に関係なく地震の影響に対して安全な構造としなければならない.
- チ○ 一般高圧ガス保安規則第6条第1項第四十二号ハのとおり.

| 問5 | 次のイ~リの記述のうち,この事業所に適用される技術上の基準について正しいものはどれか.

- イ. 貯槽以外の高圧ガス設備に設置している安全弁に付帯して設けた止め弁は,1日の製造を終了した場合常に閉止している.
- ロ. 液化酸素の貯槽に液化ガスを充てんするときは,その液化ガスの容量が貯槽の常用の温度においてその内容積の90パーセントを超えないように充てんして

いる.
ハ. ガス設備の修理を行うこととなったので作業計画を定めたが，その作業の責任者を特に定めないで行うこととした.
ニ. 酸素を容器に充てんする場合は，あらかじめ，バルブ，容器及び充てん用配管とバルブとの接触部に付着した石油類などの付着物を除去し，かつ，容器とバルブとの間には，可燃性のパッキンを使用しないこととしている.
ホ. この容器置場では，アセチレンの充てん容器と酸素の充てん容器をそれぞれ区分して置くこととしているが，これらのガスの残ガス容器は区分して置いていない.
ヘ. ガス設備の修理が終了したので，そのガス設備が正常に作動することを確認し，保安上支障がないことを確認して高圧ガスの製造を再開した.
ト. アセチレンの製造施設，酸素の製造施設及び窒素の製造施設は，これらの製造設備の使用開始時及び使用終了時にその製造設備の属する製造施設の異常の有無の点検を行っているが，そのほかには点検を行っていない.
チ. 圧縮ガスを継目なし容器に充てんするときに，あらかじめ，その容器について音響検査を行い，音響不良のないことを確認して充てんしなければならないのは，圧縮酸素だけである.
リ. この事業所の容器置場に置く充てん容器は，常に温度40度以下に保たなければならない.

解　説

- イ✕　一般高圧ガス保安規則第6条第2項第一号イより，安全弁に付帯して設けた止め弁は，常に全開しておくことと定められている.
- ロ○　一般高圧ガス保安規則第6条第2項第二号イの通り.
- ハ✕　一般高圧ガス保安規則第6条第2項第五号イより，修理等をするときは，あらかじめ，修理等の作業計画及び当該作業の責任者を定めなければならない.
- ニ○　一般高圧ガス保安規則第6条第2項第二号ヘのとおり.
- ホ✕　一般高圧ガス保安規則第6条第2項第八号より，充てん容器等は，充てん容器及び残ガス容器にそれぞれ区分して容器置場に置くことと定められている.
- ヘ○　一般高圧ガス保安規則第6条第2項第五号ホのとおり.
- ト✕　一般高圧ガス保安規則第6条第2項第四号より，使用開始時及び使用終了時に製造施設の異常の有無を点検するほか，1日に1回以上製造をする高圧ガスの種類及び製造設備の態様に応じ頻繁に製造設備の作動状況について点検することと定められている.
- チ✕　一般高圧ガス保安規則第6条第2項第二号ロより，圧縮ガス及び液化ガスを継目なし容器に充てんするときは，その容器について音響検査を行わなければならない. 難問

リ○　一般高圧ガス保安規則第6条第2項第八号ホのとおり．

問6から**問7**の問題は，次の例による事業所に関するものである．

> アンモニアを専ら消費するため，次に掲げる高圧ガスの製造施設及び消費施設を有するほか窒素の製造施設を有する事業所であって，一般高圧ガス保安規則の適用を受けるもの．
> 　　事業所全体の処理能力　　　　　　：150 000 立方メートル毎日
> 　　貯槽の貯蔵能力　液化アンモニア　：30 トン　1 基
> 　　主な機器　　　　　　　　　　　　：ポンプ，気化装置，減圧設備

問6　次のイ～リの記述のうち，この事業所，及びこの事業所に適応される技術上の基準について正しいものはどれか．

イ．液化アンモニアの貯槽及びその支柱には，温度の上昇を防止するための措置を講じなければならない．

ロ．アンモニアの製造施設には，その規模に応じ，適切な防消火設備を適切な箇所に設けなければならない．

ハ．液化アンモニアの配管の取替え工事後に行う完成検査における耐圧試験は，水その他の安全な液体を使用するときは常用の圧力の1.25倍の圧力で行えばよい．

ニ．液化アンモニアの貯槽の周囲には，液化アンモニアが漏えいした場合にその流出を防止するための措置を講じなければならない．

ホ．液化アンモニアの貯槽の内容積は5 000リットル以上であるため，その貯槽の液化ガスを送り出し又は受け入れるために用いる配管には，液化アンモニアが漏えいしたときに安全に，かつ，速やかに遮断するための措置を講じなければならない．

ヘ．アンモニアの製造施設には，他の製造施設と区分して，その外部から毒性ガスの製造施設である旨を容易に識別できるような措置を講じた場合は，その製造施設内のポンプ，バルブ等のアンモニアが漏えいするおそれのある箇所に，その旨の危険標識を掲げる必要はない．

ト．アンモニアの製造施設のガス設備に係る配管の接合は，いかなる場合であっても，溶接以外は認められない．

チ．アンモニアの製造設備に設けたバルブのうち，保安上重大な影響を与えるバルブには，作業員が適切に操作することができるような措置を講じなければならないが，それ以外のバルブにはその措置を講じる必要はない．

リ．液化アンモニアの貯槽にガラス液面計を使用する場合には，その破損を防止するための措置を講じ，かつ，貯槽とガラス液面計とを接続する配管には，その

ガラス液面計の破損による液化アンモニアの漏えいを防止するための措置を講じなければならない．

解　説

- イ○　一般高圧ガス保安規則第6条第1項第三十二号のとおり．
- ロ○　一般高圧ガス保安規則第6条第1項第三十九号のとおり．
- ハ×　一般高圧ガス保安規則第6条第1項第十一号より，耐圧試験は，水その他の安全な液体を使用するときは常用の圧力の1.5倍の圧力で行わなければならない．
- ニ○　一般高圧ガス保安規則第6条第1項第七号のとおり．
- ホ○　一般高圧ガス保安規則第6条第1項第二十五号のとおり．
- ヘ×　一般高圧ガス保安規則第6条第1項第三十三号より，毒性ガスの製造施設には，毒性ガスの製造施設である旨を容易に識別することができるような措置を講じ，ポンプ，バルブ及び継手その他毒性ガスが漏えいするおそれのある箇所には危険標識を掲げることと定められている．
- ト×　一般高圧ガス保安規則第6条第1項第三十五号より，溶接によることが適当でない場合は，保安上必要な強度を有するフランジ接合又はねじ接合継手による接合をもって代えることができると定められている．
- チ×　一般高圧ガス保安規則第6条第1項第四十一号より，製造設備に設けたバルブ又はコックには，作業員が当該バルブ又はコックを適切に操作することができるような措置を講ずることと定められている．
- リ○　一般高圧ガス保安規則第6条第1項第二十二号のとおり．

問7　次のイ，ロ，ハの記述のうち，この事業所，及びこの事業所に適応される技術上の基準について正しいものはどれか．

イ．液化アンモニアの配管の取替え工事後の完成検査における耐圧試験は，水を使用して常用の圧力の1.25倍の圧力で行った．

ロ．製造設備のアンモニアの通る部分の外面からその製造設備外の火気を取り扱う施設まで8メートル以上の距離を有することができないので，その設備から漏えいしたアンモニアがその火気を取り扱う施設に流動することを防止するための措置を講じた．

ハ．液化アンモニア貯槽は内容積が5 000リットル以上であるので，貯槽に取り付けられた液化アンモニアを送り出すために用いる配管及び受け入れるために用いる配管には，液化アンモニアが漏えいしたときに安全に，かつ，速やかに遮断するための措置を講じた．

解 説

- イ✗ 一般高圧ガス保安規則第6条第1項第十一号より，水を使用しての耐圧試験は，常用の圧力の1.5倍の圧力で行うことと定められている．
- ロ◯ 一般高圧ガス保安規則第6条第1項第三号より，可燃性ガスの通る部分の外面から火気を取り扱う施設まで8メートル以上の距離を有するか，又は，漏えいしたアンモニアがその火気を取り扱う施設に流動することを防止するための措置を講じなければならない．
- ハ◯ 一般高圧ガス保安規則第6条第1項第二十五号より，可燃性ガス，毒性ガス，酸素の液化ガスの貯槽に取り付けた配管には，液化ガスが漏えいしたときに安全に，かつ，速やかに遮断するための措置を講ずることと定められている．

9章 圧縮天然ガススタンドに係る技術上の基準

（一般高圧ガス保安規則）

圧縮天然ガススタンドに係る技術上の基準については，**一般高圧ガス保安規則第7条**に規定されている．以下に，重要項目を示す．

- ディスペンサーは，公道の道路境界線に対し5メートル以上の距離を有すること．
- ディスペンサーの上部に屋根を設けるときは，不燃性又は難燃性の材料を用いるとともに，ガスが漏えいしたときに滞留しないような構造とすること．
- 圧縮天然ガススタンドは火気を取り扱う施設に対し8メートル以上の距離を有し，圧縮天然ガスが漏えいしたときに連動装置により直ちに使用中の火気を消すための措置を講ずること．
- 圧縮天然ガススタンドの処理設備及び貯蔵設備は，可燃性ガスの製造設備に対し5メートル以上，酸素の製造設備の高圧ガス設備に対し10メートル以上の距離を有すること．
- ディスペンサーには，充てん車両に固定した容器の最高充てん圧力以下の圧力で自動的に圧縮天然ガスを遮断する装置を設け，漏えいを防止するための措置を講ずること．
- 製造施設には圧縮天然ガスが滞留するおそれのある場所に，漏えいを検知し，警報し，かつ，製造設備の運転を自動的に停止するための装置を設置すること．
- 製造施設には，施設が損傷するおそれのある地盤の振動を的確に検知し，警報し，かつ，製造設備の運転を自動的に停止する感震装置を設けること．
- 圧縮天然ガスを燃料として使用する車両に固定した容器に当該圧縮天然ガスを充てんするときは，充てん設備に過充てん防止のための措置を講ずること．
- 圧縮天然ガススタンドには，その規模に応じ，適切な消火設備を適切な箇所に設けること．
- 空気中の混入比率が容量で**1 000分の1**である場合において感知できるようなにおいがするものを充てんすること．
- 圧縮天然ガスを容器に充てんするときは，容器に有害となる量の水分及び硫化物を含まないものとすること．

演習問題

問1 次のイ，ロ，ハの記述のうち，第一種製造者の製造設備が製造施設の外部から圧縮天然ガスの供給を受ける圧縮天然ガススタンドについて，一般高圧ガス保安規則上正しいものはどれか．

イ．圧縮天然ガスを燃料として使用する車両に固定した容器に圧縮天然ガスを充てんするときは，その車両に過充てん防止のための措置が講じられていれば，充てん設備に過充てん防止のための措置を講じなくてもよい．

ロ．容器に充てんする圧縮天然ガスは，容器に有害となる量の水分及び硫化物を含まないものとしなければならない．

ハ．ディスペンサーの上部に設ける屋根は，不燃性又は難燃性の材料を用い，かつ，圧縮天然ガスが漏えいしたときに滞留しない構造としなければならない．

解 説

- イ× 一般高圧ガス保安規則第7条第2項第十九号より，圧縮天然ガスを燃料として使用する車両に固定した容器に当該圧縮天然ガスを充てんするときは，充てん設備に過充てん防止のための措置を講ずることと定められている．
- ロ○ 一般高圧ガス保安規則第7条第3項第三号のとおり．
- ハ○ 一般高圧ガス保安規則第7条第2項第十六号のとおり．

問2 次のイ～ヘの記述のうち，第一種製造者の製造設備が製造施設の外部から圧縮天然ガスの供給を受ける圧縮天然ガススタンドについて，一般高圧ガス保安規則上正しいものはどれか．

イ．圧縮天然ガススタンドのディスペンサーには，充てん車両に固定した容器の最高充てん圧力以下の圧力で自動的に圧縮天然ガスを遮断する装置を設け，かつ，そのガスの漏えいを防止するための措置を講じなければならない．

ロ．製造施設には，その施設から漏えいする圧縮天然ガスが滞留するおそれのある場所に，そのガスの漏えい検知し，かつ，警報するための装置を設けなければならないが，その装置は製造設備を自動的に停止することができないものでもよい．

ハ．充てんする圧縮天然ガスは，その容器に「工業用無臭」の表示をすれば，空気中の混入比率が容量で1 000分の1である場合において感知できるようなにおいがするものでなくてもよい．

ニ．圧縮天然ガススタンドには，その規模に応じ，適切な消火設備を適切な箇所に設けなければならない．

ホ．ディスペンサーは，その本体の外面から公道の道路境界線に対し5メートル以上の距離を有しなければならない．
ヘ．製造施設には，施設が損傷するおそれのある地盤の振動を的確に検知し，警報し，かつ，製造設備の運転を自動的に停止する感震装置を設けなければならない．

解　説

外部から圧縮天然ガスの供給を受ける圧縮天然ガススタンドであるので，一般高圧ガス保安規則第7条第2項が適用される．

- イ◯　一般高圧ガス保安規則第7条第2項第九号より，ディスペンサーには，充てん車両に固定した容器の最高充てん圧力以下の圧力で自動的に圧縮天然ガスを遮断する装置を設け，かつ，漏えいを防止するための措置を講ずることと定められている．
- ロ×　一般高圧ガス保安規則第7条第2項第十一号より，製造施設には，当該施設から漏えいする圧縮天然ガスが滞留するおそれのある場所に，当該ガスの漏えいを検知し，警報し，かつ，製造設備の運転を自動的に停止するための装置を設置することと定められている．
- ハ×　一般高圧ガス保安規則第7条第3項第二号ロより，空気中の混入比率が容量で**1000分の1**である場合において感知できるようなにおいがするものを充てんすることと定められている．
- ニ◯　一般高圧ガス保安規則第7条第2項第二十一号より，圧縮天然ガススタンドには，その規模に応じ，適切な消火設備を適切な箇所に設けること．
- ホ◯　一般高圧ガス保安規則第7条第2項第四号より，ディスペンサーは，その本体の外面から公道の道路境界線に対し5メートル以上の距離を有することと定められている．
- ヘ◯　一般高圧ガス保安規則第7条第2項第十二号より，製造施設には，施設が損傷するおそれのある地盤の振動を的確に検知し，警報し，かつ，製造設備の運転を自動的に停止する感震装置を設けること定められている．

2編 学識

　学識に関する出題は，単位，気体・液体の性質，化学反応，ガスの性質，材料，高圧装置，計測機器，流動と伝熱の8分野からほぼ均等に行われている．これらの分野の中には，高圧ガスに関する設備や装置に関するものの他に，化学や機械の基本的な知識に関する設問や計算を必要とする内容が含まれている．

1章 単位

1.1 SI単位：世界共通の実用単位

高圧ガスの設備を安全に運転・管理するためには，設備の状態を把握する必要がある．そこで必要なのが各種の物理量である．高圧ガスの取扱いに必要な物理量を表2.1に示す．なお，ここでは，SI単位と呼ばれる世界標準の単位を用いる．

表2.1 基本的な量とそのSI単位

物理量	SI単位	その他の単位
時間	s（セカンド）	
長さ	m（メートル）	ft, in
質量	kg（キログラム）	lbm, ton
熱力学温度	K（ケルビン）＝ ℃ ＋ 273.15	F, ℃
物質量	mol（モル）	
速度	m/s	ft/s, knot
加速度	m/s^2	gal
力（質量×加速度）	N（ニュートン）＝ $kg \cdot m/s^2$	kgf, lbf
圧力	Pa（パスカル）＝ N/m^2	bar, kgf/cm^2, atm, mmHg
仕事（力×距離），熱量 ※仕事と熱量は同じ単位	J（ジュール）＝ $N \cdot m$	cal, Btu
仕事率，伝熱速度	W（ワット）＝ J/s	HP

※絶対圧力，ゲージ圧力：絶対圧力とは真空からの圧力を示し，ゲージ圧とは大気圧との差を示す．標準大気圧は，およそ101.3kPa（キロパスカル）である．
　したがって，絶対圧力＝ゲージ圧力＋大気圧　となる．

1.2 接頭語

ある物理量を表すとき，SI単位標記ではとても大きな数字や小さな数字になることがある．例えば，1気圧の圧力は，SI単位では，101 325Pa（パスカル）となる．そこで，1 000 ＝ 10^3 を示す「k」を用いて，101.325kPa（キロパスカル）と表す．この「k」のように 10^n を表す記号を接頭語という．表2.2に接頭語を示す．

表2.2 接頭語

乗数	記号	読み方	乗数	記号	読み方
10^{12}	T	テラ	10^{-1}	d	デシ
10^9	G	ギガ	10^{-2}	c	センチ
10^6	M	メガ	10^{-3}	m	ミリ
10^3	k	キロ	10^{-6}	μ	マイクロ
10^2	h	ヘクト	10^{-9}	n	ナノ
10^1	da	デカ	10^{-12}	p	ピコ

演習問題

問1 次のイ～トの単位に関する記述のうち，正しいものはどれか．

イ．SI単位とは，世界共通に使える実用単位として定められた国際単位系（SI）に属する単位のことである．
ロ．セルシウス温度0℃は絶対温度0Kである．
ハ．1パスカル（Pa）は，面積1平方メートル（m²）の面に力1ニュートン（N）が垂直で均一にかかるときの圧力である．
ニ．温度差の数値はセルシウス温度（℃）で表しても，絶対温度（K）で表しても同じである．
ホ．1ニュートン（N）の力で，物体を1メートル（m）動かす仕事が，1ジュール（J）である．
ヘ．面積1平方センチメートル（cm²）の面に，力1ニュートン（N）が垂直で均一にかかるときの圧力が，1パスカル（Pa＝N/cm²）である．
ト．1メガパスカル（MPa）は 10^3 キロパスカル（kPa）である．

解説

- イ〇 設問のとおり．
- ロ× 表2.1より，絶対温度：K＝℃＋273.15であるから，0℃は273.15Kとなる．
- ハ〇 表2.1より，圧力：Pa＝N/m²であるから，1パスカル（Pa）は，面積1平方メートル（m²）の面に力1ニュートン（N）が垂直で均一にかかるときの圧力となる．
- ニ〇 表2.1より，K＝℃＋273.15であるから，温度差の場合，引き算をするので，セルシウス温度（℃）で表しても，絶対温度（K）で表しても同じとなる．

- ホ◯ 表2.1より，仕事：J = N·m であり，1ニュートン（N）の力で，物体を1メートル（m）動かす仕事が，1ジュール（J）となる．
- ヘ× 表2.1より，Pa = N/m² であるから，面積1平方センチメートル（cm²）の面に，力1ニュートン（N）が垂直で均一にかかるときの圧力は

$$\frac{N}{cm^2} = 100^2 \cdot \frac{N}{m^2} = 10\,000\text{Pa} = 10\text{kPa}$$

となる．
- ト◯ 表2.2より，k = 10³，M = 10⁶ であるから，1MPa = 1 000 000Pa = 10³kPa である．

問2 次のイ〜ヘの単位に関する記述のうち，正しいものはどれか．

- イ．1秒（s）当たりのエネルギーが1ジュール(J)であるときの仕事率が1ワット（W）である．
- ロ．圧力の単位であるキログラム毎平方センチメートル（kgf/cm²）はSI単位である．
- ハ．気圧が970hPaのとき，圧力計が0.345MPa（ゲージ圧力）を示している貯槽内のガスの絶対圧力は1.315MPaである．
- ニ．絶対圧力 p とゲージ圧力 p_g の関係は，$p_g = p + $ 大気圧である．
- ホ．セルシウス温度20度（℃）は絶対温度で253ケルビン（K）である．
- ヘ．標準大気圧は，およそ101.3キロパスカル（kPa）である．

解 説

- イ◯ 表2.1のとおり．
- ロ× 表2.1より，圧力のSI単位は，Paである．
- ハ× 「h」は100を，「M」は1 000 000表す接頭語である．970hPa = 0.097MPa であるから，0.345MPa（ゲージ圧力）を絶対圧力に直すと，0.345MPa（絶対圧力）= 0.345 + 0.097 = 0.442MPa となる． **難問**
- ニ× 絶対圧力 p とゲージ圧力 p_g の関係は，$p = p_g +$ 大気圧である．表2.1注釈参照．
- ホ× K = ℃ + 273.15 であるから，20℃ = 20 + 273.15 = 293.15K となる．
  ※およそ293Kとしてもよい．
- ヘ◯ 表2.1の注釈のとおり．

2章 気体・液体の性質

2.1 理想気体

1）理想気体の状態方程式

分子間力が存在せず，分子の大きさも無視できる仮想的な気体で，下記の式が成り立つ．

$$\frac{p \cdot V}{T} = 一定 \tag{1}$$

$$p \cdot V = n \cdot R \cdot T \tag{2}$$

p：絶対圧力〔Pa〕，V：容積〔m³〕，T：絶対温度〔K〕，
n：モル数 $= m/M$，R：気体定数 $= 8.3145 \text{J}/(\text{mol} \cdot \text{K})$，
m：質量〔kg〕，M：モル質量〔kg/mol〕

※絶対圧力，ゲージ圧力：絶対圧とは真空からの圧力を示し，ゲージ圧力とは大気圧との差を示す．したがってゲージ圧力で示されている場合，式（1）及び式（2）を使用する際には，大気圧 101.3kPa を加えなければならない．

混合気体では，それぞれの気体の圧力 p_1，p_2 は，それぞれの気体のモル数を n_1，n_2 とすると

$$p_1 = \frac{n_1}{n_1 + n_2} p$$

$$p_2 = \frac{n_2}{n_1 + n_2} p$$

となり，また，それぞれの気体の体積比はモル分率に等しいから

$$\frac{V_1}{V} = \frac{n_1}{n}$$

$$\frac{V_2}{V} = \frac{n_2}{n}$$

$$\frac{p_1}{p_2} = \frac{n_1}{n_2} = \frac{V_1}{V_2}$$

となる．

2) アボガドロの法則

すべての気体 1mol は，標準状態（0℃，101.3kPa）でおよそ 22.4L（リットル）の体積を占める．

3) 密　度

単位体積当たりの質量を密度〔kg/m³〕という．アボガドロの法則より，すべての気体 1mol の体積は標準状態で 22.4L（= 0.0224m³）であるから，モル質量 M〔kg/mol〕の気体の密度 ρ〔kg/m³〕は

$$\rho = \frac{M}{0.0224} \text{〔kg/m}^3\text{〕}$$

となる．

4) 分　圧

分圧とは，混合気体中のある成分気体が単独で，混合気体と同温・同体積で存在するときに示す圧力である．したがって，i 成分の分圧 p_i は全圧 p，その気体のモル分率 x_i を用いて，**分圧 $p_i = p \times x_i$** となる．

5) 原子量，分子量

1 個の原子は小さいので，**アボガドロ定数個**（6.02×10^{23} 個）集めて取り扱うと便利である．このアボガドロ定数個分の質量〔単位：g〕の数値部分を**原子量**という．例えば，水素（H）の原子量は 1，炭素（C）の原子量は 12，酸素（O）の原子量は 16 である．

しかしながら，原子単独で存在しない場合も多く，例えば水素では水素原子 2 個が一かたまりとなり，H_2 の状態で存在する．このかたまりを分子という．この分子のアボガドロ定数個分の質量〔単位：g〕の数値部分を**分子量**という．

分子のうち，一つの原子からできているヘリウムやアルゴンなどを**単原子分子**，二つの原子からできている水素や酸素などの分子を **2 原子分子**という．

6) 元素，単体と化合物

元素とは，物質を構成する最も基本的な成分をいう．1 種類の元素からできている物質を**単体**，2 種類以上の元素からできている物質を**化合物**という．

7) 熱容量と比熱容量

熱容量は，物質の温度を 1K 上昇させるために要する熱量として，質量を m〔kg〕，温度上昇を ΔT〔K〕とすると

$$Q = m \cdot c \cdot \Delta T \text{〔J〕} \tag{3}$$

で定義される．ここで，c〔J/(kg·K)〕は**比熱容量**と呼ばれる．気体の場合には，

容積一定で加熱する場合と圧力一定で加熱する場合では比熱容量は異なり，それぞれ c_V（**定容比熱容量**）〔J/(kg·K)〕，c_p（**定圧比熱容量**）〔J/(kg·K)〕と呼ばれ，$c_p > c_V$ となる．また，比熱容量の比である $c_p/c_V = \gamma$ を**比熱比**と呼ぶ．

なお，1mol 当たりの熱容量をモル熱容量という．$c_{m,V}$（**定容モル熱容量**）〔J/(mol·K)〕，$c_{m,p}$（**定圧モル熱容量**）〔J/(mol·K)〕がある．定容比熱容量と定容モル熱容量，定圧比熱容量と定圧モル熱容量には，気体のモル質量 M〔kg/mol〕を用いて，$c_{m,V} = c_V \cdot M$，$c_{m,p} = c_p \cdot M$ の関係がある．また，$c_{m,p} - c_{m,V} = R$ となる．

2.2 相変化，状態図

1) p-V 線図

図 2.1 に p-V 線図を示す．p-V 線図とは，圧力を縦軸，容積を横軸にとり，ある物質の液体，気体の状態を表した図である．

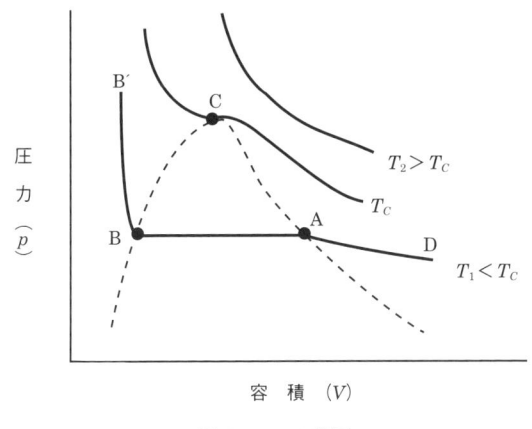

図 2.1　p-V 線図

図において，C は臨界点である．点線 CA は**飽和蒸気線**を示し，点線 CB は**飽和液線**を示す．飽和蒸気線の右側は気体（A-D 間），飽和液線と飽和蒸気線の間（A-B 間）はしめり蒸気（液と蒸気が混在したもの），飽和液線より左側は液体（B-B' 間），となる．

例えば，温度 T_1 一定で，容積を小さくすると，D-A 間では過熱蒸気（気体状態）であり徐々に圧力が上昇し，点 A において飽和蒸気になる．このときの圧力を**飽和蒸気圧**という．A-B 間ではしめり蒸気（液と蒸気が混在，圧力変化なし）となり，点 B において飽和液となる．A-B 間における温度，圧力は一定で**気液平**

衡の状態にある．さらに B-B′ では過冷却液（液体状態）となり，圧縮率の小さい液では圧力が急上昇する．

しかし，温度を上昇させ T_c となると，容積を小さくしても飽和蒸気線や液線を横切らない，すなわち液と蒸気が混在する状態とならなくなり，どれだけ容積を小さくしても液化することはない．この温度 T_c を**臨界温度**，そのときの圧力 p_c を臨界圧力と呼ぶ．臨界圧力においては，蒸気と液の区別がつかなくなる．したがって，図 2.1 のように臨界圧力近傍では，飽和蒸気と飽和液の比容積が互いに近づき，臨界圧力にて両者は一致する．

一般的な物質の臨界温度と臨界圧力を表 2.3 に示す．常温で液化する物質の臨界温度は常温より高い．

表 2.3 臨界温度及び圧力（臨界温度が常温より高い物質）

物質	臨界温度 T_c〔℃〕	臨界圧力 p_c〔MPa〕
水	374.1	22.1
塩素	144.0	7.99
アンモニア	132.4	11.3
プロパン	96.8	4.3
アセチレン	35.5	6.3
二酸化炭素	31.1	7.4

2）水の状態変化

大気圧下で，水を加熱し，沸騰させてみる．一例として，初期温度を 25℃ とすると，この状態の水は，図 2.1 に示した点 B（飽和液線）の左，直線 AB を外挿したところにある．この水を加熱すると，やがては 100℃ で点 B となる．この昇温の過程を**顕熱変化**という．さらに加熱を続けると，温度一定（100℃）の状態で点 A においてすべて蒸気に変わる．この温度変化を伴わない過程を**潜熱変化**という．

まず，$T_1 = 25$℃ から $T_2 = 100$℃ は液体の状態で温度上昇する．ここで，水の比熱容量を c_p〔kJ/(g·K)〕，水の質量を m〔kg〕とすると，この温度上昇に必要な熱量は

$$Q_1 = m \cdot c_p \cdot (T_2 - T_1) \text{〔J〕} \tag{4}$$

となる．大気圧下での水の比熱容量は，およそ $c_p = 4.2$ kJ/(kg·K) である．

つづいて，100℃ の水がすべて蒸気に変わる過程では，蒸発熱 L〔kJ/kg〕を用

いて，加熱に必要な熱量は

$$Q_2 = L \cdot m \ [\text{J}] \tag{5}$$

となる．したがって，大気圧下で25℃の水をすべて蒸気に変えるために必要な熱量は

$$Q = Q_1 + Q_2 \ [\text{J}] \tag{6}$$

となる．

※**蒸発熱**とは，1 kgの液体を気化させるために要する熱量で，逆の作用である気体を液化させる**凝縮熱**と等しい．

3) 状態図

図2.2に水の状態図を示す．状態図とは，圧力を縦軸，温度を横軸にとり，ある物質の固体，液体，気体の状態変化を表した図である．

例えば，圧力 p_0 を一定とし温度を上昇させると，融解曲線と交わり（融点），物質は固体から液体へと相変化する．さらに温度を上昇させると，蒸発曲線と交わり（沸点），物質は液体から気体へと相変化する．点Cは臨界点である．

なお，点Oは，固体，液体，気体が相平衡の状態で存在する**三重点**と呼ばれ，これより低い圧力では，気体は冷却すると直接個体になる．

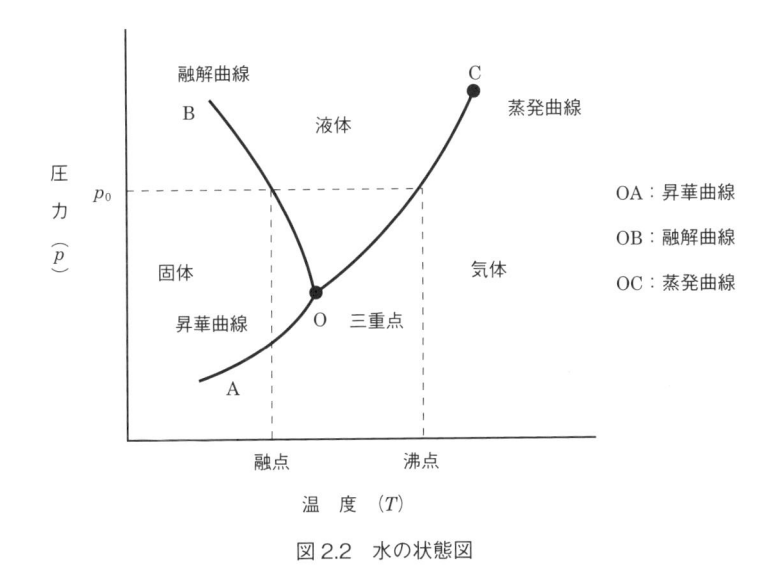

図2.2 水の状態図

〈二酸化炭素〉

図2.3に二酸化炭素（CO_2）の状態図を示す．二酸化炭素には次のような特徴

がある.

- 三重点（−56.6℃）が大気圧より高い（535kPa）ため，大気圧（P_0）で冷却すると気体は直接個体になる.
- 温度が三重点より高い領域（臨界温度以下）で圧縮すると，気体は液体になる.

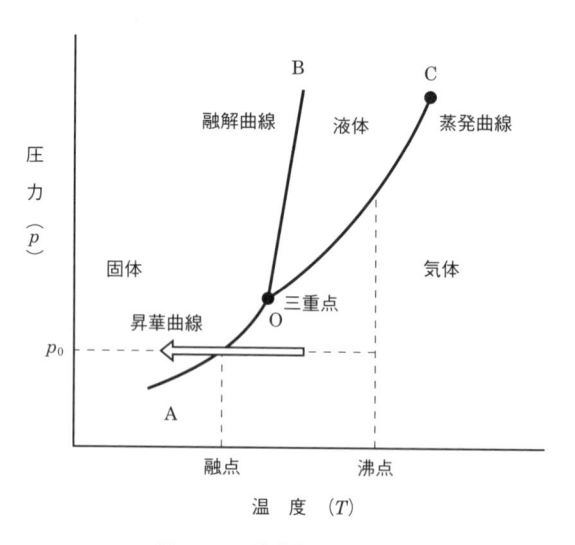

図 2.3　二酸化炭素の状態図

表 2.4 に代表的な物質の沸点を示す．例えば，標準大気圧下で雰囲気温度が 20℃の場合，次のようになる

・液体：o-キシレン〜アセトアルデヒド
・気体：ブタン〜ヘリウム

これは言い換えれば，我々が日常，液体状態で見ることのできる物質は沸点がおよそ 20℃以上，気体状態の物質は沸点がおよそ 20℃以下である．なお，沸点は圧力に依存するので，例えば，水の場合標準大気圧下では 100℃であるが，圧力を下げていくと沸点も低下する．

表2.4 物質の標準大気圧における沸点

物質	沸点〔℃〕	物質	沸点〔℃〕
o-キシレン	144.4	アンモニア	-33.4
蟻酸	100.6	塩素	-34.6
水	100	プロパン	-42.1
ベンゼン	80.0	アセチレン	-74
エタノール	78.3	エチレン	-103.7
メタノール	64.6	メタン	-141.5
クロロホルム	61.2	酸素	-183.0
アセトン	56.3	空気	-194
エチルエーテル	34.5	窒素	-195.8
アセトアルデヒド	20.2	水素	-252.9
ブタン	-0.5	ヘリウム	-268.9

2.3 熱力学

1) 熱と仕事

ある物体を動かす仕事 W は，力 F〔N〕と移動距離 L〔m〕を用いて

$$W = F \cdot L \quad \text{〔J〕} \tag{7}$$

で表される．同様に，圧力 p〔Pa〕一定で，気体が断面積 A〔m²〕を有するピストンを動かす仕事は

$$W = p \cdot A \cdot L \quad \text{〔J〕} \tag{8}$$

となる．SI 単位では，熱量やエネルギーも仕事と同じ単位〔J〕で表される．

2) 熱力学第一法則

ピストンとシリンダで区切られた外部と物質（流体）の出入りがない閉じた系において，加えた熱量 Q（系が吸収した熱量をプラス，放出した熱量をマイナスで表す），外部にした仕事 W（系が外部にした仕事をプラス，系が外部から加えられた仕事をマイナス）とすると，閉じた系の内部の気体が保有するエネルギー（内部エネルギー）U は，増減の差引きを $\varDelta$ で表すと

$$\varDelta U = \varDelta Q - \varDelta W \quad \text{〔J〕} \tag{9}$$

と表される．これを**熱力学第一法則**と呼ぶ．すなわち，内部エネルギーの変化（増えていればプラスになる）は，系が吸収した熱量から外部にした仕事を引い

た値となる．

3) 熱容量，エンタルピー，エントロピー

単位量（1 mol あるいは 1 kg）の物質を単位温度（1 K）上昇させるために必要な熱量を熱容量と呼ぶ．単位量が 1 mol の場合は**モル熱容量**〔J/(mol·K)〕，1 kg の場合は**比熱容量**〔J/(kg·K)〕と呼ぶ．

外部と流体の出入りがある系（開いた系，あるいは流動系）において，系が保有する内部エネルギー U と，系への流入・系からの流出に要する仕事 p（圧力）× V（容積）の和である状態量を**エンタルピー H** と呼ぶ．したがって

$$H = U + p \cdot V \text{〔J〕} \tag{10}$$

と定義される．ある系において，初期圧力 p_1，容積 V_1 で，熱量を加えたり，仕事を加えたりした前後（状態変化前後）のエンタルピー変化 ΔH は

$$\Delta H = \Delta U + (p_2 \cdot V_2 - p_1 \cdot V_1) \text{〔J〕} \tag{11}$$

となる．

熱量は，式（3）で示したように，物体の質量 m，比熱容量 c，温度変化 ΔT の積で

$$Q = m \cdot c \cdot \Delta T \text{〔J〕}$$

と表すことができる．したがって，物体の質量 m と比熱容量 c が同じであれば，熱量は温度差 ΔT だけで決まることになる．例えば，以下のケース 1 とケース 2 の熱量は同じである．

・ケース 1：30℃のお湯を 40℃にする
・ケース 2：80℃のお湯を 90℃にする

ところが読者のみなさんは違和感があるだろう．ここで，新たに，熱量の変化 ΔQ を温度 T で割った物理量として

$$\Delta S = \Delta Q / T \tag{12}$$

を定義する．この ΔS は，同じ熱量の変化 ΔQ であっても，温度 T が高ければ小さくなるという性質をもつ．上述のケース 1 とケース 2 では，ケース 2 のほうが ΔS は小さくなる．この物理量 S をエントロピーといい，「**熱量の価値**」を表すと考えることができる．

4) 理想気体の状態変化と仕事

2.1 節 1）より，理想気体の状態方程式は

$$\frac{p_1 \cdot V_1}{T_1} = \frac{p_2 \cdot V_2}{T_2} \tag{13}$$

であるから，熱力学で標準的に扱われる等温変化，定圧変化（等圧変化），定容変化（等積変化）は，それぞれ次式で表される．

- 等温変化：$p_1 \cdot V_1 = p_2 \cdot V_2$ (14)

  ※等温変化では，式(9)の内部エネルギーの変化 $\Delta U = 0$ となる．したがって，$\Delta Q = \Delta W$ となり，系に加えられた熱量は，すべて外部へする仕事となる．

- 定圧変化：$\dfrac{V_1}{T_1} = \dfrac{V_2}{T_2}$ (15)

  ※定圧変化では，加えられた熱量は式(11)で定義されるエンタルピー変化となる．

- 定容変化：$\dfrac{p_1}{T_1} = \dfrac{p_2}{T_2}$ (16)

  ※定容変化では，容積が変化しないので，加えられた熱量はすべて内部エネルギーの変化になる．

また，次項の熱機関及びサイクル内の状態変化として，以下の式で示される断熱変化もある．

$$断熱変化：p_1 \cdot V_1^{\gamma} = p_2 \cdot V_2^{\gamma} \tag{17}$$

ここで，γ は比熱比と呼ばれ，$c_{m,V}$（定容モル熱容量），$c_{m,p}$（定圧モル熱容量）を用いて

$$\gamma = c_{m,p}/c_{m,V} \tag{18}$$

となる．なお，$c_{m,p}$ と $c_{m,V}$ との差は気体定数 R と呼ばれ

$$R = c_{m,p} - c_{m,V} \tag{19}$$

となる．

次に，図2.4のように横軸に容積 V，縦軸に圧力 p をとり，ある系が外部に仕事をする場合を考える．初期状態における圧力 p_1，容積 V_1 から，膨張して圧力 p_2，容積 V_2 となり，外部に仕事をする．

この仕事 W〔J〕は

$$W = \int_{V_2}^{V_1} p \cdot dV \tag{20}$$

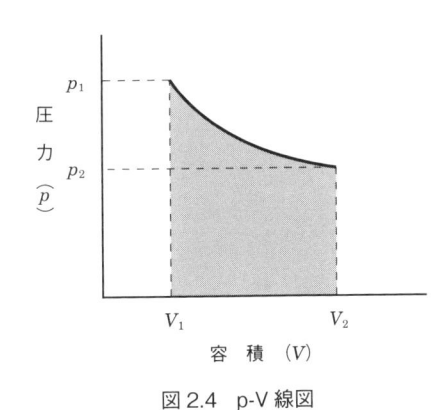

図2.4　p-V線図

となり，図2.4の網掛け部分の面積となる．
　ここで，定圧変化のように圧力 $p =$ 一定の条件下では，$W = p(V_2 - V_1)$ となる．

5) 熱機関とカルノーサイクル

　熱量 Q_1〔J〕を加えて外部に仕事 W〔J〕をする機械を熱機関と呼ぶ．熱機関では，加えた熱量 Q_1〔J〕をすべて仕事に変えることはできず（熱力学第二法則），必ず熱量 Q_2〔J〕を外部に排出することになる．そのため，熱機関では，式(21)で定義される熱効率 $\eta < 1$ となる．

$$\text{熱効率 } \eta = W/Q_1 = (Q_1 - Q_2)/Q_1 = 1 - (Q_2/Q_1) \tag{21}$$

演習問題

問1 次のイ～ヌの理想気体の圧力,温度及び体積の関係に関する記述のうち,正しいものはどれか.

イ.気体の温度を変化させずに,一定量の気体の体積を1/2に圧縮すると,絶対圧力も1/2になる.

ロ.密閉容器内の10℃の気体の温度を40℃に上昇させると,気体の圧力は10℃における圧力の約1.1倍になる.

ハ.気体の圧力を変化させずに,一定量の気体の温度を10℃から40℃に上昇させると,気体の体積は10℃における体積の90%になる.

ニ.標準状態(0℃,101.3kPa)で10m³を占める酸素ガスの質量は14.3kgである.ただし,酸素の原子量は16とする.

ホ.液体窒素15kgが気化した場合,標準状態(101.3kPa,0℃)で,およそ12m³の窒素ガス(N_2)になる.ただし,窒素の原子量は14とする.

ヘ.内容積47リットル(L)の容器に,窒素が温度35℃,圧力15.0MPa(ゲージ圧力)で充てんされている.この窒素ガスを使用したところ,同じ温度で圧力が10.0MPa(ゲージ圧力)に下がった.使用した窒素量は標準状態(101.3kPa,0℃)で,4.15m³である.

ト.理想気体の状態方程式の気体定数 R〔J/(mol·K)〕は,気体の種類には無関係な定数である.

チ.温度が一定ならば,一定量の気体の体積は圧力に比例している.

リ.圧力が一定ならば,一定量の気体の体積は絶対温度に反比例して変わる.

ヌ.窒素をある容器に10℃で0.8MPa(ゲージ圧力)まで充てんした.温度が40℃になったとき,圧力(ゲージ圧力)はおよそ0.9MPaである.

解 説

イ ✗ 式(1)より,気体の体積を1/2に圧縮すると,絶対圧力は2倍になる.

ロ ○ 式(1)より,$\dfrac{p_1 \cdot V_1}{T_1} = \dfrac{p_2 \cdot V_2}{T_2}$ であり,密閉容器すなわち容積一定であるから,

$\dfrac{p_1}{T_1} = \dfrac{p_2}{T_2}$ となり,温度を代入すると

$$\dfrac{p_1}{273.15+10} = \dfrac{p_2}{273.15+40} \quad \text{より} \quad \dfrac{p_2}{p_1} = \dfrac{273.15+40}{273.15+10} = 1.10595$$

となり,約1.1倍になる.

ハ ✗ 式(1)より,$\dfrac{p_1 \cdot V_1}{T_1} = \dfrac{p_2 \cdot V_2}{T_2}$ であり,圧力一定であるから,$\dfrac{V_1}{T_1} = \dfrac{V_2}{T_2}$ となる.

温度を代入すると
$$\frac{V_1}{273.15+10} = \frac{V_2}{273.15+40} \quad より \quad \frac{V_2}{V_1} = \frac{273.15+40}{273.15+10} = 1.10595$$
となり，約110%になる．

ニ◯ 酸素の分子量 $M = 16 \times 2 = 32\text{g/mol}$

式（2）より，$n = \dfrac{p \cdot V}{R \cdot T} = \dfrac{101.3 \times 10^3 \cdot 10}{8.3145 \cdot 273.15} = 446$

したがって，$n = \dfrac{m}{M/1\,000}$ より，$m = \dfrac{n \cdot M}{1\,000} = 14.3\text{kg}$

ホ◯ 窒素の分子量 $M = 14 \times 2 = 28\text{g/mol}$

$n = \dfrac{m}{M/1\,000} = \dfrac{15}{28/1\,000} = 535.7$

式（2）より，$V = \dfrac{n \cdot R \cdot T}{p} = \dfrac{535.7 \cdot 8.3145 \cdot 273.15}{101.3 \cdot 1\,000} = 12.01\text{m}^3$

ヘ✕ 最初の窒素のモル数 n_1 は，式（2）より
$$n_1 = \frac{p_1 \cdot V_1}{R \cdot T_1} = \frac{(15 \times 10^3 + 101.3) \cdot 47 \times 10^{-3}}{8.3145 \cdot (35+273.15)} = 0.277\text{kmol}$$
となる．次に，使用後の残りの窒素のモル数 n_2 は
$$n_2 = \frac{p_2 \cdot V_2}{R \cdot T_2} = \frac{(10 \times 10^3 + 101.3) \cdot 47 \times 10^{-3}}{8.3145 \cdot (35+273.15)} = 0.185\text{kmol}$$
となる．したがって使用した窒素のモル数 n_3 は
$$n_3 = n_1 - n_2 = 0.277 - 0.185 = 0.092\text{kmol}$$
となり，よって，標準状態（101.3kPa, 0℃）での使用した窒素の容積は
$$V_3 = \frac{n_3 \cdot R \cdot T_3}{p_3} = \frac{0.092 \cdot 8.3145 \cdot 273.15}{101.3} = 2.06\text{m}^3$$
となる．なお，4.15m³ は，残りの窒素の容積である．【難問】

ト◯ 設問のとおり．気体定数は，気体の種類に関係なく，$R = 8.3145 \text{[J/(mol·K)]}$ である．式（2）参照．

チ✕ 式（2）より
$$V = \frac{n \cdot R \cdot T}{p}$$
であるから，体積は圧力に反比例する．

リ✕ 式（2）より
$$V = \frac{n \cdot R \cdot T}{p}$$
であるから，体積は絶対温度に比例する．

ヌ◯ 式（1）より，$\dfrac{p_1 \cdot V_1}{T_1} = \dfrac{p_2 \cdot V_2}{T_2}$ で，容積の変化はないから，$\dfrac{p_1}{T_1} = \dfrac{p_2}{T_2}$ となる．

したがって
$$p_2 = \frac{p_1 \cdot T_2}{T_1} = \frac{(0.8 + 0.101) \cdot (40 + 273.15)}{10 + 273.15} = 0.9965 \text{MPa}$$
となる．得られた p_2 をゲージ圧力に換算する．

0.9965MPa（絶対圧力）= 0.9965 − 0.101 = 0.896MPa（ゲージ圧力）**難問**

問2 下の図は純物質の圧力 p, 体積 V 及び温度 T の関係を示している．この図に関する次のイ～トの記述のうち正しいものはどれか．

イ．一定温度 T_1 において D の蒸気を圧縮していくと，A ではじめて液相が出現し，B で液相のみとなる．

ロ．B‑B′は，一定温度 T_1 において液相が加圧された状態を示し，体積の変化に対して圧力が急激に増加していることを示している．

ハ．点 C の温度を臨界温度 T_C といい，この温度を超える領域は液相のみとなる．

ニ．A‑C 線は飽和蒸気線を，B‑C 線は飽和液線を，点 C は臨界点を示す．

ホ．A と B の間は液体と蒸気が共存する．

ヘ．点 C の温度 T_C を超える温度の気体を圧縮すれば，液化が起こる．

ト．実在気体の圧力を増加させると，飽和蒸気の密度と飽和液の密度が互いに近づき，臨界圧力で両者は一致する．

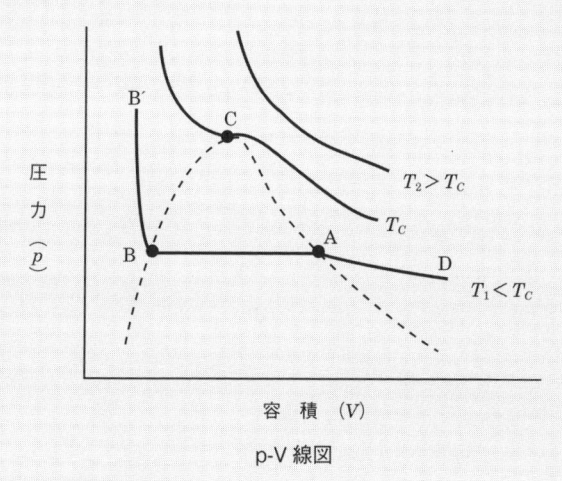

p-V 線図

解 説

イ◯ 設問のとおり．2.2 節 1) 項参照．

ロ◯ 設問のとおり．2.2 節 1) 項参照．

ハ✕ 臨界温度 T_C 以上では，容積を小さくしても飽和蒸気線や飽和液線を横切らない．

すなわち，どれだけ容積を小さくしても液化することはない．したがって気相のみとなる．2.2節1)項参照．
- ニ◯ 設問のとおり．A-C線は飽和蒸気線を，B-C線は飽和液線を，点Cは臨界点を示す．2.2節1)項及び図2.1参照．
- ホ◯ 設問のとおり．AとBの間は液体と蒸気が共存するしめり蒸気の状態である．2.2節1)項参照．
- ヘ✕ 点Cの温度T_Cを超える温度の気体は，いくら圧縮しても液化しない．2.2節1)項参照．
- ト◯ 臨界点では，蒸気と液の区別がなくなり，比容積や逆数である密度は一致する．

問3 次のイ，ロに解答せよ．

イ．次の(1)〜(7)のガスのうち，臨界温度が常温より高いガスはどれか．
  (1) アンモニア
  (2) 酸素
  (3) プロパン
  (4) メタン
  (5) 塩素
  (6) 窒素
  (7) 水素

ロ．次の(1)〜(4)のガスのうち，常温で液化できるものはどれか．
  (1) アンモニア
  (2) 水素
  (3) 酸素
  (4) 塩素

解 説

2.2節1)項の表2.3を参照．

イ．
- (1)◯ アンモニアの臨界温度は，132.4℃である．
- (2)✕ 酸素の臨界温度は−118.6℃である．
- (3)◯ プロパンの臨界温度は96.8℃である
- (4)✕ メタンの臨界温度は−82.6℃である．
- (5)◯ 塩素の臨界温度は144℃である．
- (6)✕ 窒素の臨界温度は−147℃である．
- (7)✕ 水素の臨界温度は−239.9℃である．

ロ．常温で液化できるものは，臨界温度が常温より高い．
- (1)◯ アンモニアの臨界温度は，132.4℃である．

(2) ✕ 水素の臨界温度は－239.9℃である．
(3) ✕ 酸素の臨界温度は－118.6℃である．
(4) ○ 塩素の臨界温度は，144℃である．

問 4 下図はある物質の状態図である．この図に関する次のイ～ルの記述のうち，状態図について正しいものはどれか．

イ．曲線 OB は蒸発曲線である．
ロ．点1における温度は，圧力 p_0 における沸点である．
ハ．点2では，物質は液体の状態である．
ニ．点 O は三重点である．
ホ．曲線 OC は融解曲線である．
ヘ．曲線 OA は昇華曲線である．
ト．点3は固体である．
チ．液体から気体になる現象を気化あるいは蒸発といい，逆に気体から液体になる現象を融解という．
リ．ある物質の圧力，温度による固相，液相，気相間の状態変化を表した図を状態図という．
ヌ．固体から液体を経ずに直接気体になることを昇華という．
ル．固相，液相，気相の3相が同時に存在することはない．

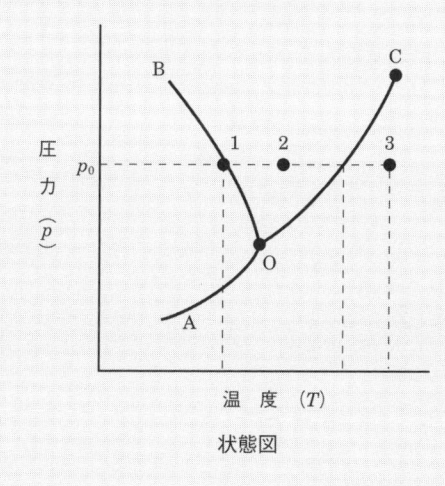

状態図

解 説

2.2節 3) 項で示した図 2.2 の状態図参照．
イ ✕　OB は融解曲線．

| ロ | × | 圧力 p_0 における融解点．
| ハ | ○ | 設問のとおり．
| ニ | ○ | 設問のとおり．
| ホ | × | OC は蒸発曲線．
| ヘ | ○ | 設問のとおり．
| ト | × | 点 3 は気体である．
| チ | × | 気体から液体になる現象は凝縮である．
| リ | ○ | 設問のとおり．
| ヌ | ○ | 設問のとおり．
| ル | × | 三重点では 3 相が平衡状態で存在する．

問 5 次のイ〜への物質のうち，標準大気圧における沸点が 20℃以下であるのはどれか．

イ．メタノール
ロ．プロパン
ハ．窒素
ニ．ヘリウム
ホ．水
ヘ．アセトン

解説

2.2 節 3) 項の表 2.4 を参照．

| イ× | ロ○ | ハ○ | ニ○ | ホ× | ヘ× |

問 6 〔難問〕次のイ〜ニの物質について，沸点（標準大気圧下）の高いものから低いものへ左から順に正しく並べてあるものはどれか．

イ．酸素　　ロ．窒素　　ハ．アンモニア
ニ．プロパン　ホ．メタン　　ヘ．水素
　(1) イ＞ロ＞ハ＞ニ＞ホ＞ヘ　　(2) ロ＞ホ＞ハ＞ニ＞イ＞ヘ
　(3) ハ＞ニ＞ホ＞イ＞ロ＞ヘ　　(4) ハ＞ヘ＞ニ＞ロ＞イ＞ホ
　(5) ニ＞ハ＞イ＞ロ＞ヘ＞ホ

解説

解答 (3)　2.2 節 3) 項の表 2.4 参照．

● 2章 気体・液体の性質 ●

> **問7** イ～チの記述のうち，気体の性質について正しいものはどれか．
>
> イ．水素分子は，水素原子が2個結合したものであるから，その分子量は原子量の2倍である．
> ロ．同じ温度，同じ圧力のもとで，同じ体積中に含まれる分子の数は，気体の種類によって異なる．
> ハ．すべての気体1molは，標準状態でおよそ22.4リットル（L）の体積を占める．
> ニ．容器内の液化ガスの圧力は，その液化ガスの充てんされている量によって変化する．
> ホ．圧力が高くなると，沸点は高くなる．
> ヘ．ガスの沸点まで冷却すれば液化する．
> ト．水素やアルゴンは単原子分子であり，ヘリウムや酸素は2原子分子である．
> チ．1molの物質には，6.02×10^{23} 個の基本粒子（原子，分子，イオンなど）が含まれる．この数をアボガドロ定数という．

解　説

- **イ ○** 2.1節5）項のとおり．
- **ロ ×** アボガドロの法則より，すべての気体は同じ温度，同じ圧力のもとで，同じ体積中に含まれる分子の数は同じである．2.1節2）項参照．
- **ハ ○** 2.1節2）項のとおり．
- **ニ ×** 容器内の液化ガスの圧力は，飽和蒸気圧であるから温度によって変化するが，充てん量には影響を受けない．**難問**
- **ホ ○** 図2.2に示した状態図より，蒸発曲線は右上がりであるから，圧力が高くなると沸点も高くなる．
- **ヘ ○** 設問のとおり．
- **ト ×** ヘリウムやアルゴンが単原子分子で，水素や酸素が2原子分子である．2.1節5）項参照．
- **チ ○** 設問のとおり．2.1節5）項参照．

> **問8** 次のイ～ヌの記述のうち，純物質の飽和蒸気圧，平衡状態，状態変化，相変化などについて正しいものはどれか．
>
> イ．飽和蒸気圧は温度とともに高くなる．
> ロ．開放容器内に液体を入れ，熱を加えていくと蒸発が起こり，ある温度で温度が一定になる．このとき，気体と液体は平衡状態になっている．
> ハ．同一物質の飽和蒸気圧は，温度が一定なら，液量の多少にかかわらず一定であ

ニ. 20℃の水 10kg を大気圧下で沸騰させ，すべて気化させるにはおよそ 26 000kJ の熱が必要である．ただし，水の比熱容量は 4.2kJ/(kg・K)，水の蒸発熱は 2 260kJ/kg とする．

ホ. 密閉された容器内に液体を入れ，一定温度に保持すると，平均的に蒸発速度が凝縮速度を上回るような状態になる．これを気体と液体の平衡状態にあるという．

ヘ. 沸点は，液体の飽和蒸気圧が液面上の全圧に等しくなる温度である．

ト. 物質の相変化のみに使われる熱量を潜熱といい，潜熱の例としては蒸発熱がある．

チ. 物質の温度変化に必要な熱量と潜熱を合計した総熱量を顕熱という．

リ. 標準大気圧下で水を加熱していき 100℃になると沸騰を生じるが，水がすべて水蒸気になるまで温度は 100℃で一定である．

ヌ. モル蒸発熱が 40.7 kJ/mol，モル質量が 18×10^{-3} kg/mol である水 0.1 kg を全量蒸発させるには，およそ 226 kJ の熱量が必要である．

解説

2.2 節参照．

- **イ○** 設問のとおり．
- **ロ×** 開放容器に液体を入れ，加熱した状態は気液平衡状態ではない．【難問】
- **ハ○** 設問のとおり．
- **ニ○** 設問のとおり．式 (4) ～ (6) より

$$Q_1 = m \cdot c_p \cdot (T_2 - T_1) = 10 \text{ kg} \times 4.2 \times 10^3 \text{J/(kg·K)} \times (100 - 20) \text{K}$$
$$= 3 360 \times 10^3 \text{J} = 3 360 \text{kJ}$$
$$Q_2 = L \cdot m = 2 260 \times 10^3 \text{J/kg} \times 10 \text{ kg} = 22 600 \times 10^3 \text{J} = 22 600 \text{kJ}$$

となり，Q が得られる．

$$Q = Q_1 + Q_2 = 3 360 \text{kJ} + 22 600 \text{kJ} = 25 960 \text{kJ}$$ 【難問】

- **ホ×** 密閉容器内で流体の蒸発と凝縮が等しくなり，見かけ上何の変化もない状態が，気液平衡である．
- **ヘ○** 設問のとおり．
- **ト○** 設問のとおり．2.2 節 2) 項参照．
- **チ×** 顕熱は温度変化に係る熱量である．
- **リ○** 設問のとおり．2.2 節 2) 項参照．
- **ヌ○** 水のモル数 $n = 0.1/(18 \cdot 10^{-3}) = 5.56 \text{mol}$，

$$Q = L \cdot n = 40.7 \times 10^3 \text{J/mol} \times 5.56 \text{mol} = 226 \times 10^3 \text{J} = 226 \text{kJ}$$

※設問ニ（kg 基準）と異なり，mol 基準で計算していることに注意．

問9

次のイ～ヌの記述のうち，気体，液体，固体の性質や，熱と仕事について正しいものはどれか．

イ．気体の定圧比熱容量と定容比熱容量は等しい．
ロ．圧力が一定の場合，純物質の蒸発熱と融解熱は等しい．
ハ．単成分の液体を圧力一定で加熱した場合，沸点に達するとその温度は液体が全部蒸発し終わるまで一定である．
ニ．定圧比熱容量 1.0 kJ/(kg・K) の気体 1kg を圧力 0.5 MPa 一定で 100℃から 200℃まで加熱昇温するときの必要熱量は，500 kJ である．
ホ．熱機関サイクルにおいて，動作流体が高温の熱源からもらう熱量を Q_1, 低温の熱源に捨てる熱量を Q_2 とすると，熱機関が外部にする仕事量は，$W = Q_1 - Q_2$ である．
ヘ．理想気体の等温圧縮では，気体に加えた仕事量と気体から外部に放出する熱量は等しい．
ト．定圧比熱容量に対する定容比熱容量の比は，気体定数に等しい．
チ．体積 $1m^3$ の気体を $0.1m^3$ に圧縮するとき，必要な仕事量は等温圧縮よりも断熱圧縮のほうが大きい．
リ．体積一定で気体を加熱すると，絶対温度は絶対圧力に比例し，加えた熱量は気体の内部エネルギーの増加に等しい．
ヌ．圧力一定で気体を加熱すると，絶対温度は体積に反比例し，気体の内部エネルギーは一定である．

解説

- イ× 通常，定圧比熱容量のほうが定容比熱容量より大きい．2.1節 7）項参照．
- ロ× 蒸発熱と等しいのは凝縮熱である．2.2節 2）項の注釈参照．
- ハ○ 設問のとおり．2.2節 2）項参照．
- ニ× 2.1節 7）項の式（3）より，
  $Q = m \cdot C \cdot \Delta T = 1 \text{ kg} \times 1.0 \times 10^3 \text{J}/(\text{kg} \cdot \text{K}) \times (200 - 100)\text{K}$
  $= 100 \times 10^3 \text{J} = 100 \text{kJ}$ となる．
- ホ○ 2.3節 5）項の式（21）のとおり．
- ヘ○ 2.3節 4）項のとおり．
- ト× 2.3節 4）項の式（18）より，$c_p/c_V = \gamma$（比熱比）である．設問の定圧比熱容量に対する定容比熱容量の比は $c_V/c_p = 1/\gamma$ となる．なお，気体定数は，$R = c_{m,p} - c_{m,V}$ である．
- チ○ 2.3節 4）項の式（14），式（17）より，
  等温圧縮：$p_2 = p_1 \cdot (V_1/V_2)$
  断熱圧縮：$p_2 = p_1 \cdot (V_1/V_2)^\gamma$

であり，比熱比 $\gamma > 1$（2.1節7）項参照）であるから，圧縮後の圧力 P_2 は断熱変化のほうが高く，したがって圧縮仕事は断熱変化のほうが大きくなる（2.3節4）項参照）．**難問**

リ○ 2.3節4）項の式（16）より，体積一定，すなわち定容変化では，下式のとおり，絶対温度に比例して圧力は増加する．また，得られた熱量はすべて内部エネルギーの変化になる．

$$\text{定容変化}: \frac{p_1}{T_1} = \frac{p_2}{T_2}$$

ヌ× 2.3節4）の式（15）より，圧力一定，すなわち定圧変化では，下式のとおり，絶対温度は体積に比例する．また，加えられた熱量により内部エネルギーを含むエンタルピーが増大する．

$$\text{定圧変化}: \frac{V_1}{T_1} = \frac{V_2}{T_2}$$

問10 次のイ～チの記述のうち，気体，液体，固体の性質や，熱と仕事について正しいものはどれか．

イ．二酸化炭素を常温で圧縮すると，液化せずに直接固体になる．

ロ．空気の平均分子量は29，比熱容量の比（比熱比）は1.4である．空気の定圧比熱容量（定圧比熱）c_p は，およそ $c_p = 1.0\,\text{kJ}/(\text{kg·K})$ となる．ただし，気体定数を $R = 8.3\,\text{J}/(\text{mol·K})$ とする．

ハ．高温熱源温度 $T_1 = 1\,200\,°\text{C}$ と低温熱源温度 $T_2 = 500\,°\text{C}$ の間で動作する最も効率のよい熱機関の熱効率は，およそ $\eta = 0.58$ である．

ニ．圧力1MPaで断面積 $0.1\,\text{m}^2$ のシリンダ内のピストンを $0.1\,\text{m}$ 動かすときの仕事量は10kJである．

ホ．比熱容量の比（比熱比）1.4の気体 $1\,\text{m}^3$ を $0.5\,\text{m}^3$ へ断熱圧縮すると，圧力は $2^{1.4}$ 倍になる．

ヘ．モル質量 $2.0 \times 10^{-3}\,\text{kg/mol}$ の水素ガスとモル質量 $28.0 \times 10^{-3}\,\text{kg/mol}$ の窒素ガスを体積比1：1で混合した気体の平均モル質量は，$15.0 \times 10^{-3}\,\text{kg/mol}$ である．

ト．モル質量 $28.0 \times 10^{-3}\,\text{kg/mol}$ の窒素ガス1kgは，モル質量 $2.0 \times 10^{-3}\,\text{kg/mol}$ の水素ガス1kgに比べ，同じ温度・圧力では14倍の体積である．

チ．比熱容量の比（比熱比）が5/3である理想気体の定容モル熱容量は，気体定数（モル気体定数）の1.5倍である．

解　説

イ× 2.2節3）項及び図2.3より，二酸化炭素が直接個体になるのは，大気圧で冷却す

● 2章 気体・液体の性質 ●

る場合と，三重点より低い温度で圧縮する場合である．温度が三重点より高い領域（臨界温度以下）で圧縮すると，液体になる．

ロ◯ 2.1節7)項より，$c_{m,p} = c_p \cdot M$, $c_{m,V} = c_V \cdot M$, $c_p/c_V = \kappa$, $c_{m,p} - c_{m,V} = R$ であるから，$c_p - c_p/\kappa = R/M$. したがって，

$$c_p = \gamma \cdot R/(\gamma - 1)/M = 1.4 \cdot 8.3/(1.4 - 1)/29 = 1.0 \text{kJ}/(\text{kg} \cdot \text{K})$$ 難問

ハ✕ 2.3節5)項より，温度を℃からSI単位のKに変換して

$$\eta = 1 - T_2/T_1 = 1 - (500 + 273)/(1\,200 + 273) = 0.48$$

となる．

ニ◯ 2.3節4)項より，圧力一定の条件下で，圧力の単位をMPaからkPaに変換する．

$$W = p(\Delta V) = 1 \cdot 10^3 \cdot (0.1\,(\text{断面積}) \times 0.1\,(\text{距離})) = 10 \text{kJ}$$

ホ◯ 2.3節4)項の式(17)より，$p_2/p_1 = (V_1/V_2)^\kappa = (1/0.5)^{1.4} = 2^{1.4}$ となる．

ヘ◯ 水素と窒素の体積比が1:1であるから，2.1節1)項より，両気体のモル分率は0.5となる．したがって，平均モル質量 $M = (0.5 \cdot 2.0 + 0.5 \cdot 28.0) \times 10^{-3} = 15.0 \times 10^{-3} \text{kg/mol}$

ト✕ 2.1節1)項より，$p \cdot V = n \cdot R \cdot T$ であるから，同温・同圧では，次のようになる．

体積比 $= (1/28.0 \times 10^{-3})/(1/2.0 \times 10^{-3}) = 1/14$ 倍 難問

チ◯ 2.3節4)項の式(18)，(19)より，$c_{m,p}/c_{m,V} = \gamma = 5/3$, $c_{m,p} - c_{m,V} = 5/3$, $c_{m,p} - c_{m,V} = R$ であるから，$c_{m,V} = 3/2R$ となる．

3章 化学反応

3.1 化学反応式と化学平衡

1) 化学反応式

化学反応では，原子の結合の組合せが変化し，反応物（原系）と生成物（生成系）では異なる物質となる．なお，原系と生成系をあわせて反応系という．例えば，メタノールの生成反応は式（22）のように表され，この式を**化学反応式**という．

$$CO + 2H_2 = CH_3OH \tag{22}$$

この式では，CO（一酸化炭素）1mol と H_2（水素）2mol が反応し，CH_3OH（メタノール）1mol が生成することが表されている．

2) 熱化学反応式

化学反応には反応熱をともない，例えば，式（22）のメタノールの生成反応では，反応熱を含めて記述すると

$$CO + 2H_2 = CH_3OH + 91.0 kJ \tag{23}$$

となり，91.0J の熱が発生する発熱反応となる．なお，反応熱まで含めて記述した場合は，**熱化学方程式**と呼ぶ．この反応では，CO（一酸化炭素）1mol と H_2（水素）2mol が反応し，CH_3OH（メタノール）1mol が生成する，すなわち，反応系全体のモル数は減少する．また，発熱反応であるので反応系の温度が上昇することになる．

これに対し，CH_4（メタン）1mol と H_2O (g)（水蒸気）1mol が反応が反応して，CO（一酸化炭素）1mol と H_2（水素）3mol が生成する化学反応では，205.6kJ の熱を吸熱する吸熱反応となる．

$$CH_4 + H_2O\ (g) = CO + 3H_2 - 205.6 kJ \tag{24}$$

なお，式（23）の反応においても，逆反応が存在し，この場合は吸熱反応となる．

$$CH_3OH = CO + 2H_2 - 91.0 kJ \tag{25}$$

式（23），式（25）を例にとり，化学平衡について考えてみる．メタノールの生成反応が進行すると，CO（一酸化炭素）と H_2（水素）の分圧・濃度が低下し，CH_3OH（メタノール）の分圧・濃度が上昇するので，逆反応である式（25）の

反応が活発化し，最後には両反応が釣り合い，あたかも反応が停止しているように見える平衡状態となる．

ここで，一定温度下で圧力を上昇させると，この影響を緩和する方向に反応が進行する，すなわち，反応系全体のモル数が減少する式（23）の反応が進行する．逆に圧力を低下させると式（25）の反応が進行する．また，一定圧力下で温度を上昇させると式（25）の吸熱反応が進行し，逆に温度を低下させると式（23）の発熱反応が進行する．

3.2 燃焼・爆発

1）燃焼・発火

燃焼とは，物質が酸素と反応して熱を発生する酸化反応である．一方，爆発とは，圧力の急上昇に伴いガスなどが急激に膨張し，そのエネルギーを開放する現象である．

① 爆　発
- **混合ガス爆発**：可燃性ガスと酸素・空気などの支燃性ガスの混合ガスの着火などによる爆発．
- **蒸気雲爆発**：空気中に大量に放出された可燃性ガスへの着火などによる爆発．
- **粉じん爆発**：石炭粉，小麦粉，プラスチックや金属の可燃性の粉体が，空気中で着火する爆発．
- **液体，固体爆発物の爆発**：火薬などが着火する爆発．
- **高圧設備の破裂**：高圧設備が破裂し，内部の圧力が急激に開放される物理的な爆発．
- **蒸気爆発**：加圧下で貯蔵されている液体が，高圧容器などの破裂によって気液平衡がくずれることにより，急激に沸騰する．

② 燃　焼

式（26）にプロパンの燃焼（酸化）反応を示す．

$$C_3H_8 + 5O_2 = 3CO_2 + 4H_2O\,(g) + 2\,043\text{kJ} \tag{26}$$

すなわち，C_3H_8（プロパン）1molがO_2（酸素）5molと反応し，CO_2（二酸化炭素）3molと$H_2O\,(g)$（水蒸気）4molが生成する発熱反応である．この発熱量2 043kJのことを燃焼熱と呼ぶ．この反応は，原系のC_3H_8（プロパン）におけるC（炭素）とH（水素）が完全に酸化された状態を表し，**完全燃焼式**と呼ぶ．な

お，この反応において，組成は

$$C_3H_8（プロパン）：\frac{1\,\text{mol}}{1\,\text{mol}+5\,\text{mol}} = 0.167 = 16.7\% \tag{27}$$

$$O_2（酸素）：\frac{5\,\text{mol}}{1\,\text{mol}+5\,\text{mol}} = 0.833 = 83.3\% \tag{28}$$

となり，この組成のことを**完全燃焼組成**（**理論混合組成**又は**化学量論組成**）という．

③ 発 火

燃焼や爆発の発生を発火という．**発火**が起こるためには
- 燃焼反応の発熱量が大きい
- 燃焼反応の速度が大きい

ことが必要で，それにより継続的な燃焼に必要な温度が維持される．

可燃性ガスが空気中で自然発火を起こすための最低温度を**発火温度**という．

表2.5に代表的な物質の発火温度を示す．発火温度は燃焼に必要な温度を保持するための周囲の環境に影響されるため，測定方法によって値が異なることがある．

表2.5 可燃性ガスの発火温度と最小発火エネルギー

発火温度（大気圧中） （単位：℃）		最小発火エネルギー （単位：10^{-5} J）	
メタン	537	水素	1.6
エタン	472	アセチレン	1.9
プロパン	432	酸化エチレン	6.5
ブタン	365	エタン	25
エチレン	450	プロパン	25
アセチレン	305	ブタン	25
水素	500	メタン	28
アンモニア	651	アンモニア	14 000

爆発範囲内にある可燃性ガスを火花などで発火させるのに必要な最小エネルギーを**最小発火エネルギー**と呼ぶ．表2.5に代表的な物質の最小発火エネルギーを示す．**水素**や**アセチレン**は最小発火エネルギーが小さく，アンモニアは大きくなっている．最小発火エネルギーは，圧力上昇とともに低下し，発火が起こりや

すくなる．なお，最小発火エネルギーは，混合ガスの組成により大きく変化する．一般的に，最小発火エネルギーは，完全燃焼組成（化学量論組成）付近で小さくなる．

※**爆ごう**：爆ごうは科学的な爆発の一種で，火炎の伝ぱ速度が音速を超えて広がるものをいう．超音波のため，火炎の前面に衝撃波をともなっており，ガスの波面密度は増大する．

※**断熱火炎温度**：通常の燃焼では，火炎温度は周囲への熱損失があるため低下する．断熱火炎温度とは，熱損失がないと仮定し，燃料の燃焼熱，燃焼ガスの熱容量などから計算される火炎温度であり，燃焼前の温度・圧力に影響を受ける．

2) 爆発範囲

可燃性ガスと空気や酸素の混合物を可燃性混合ガスと呼ぶ．可燃性混合ガス中の可燃性ガスの濃度が高すぎても，逆に低すぎても発火を起こさない．爆発する可燃性ガスの濃度範囲を**爆発範囲**という．爆発を起こす最低濃度を**爆発下限界**，最高濃度を**爆発上限界**という．爆発範囲は，一般的に次のようになる．

- 温度上昇とともに，**爆発下限界は低下**し，**上限界は上昇**し，爆発範囲は広くなる．
- 圧力の上昇とともに，**爆発下限界は低下**し，**上限界は上昇**し，爆発範囲は広くなる．

表 2.6 に可燃性ガスの空気中での爆発限界を示す．

表 2.6　可燃性ガスの爆発限界（空気中，常温，大気圧）〔vol%〕

物　質	下　限	上　限
メタン	5.0	15
エタン	3.0	12.5
プロパン	2.1	9.5
ブタン	1.8	8.4
エチレン	2.7	36
アセチレン	2.5	およそ 100
アンモニア	15	28
水素	4.0	75

ここで，図 2.5 に示すように，二酸化炭素や窒素などの不活性ガスを添加する

と爆発範囲は小さくなり，不活性ガスの濃度がある値を超えると，爆発を起こさなくなる．

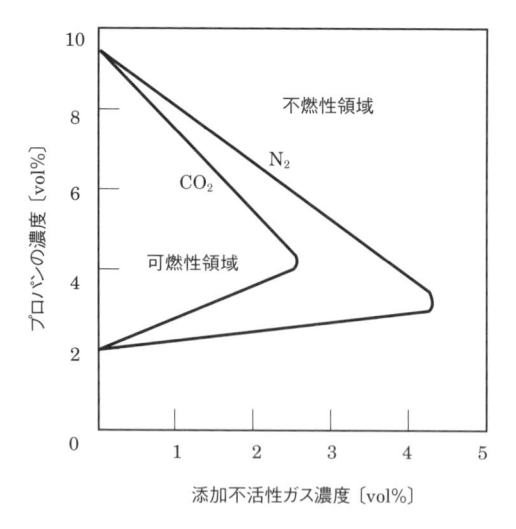

図2.5　爆発範囲（プロパン－空気－窒素（二酸化炭素））

3) 消炎距離

　火炎が細いすきまに入ると，燃焼を維持できなくなる．このすきまのことを消炎距離という．したがって，「容易に消火できない」＝「消炎距離が小さい」となる．水素やアセチレンなどは消炎距離が小さい．ガスの圧力が上昇すると消炎距離は小さくなり，火炎はより狭いすきまを通り抜ける．

　爆発火炎を対象にした場合はさらに小さなすきまでなければ消炎できない．そのすきまのことを**最大安全すきま**という．

3章 化学反応

演習問題

問1 次の式はメタノール合成反応の熱化学方程式である．この反応に関する次のイ，ロ，ハの記述のうち，正しいものはどれか．

$$CO + 2H_2 \rightarrow CH_3OH + 91.0kJ$$

イ．一定圧力下で温度を低くすると，メタノールの平衡濃度は高くなる．
ロ．一定温度下で圧力を高くすると，メタノールの平衡濃度は低くなる．
ハ．このメタノールの合成反応は，発熱反応である．

解説

この反応では，CO（一酸化炭素）1mol と H_2（水素）2mol が反応し，CH_3OH（メタノール）1mol が生成する，すなわち，反応系全体のモル数は減少する．また，発熱反応であるので反応系の温度が上昇することになる．

- イ○ 温度を低下させると，この影響を緩和する方向すなわち発熱反応が進行するので，CH_3OH（メタノール）濃度が上昇する．
- ロ× 圧力を上昇させると，この影響を緩和する方向すなわち反応系全体のモル数が減少する方向に反応が進行するので，CH_3OH（メタノール）の濃度が上昇する．
- ハ○ この反応では，CO（一酸化炭素）1mol と H_2（水素）2mol が反応し，CH_3OH（メタノール）1mol が生成する際，91.0kJ の熱が発生する．

問2 次の式はアンモニア合成反応の熱化学方程式である．この反応に関する次のイ，ロ，ハの記述のうち，正しいものはどれか．

$$N_2 + 3H_2 = 2NH_3 + 92.2kJ$$

イ．このアンモニア合成反応は，吸熱反応である．
ロ．一定温度下で圧力を高くすると，アンモニアの平衡濃度は高くなる．
ハ．一定圧力下で温度を低くすると，アンモニアの平衡濃度は高くなる．

解説

この反応では，N_2（窒素）1mol と H_2（水素）3mol が反応し，NH_3（アンモニア）2mol が生成する，すなわち，反応系全体のモル数は減少する．また，発熱反応であるので反応系の温度が上昇することになる．

- イ× 熱化学方程式より，+92.2kJ であるから，92.2kJ の発熱反応である．
- ロ○ 圧力を上昇させると，この影響を緩和する方向すなわち反応系全体のモル数が減少する方向に反応が進行するので，NH_3（アンモニア）の濃度が上昇する．

ハ◯ 温度を低下させると，この影響を緩和する方向すなわち発熱反応が進行するので，NH_3（アンモニア）濃度が上昇する．

問3 プロパンの完全燃焼式は次のように表される．次のイ，ロに解答せよ．
$$C_3H_8 + 5O_2 \rightarrow 3CO_2 + 4H_2O$$

イ．このときのプロパンと酸素の完全燃焼組成のプロパンはおよそ何vol％か．
ロ．$1m^3$ の気体のプロパンを完全燃焼させるためには，理論空気量としておよそ何 m^3 必要か．ただし，空気中の酸素濃度は21vol％とする．

解説

この反応は，C_3H_8（プロパン）1mol（$1m^3$）と O_2（酸素）5mol（$5m^3$）から，CO_2（二酸化炭素）3mol（$3m^3$）と H_2O (g)（水蒸気）4molが生成する発熱反応である．

イ 16.7％　式（27）より

$$C_3H_8（プロパン）：\frac{1\,mol}{1\,mol + 5\,mol} = 0.167 = 16.7\%$$

となる．

ロ $23.8m^3$　$1m^3$ のプロパンを完全燃焼させるためには，$5m^3$ の酸素が必要である．
　理論空気量 = 5/0.21 = 約 $23.8m^3$

問4 次式はペンタンの完全燃焼を表す化学反応式である．(イ)～(ハ)に数値を記入せよ．
$$C_5H_{12} + \boxed{(イ)}\,O_2 = \boxed{(ロ)}\,CO_2 + \boxed{(ハ)}\,H_2O$$

解説

まず，C（炭素）の数は C_5H_{12} であるから5個となる．したがって，(ロ) は5となる．

次に，H（水素）の数は C_5H_{12} であるから12個となる．したがって，(ハ) は 12/2 = 6 となる．

これらの結果から，O（酸素）の数は，$5CO_2$ と $6H_2O$ から，$5 \times 2 + 6 \times 1 = 16$ 個となる．したがって，(イ) は，16/2 = 8 となる．

イ 8　　ロ 5　　ハ 6

問5

ブタンが完全燃焼するときの反応は次の式で示される.

$$C_4H_{10} + \frac{13}{2}O_2 = 4CO_2 + 5H_2O$$

ブタン 2m³ の気体を完全燃焼させるには,理論空気量としておよそ何 m³ 必要か.ただし,空気中の酸素濃度は21vol%とする

解 説

解答 61.9m³

上式より,ブタン 1mol を完全燃焼させるためには,酸素は 13/2mol 必要である.したがって,ブタン 2m³ に対しては,酸素は,2 × 13/2 = 13 m³ 必要となる.空気中の酸素濃度は 21vol%であるから,理論的に必要な空気量は,13 × 100/21 = 61.9m³ となる.

問6

次のイ~ルの記述のうち,ガスの性質について正しいものはどれか.

イ. 可燃性ガスの発火温度は,そのガスの物性によって決まるため,測定方法による差はない.
ロ. 可燃性ガスの発火に要するエネルギーは,混合ガスの組成によって変化する.
ハ. アンモニアの最小発火エネルギーの最低値は,水素のそれよりも大きい.
ニ. 加圧下で貯蔵されている低温液化ガスの容器の一部が破損して急激に内圧が解放されると,気液平衡がくずれて激しい沸騰が起こり,爆発的に蒸発することがある.
ホ. 裸火,電気火花は発火源となり得るが,気体の断熱圧縮は発火源となることはない.
ヘ. 爆ごうは科学的な爆発の一種で,火炎の伝ば速度が音速を超えて広がり,ガスの波面密度は低下する.
ト. 可燃性ガスと空気の混合ガスに不活性ガスを添加すると,爆発範囲が狭くなる.
チ. 水素の最小発火エネルギーはの最低値は,プロパンの最低値よりも大きい.
リ. 可燃性混合ガスに窒素を添加して,混合ガス中の酸素濃度を限界酸素濃度よりも低く保っている状態では,可燃性ガスの濃度が高くなっても混合ガスは爆発限界範囲に入らない.
ヌ. 水素とアセチレンは飽和炭化水素ガスよりも消炎距離が小さく,消炎しにくい.
ル. 電気火花による爆発は,爆発範囲内にあるガスの最小点火電流値未満の電流であっても防ぐことはできない.

解 説

- イ✕ 発火温度は燃焼に必要な温度を保持するために周囲の環境に影響されるため,測定方法によって値が異なる.
- ロ◯ 設問のとおり.
- ハ◯ 表2.4より,アンモニアの最小発火エネルギーは $14\,000 \times 10^{-5}$ J と大きく,水素は 1.6×10^{-5} J で非常に小さい.
  ※水素やアセチレンの最小発火エネルギーは,ほかの可燃性ガスより小さい.
- 二◯ 設問のとおり.3.2節1)項参照.
- ホ✕ 気体を断熱状態で圧縮すると,温度上昇するため発火源となり得る.
  ※ディーゼルエンジンでは断熱圧縮により着火している.
- ヘ✕ 爆ごうでは,ガスの波面密度は増加する.3.2節1)項の注釈を参照. **難問**
- ト◯ 設問のとおり.3.2節2)項参照.
- チ✕ 表2.4より,プロパンの最小発火エネルギーは 25×10^{-5} J と,水素の 1.6×10^{-5} J より大きい.
- リ◯ 設問のとおり.3.2節2)項参照.
- ヌ◯ 3.2節3)項より,水素やアセチレンの消炎距離は小さい.
- ル✕ 最小発火エネルギーに満たなければ爆発しない.3.2節1)項,2)項参照.

問7 次のイ〜ルの記述のうち,ガスの性質について正しいものはどれか.

- イ.温度が上昇すると爆発下限界は低下し,上限界は上昇し,爆発範囲は広くなる.また,圧力の上昇とともに,爆発下限界は低下し,上限界は上昇し,爆発範囲は広くなる.
- ロ.可燃性ガスの中には,アセチレンのように爆発上限界が100%のものもある.
- ハ.メタンの爆発下限界は,プロパンの爆発下限界よりも小さい値である.
- 二.支燃性ガスが酸素の場合には,支燃性ガスが空気の場合よりも爆発範囲は広くなる.
- ホ.一般に,温度の上昇とともに爆発下限界は低下し,上限界は上昇して爆発範囲は広がる.
- ヘ.可燃性混合ガスの爆発限界付近での最小発火エネルギーの値は,化学量論組成(完全燃焼組成)付近での値よりも大きい.
- ト.炎が細いすきまに入ると,燃焼を維持できなくなる.このすきまのことを消炎距離という.
- チ.水素やアセチレンなどは消炎距離が短い.
- リ.空気と混合する可燃性ガスの濃度を変えて消炎距離を測定し,その最大値から最大安全すきまが定められる.
- ヌ.加圧下で加熱された液体があり,容器の破壊などで圧力が解放されると液体が

爆発的に蒸発する現象は蒸気爆発である.
ル. 石炭粉, 小麦粉, プラスチックや金属の可燃性の粉体が, 空気中で, 着火する爆発は粉じん爆発と呼ばれる.

解説

3.2 節 2) 項参照.

- イ○ 設問のとおり.
- ロ○ 設問のとおり. 酸化エチレンも同様である. 3.2 節 2) 項参照.
- ハ× メタンの爆発下限界は, プロパンの爆発下限界よりも大きい. 3.2 節 2) 項参照.
- ニ○ 設問のとおり.
- ホ○ 設問のとおり.
- ヘ○ 設問のとおり. 最小発火エネルギーは化学量論組成付近で非常に小さくなる. 3.2 節 1) 項参照.
- ト○ 設問のとおり. 3.2 節 3) 項参照.
  ※ガスの圧力が上昇すると消炎距離は小さくなり, 火炎はより狭いすきまを通り抜ける.
- チ○ 設問のとおり. 3.2 節 3) 項参照.
- リ× 爆発火炎を対象にした場合は消炎距離よりさらに小さなすきでなければ消炎できない. そのすきまのことを最大安全すきまという. 3.2 節 3) 項参照.
- ヌ○ 設問のとおり. 3.2 節 1) 項参照.
- ル○ 設問のとおり. 3.2 節 1) 項参照.

問8 次の図はプロパンと空気の混合ガスに窒素を添加したときの爆発範囲を示す. 図中の点 A, B, C に関する次のイ, ロ, ハの記述のうち, 正しいものはどれか.

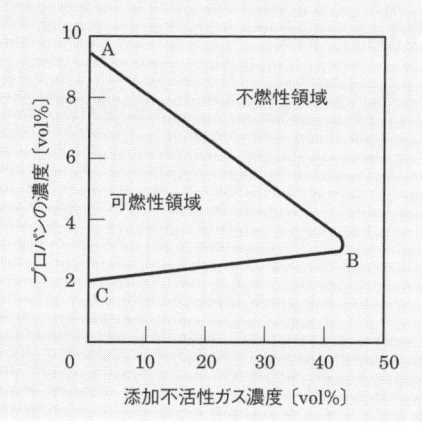

イ．点 A（添加窒素 0%，プロパン 9.5%）は，プロパンの空気中での限界酸素濃度である．
ロ．点 B（添加窒素 42%，プロパン 3%）は，この添加窒素濃度を超えると発火源があっても爆発が起こらなくなる限界点である．
ハ．点 C（添加窒素 0%，プロパン 2.1%）は，プロパンの空気中での爆発下限界濃度である．

解　説

- イ✗　点 A はプロパンの空気中での爆発上限界濃度である．3.2 節 2) 項参照．
- ロ◯　設問のとおり，点 B を超えるとプロパン濃度にかかわらず不燃性領域となる．
- ハ◯　設問のとおり，点 C はプロパンの空気中での爆発下限界濃度である．

問 9　次のイ，ロ，ハの記述のうち，メタン，アセチレン及びブタンの三つのガスを比較したとき，正しいものはどれか．

イ．大気圧で沸点が最も低いのは，メタンである．
ロ．大気圧，空気中で発火温度が最も低いのは，アセチレンである．
ハ．常温，大気圧，空気中の爆発上限界と爆発下限界との差〔vol%〕が最も大きいのは，ブタンである．

解　説

- イ◯　設問のとおり．メタン－141.5℃、アセチレン－74℃、ブタン－0.5℃．2.2 節 3) 項表 2.4 参照．
- ロ◯　設問のとおり．3.2 節 1) 項表 2.5 参照．
- ハ✗　アセチレンの爆発範囲は 2.5 ～約 100% で，最も爆発範囲が広い．3.2 節 2) 項表 2.6 参照．

4章 ガスの性質

主なガスの性質について，以下に示した．

1) 水素（H_2）：可燃性

アンモニア合成，メタノール合成の原料として使用されている．無色，無臭の可燃性ガスで最も軽く，沸点が－252.9℃とヘリウムに次いで低い．水素と酸素を体積比2：1で混合したガスは**水素爆鳴気**と呼ばれ，着火により激しく爆発する（爆発範囲 4.0～75vol％）．なお，最小発火エネルギーは 1.6×10^{-5} J ととても小さい．水素は，大気中の含有量は少なく，工業的には，次のような方法により製造されている．

- **水蒸気改質法**：炭化水素に高温で水蒸気を反応させ，水素と一酸化炭素を得る．
- **副生水素の回収**：ナフサの改質装置などで発生した水素を回収する．

高張力鋼は水素脆化が生ずる．また，高温の水素に接すると炭素鋼などでは水素侵食が発生する．

2) メタン（CH_4）：可燃性

飽和炭化水素の中で最も分子量が小さく，空気より軽い．有機物の腐敗などにより発生し，自然界に大量に存在する．無色，無臭の可燃性ガスで沸点は－141.5℃である．工業的には天然ガスから精製される．

3) LPガス：可燃性

液化天然ガスの略称で，プロパン，ブタン，プロピレンなど炭素数3もしくは4の炭化水素の混合物である．成分であるプロパン，ブタンは，無色，無臭の可燃性ガスである．プロパンの沸点は－42.1℃，ブタンは－0.5℃である．工業的には天然ガスから精製される．LPガスの密度は空気の約 1.5～2 倍である．

4) エチレン（C_2H_4）：可燃性

オレフィン系炭化水素で，常温常圧では水にほとんど溶けない．ポリエチレンをはじめさまざまな石油化学工業の原料となっている．無色の可燃性ガスで，甘い臭いがする．沸点は－103.7℃である．工業的にはナフサやLPガスなどの炭化水素の熱分解で製造される．

5) アセチレン（C_2H_2）：可燃性

三重結合をもつ不飽和炭化水素で，酸素中で燃焼させると3 000℃を超える高

温の火炎になるので溶接・溶断ガスとして使用されている．無色の可燃性ガスで，エーテル臭に近い．沸点は－74℃である．工業的にはナフサやLPガスを熱分解することにより製造される．カルシウムカーバイドと水の反応でも製造される．銅や銀及びそれらの塩と接触すると反応性が高い金属アセチリドを生成し，**分解爆発**を起こす危険性が高い．爆発限界はおよそ100vol％．

6）酸素（O_2）：支燃性

空気中に21vol％存在し，合成ガス，鉄鋼，溶接・溶断，酸化反応などさまざまな用途に使用されている．無色，無臭で沸点は－183.0℃である．工業的には，**空気液化分離法**やゼオライトのような多孔質剤を用いた**吸着分離法（PSA法）**により製造される．

7）一酸化炭素（CO）：毒性

炭化水素系燃料の不完全燃焼により発生し，無色，無臭，可燃性及び毒性ガスであって，沸点は－191.5℃である．工業的には，石炭や石油をガス化して得られる水性ガス（水素と一酸化炭素の混合ガス）及び製鉄所からの副生ガスから回収する方法で製造される．また，水素と反応してメタノールを生成する．空気中の爆発範囲は12.5～74vol％である．高温・高圧の一酸化炭素は炭素鋼を腐食する．

8）アンモニア（NH_3）：**可燃性，毒性**

強い刺激臭を持つ無色，可燃性及び毒性のガスであって，沸点は－33.4℃である．空気中の爆発範囲は15～28vol％である．工業的には，高圧下で窒素と水素を反応させ，製造される．また，二酸化炭素と反応して尿素を生成する．アンモニアは，銅や銅合金に対して激しい腐食性を示す．また，アルミニウム合金についても腐食性を示す．液化アンモニアは，ハロゲンや強酸などと接触すると激しく反応し，発火爆発することがある．また，窒素肥料，硝酸，各種工業薬品，合成繊維などの原料として工業上重要である．

9）塩素（Cl_2）：支燃性，毒性

強い刺激臭のある黄緑色，毒性の強いガスであって，沸点は－34.6℃である．また，酸化力が強く，可燃性物質に対して支燃性を示す．水素と塩素の等体積混合ガスは，**塩素爆鳴気**と呼ばれ，加熱，日光の直射，紫外線などにより，爆発的に反応して塩化水素となることがある．工業的には，食塩水の電気分解により製造される．

🔖 水分を含んだ塩素ガス：極めて腐食性が強い．チタンのみ可．

- 乾燥した常温の塩素ガス：金属に対する腐食性はほとんどない．ただし，チタンは激しく腐食する．
- 高温の塩素ガス：鉄，炭素鋼，18-8ステンレス鋼などを激しく腐食する．

10）希ガス

ヘリウム，ネオン，アルゴン，クリプトン，キセノン及びラドンの総称で，化学的に不活性，無色，無臭のガスである．

工業的製造法は以下のとおり．

- アルゴン：空気液化分離による．
- ヘリウム：天然ガスから液化又は吸着により回収する．空気より軽い．
- ネオン：空気分離の副生ガスとして回収する．
- クリプトン，キセノン：空気液化分離による．

11）窒素（N_2）

空気中に78.1vol％存在し，無色，無臭で，沸点は－195.8℃である．工業的には，空気液化分離法などにより製造される．不燃性ガスであり，窒息性ガス（毒性はない）である．高温で活性化され，空気中の燃焼反応で窒素酸化物を生成する．

12）二酸化炭素（CO_2）

工業的には，石油や石炭から水素を製造する際に得られ，これを回収する．無色，無臭，不燃性ガスである．水によく溶け，炭酸となり，鋼材を腐食させる．三重点が大気圧より高いため，大気圧下では低温にしても液化することなく，直接固体になる．

13）フルオロカーボン

フッ素で置換された脂肪族炭化水素の総称で，無色，無臭（わずかな芳香があるものもある）である．

14）シラン SiH_2（モノシラン）・ジシラン Si_2H_6：特殊高圧ガス

ケイ素Siと水素H_2の化合物であり，無色でわずかな刺激臭がある．可燃性ガスで，常温でも空気と接触すると発火する．半導体の製造に使用されている．

15）アルシン：特殊高圧ガス

ヒ素と水素の化合物であり，無色で，不快臭がある強い毒性ガスである．半導体の製造に使用されている．燃焼により生ずる三酸化二ヒ素も毒性が強い．

16）ホスフィン：特殊高圧ガス

リンと水素の化合物であり，無色で，不快臭がある強い毒性ガスである．空気中で自然発火する．半導体の製造に使用されている．

17) 一酸化窒素（NO）

  毒性のある大気汚染物質.

18) 二酸化窒素（NO$_2$）

  毒性のある大気汚染物質.

19) 亜酸化窒素（N$_2$O）

  無色，無臭のガスで麻酔ガスとして使用される.

20) プロピレン（C$_3$H$_6$）

  無色，可燃性ガス．二重結合をもち，水素化するとプロパンになる.

21) シアン化水素（HCN）

  無色，透明で可燃性，毒性がある．アーモンド臭.

22) フッ素（F$_2$）

  刺激臭，淡黄色で支燃性，毒性がある．最も強い酸化力を有する.

23) ホスゲン（COCl$_2$）

  青草臭，無色で，毒性がある.

24) ジボラン（B$_2$H$_6$）：特殊高圧ガス

  無色で，可燃性，毒性がある.

25) ゲルマン（GeH$_4$）：特殊高圧ガス

  無色，不快臭で，可燃性，毒性がある.

26) セレン化水素（H$_2$Se）：特殊高圧ガス

  無色，不快臭で，可燃性，毒性がある.

27) 酸化エチレン

  エーテル臭，可燃性，毒性がある．分解爆発性ガスで，アルコール，エーテルなどの有機溶媒，水などによく溶ける.

演習問題

問1 次のイ〜ルの現在我が国でのガスの工業的製造法及び用途に関する記述のうち、正しいものはどれか.

イ. 酸素は空気の液化分離法のほかに，吸着分離法（PSA法）によっても製造されている．
ロ. 一酸化炭素は，炭酸ガスを水素で直接還元することにより製造されている．
ハ. アセチレンは，酸素中で燃焼させると高温の火炎になるので溶接や溶断に使用されている．
ニ. アルゴンは，空気の一成分であるので，空気液化分離により製造されている．
ホ. 二酸化炭素は，石油及び石炭などからの水素製造の副生物として回収されている．
ヘ. エチレンは，アセチレンと水素を反応させることにより製造されている．
ト. 窒素は，空気液化分離法又は吸着分離法によって製造されている．
チ. 水素は，主として水を電気分解することによって製造されている．
リ. 塩素は，海水の熱分解によって製造されている．
ヌ. アンモニアは，窒素肥料，硝酸，各種工業薬品，合成繊維などの原料として工業上重要である．
ル. 窒素酸化物のうちで，一酸化窒素と二酸化窒素は毒性のある大気汚染物質であり，亜酸化窒素は麻酔ガスとして使われる．

解説

- イ○ 設問のとおり．本章6）項参照．
- ロ× 工業的には，石炭や石油をガス化して得られる水性ガス（水素と一酸化炭素の混合ガス）及び製鉄所からの副生ガスから回収する方法で製造される．7）項参照．
- ハ○ 設問のとおり．3 000℃を越える高温の火炎になる．5）項参照．
- ニ○ 設問のとおり．10）項参照．
- ホ○ 設問のとおり．12）項参照．
- ヘ× エチレンは，炭化水素の熱分解によって製造される．4）項参照．
- ト○ 設問のとおり．11）項参照．
- チ× 水素は，工業的には以下のような方法により製造されている．1）項参照．
    - 水蒸気改質法：炭化水素に高温で水蒸気を反応させ，水素と一酸化炭素を得る．
    - 副生水素の回収：ナフサの改質装置などで発生した水素を回収する．
- リ× 塩素は，工業的には，食塩水の電気分解により製造される．9）項参照．

| ヌ ○ | 設問のとおり．4章8）項参照． |
| ル ○ | 設問のとおり．4章17），18），19）項参照． |

問2 次のイ〜トのガスのうち，可燃性であり，かつ，毒性ガスであるものはどれか．

- イ．アンモニア
- ロ．酸化エチレン
- ハ．一酸化炭素
- ニ．塩素
- ホ．硫化水素
- ヘ．ベンゼン
- ト．プロパン

解 説

5編の一般高圧ガス保安規則第2条参照．

イ ○	アンモニアは可燃性ガスであり，毒性ガスでもある．
ロ ○	酸化エチレンは可燃性ガスであり，毒性ガスでもある．
ハ ○	一酸化炭素は可燃性ガスであり，毒性ガスでもある．
ニ ×	塩素は毒性ガスではあるが，可燃性ガスではない．
ホ ○	硫化水素は可燃性ガスであり，毒性ガスでもある．
ヘ ○	ベンゼンは可燃性ガスであり，毒性ガスでもある．
ト ×	プロパンは可燃性ガスであるが，毒性ガスではない．

問3 次のイ〜ヲの記述のうち，正しいものはどれか．

- イ．水素の分子量は2で，最も軽いガスである．
- ロ．水素の爆発範囲は（燃焼範囲は）5〜15vol％である．
- ハ．水素と塩素の等体積混合ガスは，加熱，日光の直射，紫外線などにより，爆発的に反応して塩化水素となることがある．
- ニ．塩素は酸化力が強いので，可燃性物質に対して支燃性を示す．
- ホ．エチレンは，可燃性のガスであり，常温常圧では水にほとんど溶けない．
- ヘ．二酸化炭素は，無色，無臭，可燃性であり，かつ，毒性の強いガスである．
- ト．プロパンガスは，大気中に漏えいした場合，高いところに滞留しやすい．
- チ．酸化エチレンは，エーテル臭のある分解爆発性のガスで，アルコール，エーテル，水によく溶ける．
- リ．シランは，自然発火性があり，常温でも空気と接触すると発火することがある．

ヌ．一酸化炭素は，可燃性，かつ，毒性のガスである．
ル．二酸化炭素は，大気圧ではどんなに低温にしても液化することはなく，直接固体になる．
ヲ．塩素は，黄緑色の毒性が極めて強いガスであるが，無臭であるので注意を要する．

解　説

- イ○　設問のとおり．水素は，化学式 H_2 で表され，分子量は2で最も軽い．
- ロ×　水素の爆発範囲は $4.0 \sim 75 vol\%$ である．本章1）項参照．
- ハ○　設問のとおり．9）項参照．
- ニ○　設問のとおり．9）項参照．
- ホ○　設問のとおり．4）項参照．
- ヘ×　二酸化炭素は不燃性ガスである．また，毒性ガスでもない．12）項参照．
- ト×　気体の密度は分子量に比例し，空気の平均分子量 = 29，プロパン（C_3H_8）の分子量 = $12 \times 3 + 1 \times 8 = 44$ より，プロパンは空気より1.5倍程度重く，低い所に滞留する．難問
- チ○　設問のとおり．27）項参照．
- リ○　設問のとおり．14）項参照．
- ヌ○　設問のとおり．7）項参照．
- ヌ○　設問のとおり．
- ル○　設問のとおり．2.2節3）項，本章12）項参照．
- ヲ×　塩素は刺激臭がある．9）項参照．

問4　次のイ～ヲの記述のうち，正しいものはどれか．

イ．メタンガスは，可燃性のガスであり，空気よりも重い．
ロ．ヘリウムガスは，不燃性のガスであり，空気よりも軽い．
ハ．アンモニアガスは，可燃性のガスであり，毒性を有している．
ニ．窒素ガスは，不燃性のガスであり，毒性を有していない．
ホ．メタンは，独特の甘い臭いがあり，天然ガスの主成分である．
ヘ．水分を含む二酸化炭素は，鋼材を腐食させ，酸素が共存すると腐食はさらに激しくなる．
ト．水素は，常温に近い温度で液化ができるため，ロケット燃料などに多用されている．
チ．乾燥した塩素ガスは，チタン材料に対して腐食性がほとんどない．
リ．水素と酸素の体積比が2：1の混合ガスは，着火により激しく爆発する．
ヌ．液化アンモニアは，ハロゲンや強酸などと接触すると激しく反応し，発火爆発

することもある．
ル．アルシンは，極めて毒性が強く，燃焼により生じる三酸化二ヒ素も毒性が強い．
ヲ．シアン化水素は，沸点が常温近くで，無色，透明，不燃性で，毒性が高い．

解説

- イ× メタンは可燃性ガスであり空気より軽い．本章2)項参照．
- ロ○ 設問のとおり．10)項参照．
- ハ○ 設問のとおり．8)項参照．
- ニ○ 設問のとおり．11)項参照．
- ホ× メタンは無臭．2)項参照．
- ヘ○ 設問のとおり．12)項参照．
- ト× 沸点が−252.9℃と低く，常温では気体である．1)項参照．
- チ× 乾燥した塩素ガスはチタン材料を激しく腐食する．9)項参照．
- リ○ 設問のとおり．1)項参照．
- ヌ○ 設問のとおり．8)項参照．
- ル○ 設問のとおり．15)項参照．
- ヲ× 21)項より，シアン化水素は可燃性である．

問5 【難問】 次のイ～ニのガスを，密度の小さいものから大きいものの順に並べよ．

イ．空気
ロ．プロパン
ハ．ヘリウム
ニ．メタン

(1) イ＜ロ＜ハ＜ニ
(2) ロ＜ハ＜イ＜ニ
(3) ロ＜イ＜ニ＜ハ
(4) ハ＜ニ＜イ＜ロ
(5) ニ＜ハ＜ロ＜イ

解説

解答 (4)

2.1節3)項より，気体の密度は分子量に比例するから

空気の平均分子量 = 29
プロパン（C_3H_8）の分子量 = $12 \times 3 + 1 \times 8 = 44$
ヘリウム（He_2）の分子量 = $2 \times 2 = 4$

メタン（CH_4）の分子量 $= 12 \times 1 + 1 \times 4 = 16$

となり，密度の小さい順に並べると

ヘリウム＜メタン＜空気＜プロパン

となる．

問 6 次のイ，ロ，ハの混合ガスのうち，可燃性ガスと支燃性ガスの混合ガスであるものはどれか．

イ．LP ガスと酸素
ロ．メタンと塩素
ハ．水素と一酸化炭素

解説

- イ○ LP ガスは可燃性，酸素は支燃性ガスである．本章 3)，6) 項参照．
- ロ○ メタンは可燃性，塩素は支燃性ガスである．2)，9) 項参照．
- ハ× 水素は可燃性であるが，一酸化炭素は支燃性ガスではない．1)，7) 項参照．

問 7 次のイ〜ニの記述のうち，現在の我が国でのガスの工業的製造方法と用途について正しいものはどれか．

イ．エチレンは，ナフサや LP ガスなどの熱分解で製造され，石油化学工業の中心的な原料となっている．
ロ．アセチレンは，エチレンを原料にして製造され，溶断，溶接用として広く使われている．
ハ．塩素は，水銀法や隔膜法などにより水を電気分解することで得られる．
ニ．酸素，窒素，アルゴンは，空気液化分離法により空気を低温で液化し蒸留することで得られる．

解説

- イ○ 設問のとおり．本章 4) 項参照．
- ロ× アセチレンは工業的にはナフサや LP ガスなどの熱分解により製造される．カルシウムカーバイトと水の反応でも製造されている．5) 項参照．
- ハ× 塩素は，食塩を電気分解して製造される．9) 項参照．
- ニ○ 設問のとおり．6)，10)，11) 項参照．

問8　次のイ～ホの記述のうち，ガスの性質について正しいものはどれか．

イ．フッ素は，すべての元素の中で最も強い還元力をもち，一部の希ガスとも直接反応してフッ化物をつくる．
ロ．アンモニアは，強い刺激臭をもつ無色の可燃性ガスで，酸素中で燃焼すると窒素と水を生じる．
ハ．シアン化水素は，常温で塩素のような特有の刺激臭をもつ，淡黄色の極めて毒性の強い不燃性のガスである
ニ．LPガス（液化石油ガス）は，気体の密度が空気の約1.5～2倍であり，低い所に滞留しやすい．
ホ．アセチレンは，二重結合をもつ不飽和炭化水素であり，分解爆発を起こす危険性は低い．

解　説

- イ✕　本章22)項より，最も強い酸化力をもつ．
- ロ○　設問のとおり．8)項参照
- ハ✕　シアン化水素は，無色，可燃性，アーモンド臭を有する．21)項参照．
- ニ○　設問のとおり．3)項参照．
- ホ✕　三重結合をもち，分解爆発を起こす危険性が高い．5)項参照．

5章 材料

5.1 材料力学

1) 応力 σ

材料に単位断面積 A〔m^2〕当たり作用する荷重 F〔N〕で，単位は N/m^2 となる．

$$\sigma = \frac{F}{A} \tag{29}$$

2) ひずみ ε

材料の変形の程度を表す量で，単位はない．縦ひずみ ε は，式（30）で表される．

$$\varepsilon = \frac{l - l_0}{l_0} \tag{30}$$

横ひずみ ε' は，式（31）で表される．

$$\varepsilon' = \frac{d - d_0}{d_0} \tag{31}$$

また，縦ひずみに対する横ひずみの割合の絶対値をポアソン比と呼び，式（32）で表される．

$$\nu = \left| \frac{\varepsilon'}{\varepsilon} \right| = -\frac{\varepsilon'}{\varepsilon} \tag{32}$$

まず，図2.6（a）で表されるように，丸棒に長手方向の引張荷重 F が作用すると，棒は長手方向に伸び，直径は小さくなるため，式（30）の縦ひずみは正の値，式（31）の横ひずみは負の値となる．

次に，図2.6（b）で表されるように，圧縮荷重 F が作用すると，棒は長手方向に λ だけ縮み，直径は大きくなるため，式（30）の縦ひずみは負の値，式（31）の横ひずみは正の値となる．

(a) 引 張　　　　　　　　　(b) 圧 縮

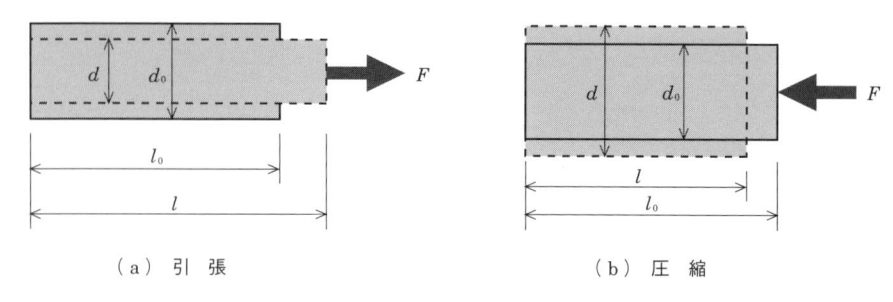

図2.6　引張・圧縮によるひずみ

棒に付加する荷重を増すと，ひずみは大きくなる．しかしながら，ある大きさのひずみまでは，荷重を除去するともとの状態に戻り，ひずみはゼロになる．これを弾性変形という．さらにこれ以上荷重を増加させると，荷重を除去した後もひずみによる変形が残ってしまう．これを**塑性**変形という．

弾性変形が生ずる範囲内で荷重が小さい場合には，式（33）で表され，応力とひずみは正比例する．

$$\sigma = E \cdot \varepsilon \tag{33}$$

この関係をフックの法則といい，比例定数 E を縦弾性係数（あるいはヤング率）という．

工業材料などの縦弾性係数は，鋼材で200GPa程度，銅材で130GPa程度，アルミニウム材で70GPa程度の大きな値となっている．

式（29）を代入すると，ひずみ ε は

$$\varepsilon = \frac{\sigma}{E} = \frac{F}{A \cdot E} \tag{34}$$

さらに，式（30）を代入すると，伸び量 λ は

$$\lambda = \varepsilon \cdot l = \frac{F \cdot l}{A \cdot E} \tag{35}$$

となる．

3) 応力-ひずみ線図

図2.7に応力-ひずみ線図を示す．荷重を増加させると，ひずみは増加し，点Aまでは応力とひずみが正比例する**比例限度**となる．荷重を増加させると，点Bまでは，荷重を除去するともとの状態に戻り，ひずみはゼロになる**弾性限度**となる．さらに荷重を増加させると，荷重を除去した後もひずみによる変形が残ってしま

う**塑性変形**となる．なお，この残留したひずみを**永久ひずみ**と呼ぶ．この間，応力は点Cまで上昇した後，点Dまで低下し，D-E間ではほぼ一定値となる．なお，点Cを上降伏点，D-Eを下降伏点という．Eを超えて荷重を増加させると，最高点F（**極限強さ，引張強さ**）に達し，その後，材料に"くびれ"が生じ，点Gで破断する．なお，点Gでの応力を**破壊応力**という．

　※**加工硬化（ひずみ硬化）**：金属に応力を与えると塑性変形によって硬さが増す現象．

一般に，金属材料などは，荷重を付加すると大きな塑性変形を生じた後に破壊（延性破壊）に至る．これに対し，セラミックスは，ほとんど塑性変形を生じないで瞬時に破壊（脆性破壊）する．

なお，低炭素鋼以外の多くの材料では，明瞭な降伏点が現れないので，小さな永久ひずみが生ずる応力を**耐力**と呼び，降伏点の代用とする場合がある．

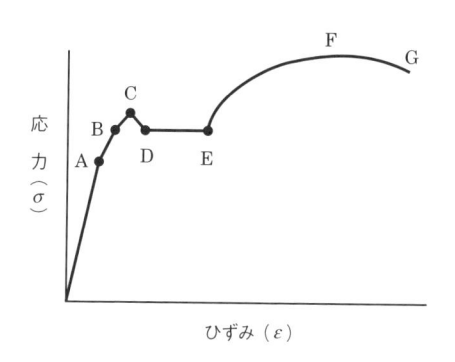

図2.7　応力-ひずみ線図

4）疲　労

材料が繰り返し荷重を受ける場合，その大きさが1回の付加では破壊に至らない程度の大きさであっても，繰り返すことにより破壊に至ることがある．これを**疲労破壊**という．材料の疲労に関する性質はS-N曲線（縦軸S：応力の振幅，横軸N：繰返し回数）で表される．S-N曲線の傾斜部は右下がりであり，応力振幅Sが低下すると寿命（繰返し回数N）が延びることを表している．

炭素鋼のように，ある応力振幅以下では，繰返し回数を増やしても疲労破壊しない状態が発生する．この応力振幅の限度を**疲労限度**という．アルミニウム合金などではこの疲労限度が現れない．

5) クリープ

　材料に一定の荷重を付加したとき，時間の経過とともにひずみが増大する現象を**クリープ**という．クリープに関する性質はクリープ曲線（ひずみと時間の関係）で表される．クリープは，クリープ速度により**三段階**を経て進行する．**第一段階**では，ひずみは急激に増加し，**第二段階**ではほぼ一定の増加率となり，**第三段階**では再び急激に増加する．クリープでは，一般的に，材料が受ける応力が大きいほど，温度が高いほど，クリープ速度が速くなる．

6) 応力集中

　棒に引張荷重が加わるとき，断面が一様であれば，内部に生じる応力は一様であるが，断面に切欠きがある場合は，応力は切欠き部に近づくと急激に増大して切欠き底部で最大になる．このように形状が変化する部分で，応力が急激に変化する現象を**応力集中**という．

　応力集中では，切欠きの半径が小さくなるほど，応力集中係数が大きくなる．

7) 延性破壊と脆性破壊

　材料の破壊には，金属などのように大きな塑性変形を生じた後破壊する**延性破壊**と，鋳鉄，セラミックスなどのようにほとんど塑性変形せず破壊する**脆性破壊**がある．

8) 許容応力

　許容応力＝（基準強さ）／（安全率）で定義され，機械などの使用条件下での各材料に許される最大の応力を表す．強度設計の基本的な考え方は，使用応力が許容応力を超えないように部材の形状と寸法を決定することである．したがって，より安全に設計するために安全率は1より大きな値となる．

　※材料の強度には本質的にばらつきがあること，また使用応力は必ずしも正確に求めることができないことから，強度設計においては許容応力が用いられる．

　📎 基準強さ
　　・静的荷重の場合：降伏点，耐力，引張強さなどを用いる．
　　・繰返し荷重の場合：疲労限度を用いる．
　　・クリープの場合：クリープ限度を用いる．

5.2 材　料

1）炭素鋼

炭素鋼とは，鉄（Fe）と炭素（C）の合金で，炭素の含有量が 0.02 ～ 2％のものである．炭素の含有量が増加すると，次のようになる性質がある．

- 引張強さ，降伏点，硬さ：大きくなる
- 伸び，絞り：小さくなる
- 溶接性：低下する
- 水素侵食を起こし，機械的性質が低下する．

なお，炭素鋼は高温の硫化水素への耐食性はない．クロムやケイ素を加えると，耐酸化性が向上する．

※リン（P）や硫黄（S）などの不純物は鋼を脆くしたり，溶接性を悪化させる原因になる．

熱処理をすると，金属内の組織が変化し，その機械的性質が変わる．炭素鋼の熱処理には，次のようなものがある．

- **焼入れ**：加熱後，急冷し，硬化させる．
- **焼きもどし**：焼入れ後，再加熱し，硬度の調整や靭性を改善する．
- **焼きならし**：加熱後，空冷し，組織を微細化する．
- **焼きなまし**：加熱後，炉内などでゆっくり冷却し，内部のひずみを除去し，軟化させる．

なお，炭素鋼にはその使用目的に応じて，以下のような種類のものがある．

- **普通鋼**：炭素含有量が 0.6％以下で，引張強さ 600MPa 未満
  - ・低炭素鋼：炭素含有量 0.25％未満
  - ・中炭素鋼：炭素含有量 0.25％以上～ 0.6％未満
  - ※特殊鋼：高炭素鋼：炭素含有量 0.6％以上
- **圧力容器用鋼**：炭素含有量が 0.35％未満で，溶接性を向上したもの
- **キルド鋼**：低温における脆性（もろさ）を改善するため，アルミニウムやケイ素などを添加して脱酸したもの

2）合金鋼

- **高張力鋼**：C（炭素）以外に Mn（マンガン），Si（ケイ素），Ni（ニッケル），Cr（クロム），Mo（モリブデン）などを微量添加し，引張強さ 490MPa，降伏点 290MPa 以上としたもので，溶接性，靭性に優れている．水素脆化が生ずる．

- **クロムモリブデン鋼**：低炭素鋼，中炭素鋼に少量のCr（クロム），Mo（モリブデン）を添加したもので，**高温用材料**として用いられる．水素侵食を起こさない．高温用圧力容器などの材料に使用される．さらに，高温での靱性が要求されるタービン軸や翼には，ニッケルを添加したニッケルクロモリブデン鋼が使用される．
- **ニッケル鋼**：低炭素鋼，中炭素鋼に少量のNi（ニッケル）を添加したもので，**低温用材料**として用いられる．液化天然ガス貯蔵タンクなど液化ガス設備の構造材料として使用される．
- **フェライト系ステンレス鋼**：炭素含有量が少ない．耐食性がある．
- **オーステナイト系ステンレス鋼**（18-8ステンレス鋼など）：Cr（クロム）を18％，Ni（ニッケル）を8％添加したもので，**耐熱性**及び**耐食性**に優れており，水素侵食を起こさない．磁性なし．
- **マルテンサイト系ステンレス鋼**：炭素含有量が多い．

※鉄鋼材料は，低温になると引張強さ，降伏点，硬さは増大するものの，塑性変形をほとんど起こさなくなり，伸び，絞り，衝撃吸収エネルギーが減少する**低温脆性**を示す．したがって，低温用材料には，低温でも靱性（材料のねばり強さ）に優れた材料が適している．表2.7に適応可能な温度を示す．

表2.7 鉄鋼材料の適応温度

アルミキルド鋼	－60℃
2.5Ni鋼	－70℃
3.5Ni鋼	－110℃
9％Ni鋼	－196℃
18-8ステンレス鋼	－273℃　※極低温
Cu，Cu合金 Al，Al合金	－273℃　※極低温

3) **鋳　鉄**

C（炭素）を2％程度以上含む合金の総称．複雑な形状の鋳物を作りやすい．延性が小さく，溶接は困難である．高圧ガス設備用としては使用に制限がある．

4) **銅及び銅合金**

- **銅**：電気，熱伝導体．延性が大きい．耐食性が良い．熱交換器用管材料に用いられる．

- 黄銅：Cu（銅）と Zn（亜鉛）の合金．銅より強度，耐食性に優れている．高圧用継手，バルブなどに使用．
- 青銅：Cu（銅）と Sn（スズ）の合金．黄銅より強度，耐食性に優れている．鋳造しやすい．

※アンモニアにより激しく腐食される．

5) アルミニウム

密度が $2\,700\,kg/m^3$ と軽い．Cu（銅），Si（ケイ素），Mg（マグネシウム）を添加してアルミニウム合金となる．低温での脆性がなく，航空機・自動車などの材料に用いられる．

6) チタン及びチタン合金

密度が $4\,500\,kg/m^3$ と比較的軽い．海水や特殊環境下で優れた耐食性を示し，海水用熱交換チューブ熱交換器材料，航空機，深海探査機などの部品に用いられる．

7) 有機材料

- 熱可塑性樹脂：加熱によって軟化する．塩化ビニル，ポリエチレン，フッ素樹脂など．
- 熱硬化性樹脂：加熱によって硬化する．エポキシ，フェノール，ポリエステル樹脂など．
- エラストマー：弾性変形する．天然ゴム，合成ゴムなど．

8) 無機材料

- カーボン：耐食性がある．
- ガラス：酸に対する耐食性がある．
  - ガラスライニング：金属材料表面に粉末状のガラスを焼成させたもので，衝撃や急激な温度変化に弱い．
- セラミック：耐熱性，耐食性，耐摩耗性がある．

9) 複合材料：

- FRP：（繊維強化プラスチック）樹脂をガラスあるいはカーボンなどの繊維で強化した複合材料．軽量，強度，耐食性あり．

5.3 溶接と非破壊検査

1) 溶 接

材料の一部を溶解させて，接合する方法で，以下のような種類のものがある．

- **ガス溶接**：アセチレンの燃焼熱を用いて溶解させる．一般には酸素アセチレン溶接を指す．
- **被覆アーク溶接**：溶接棒と被溶接部の間にアークを発生させ，溶解させる．溶接金属の空気による酸化を防止するため，被覆剤から発生するガスでシールしながら溶接を行う．
- **ティグ（TIG）溶接**：タングステン電極と被溶接部の間にアークを発生させ，溶解させる．溶接金属の空気による酸化を防止するため，不活性のシールドガスを用いる．

  ※溶接の際，タングステン電極はほとんど消耗しない．
  ※溶加棒には，母材とほぼ同等の成分の材質を用いる．
- **サブマージアーク溶接**：あらかじめ散布された粒状のフラックスにワイヤを送給し，ワイヤ先端と母材との間にアークを発生させて溶接を行う．
- **ガスシールドアーク溶接**：アーク及び溶接金属をガスで覆い溶接する．不活性ガスを用いるMIG溶接や，不活性ガスに酸素や二酸化炭素を混合したMAG溶接がある．
- **ろう接法**：母材より低い温度で溶けるろう材により接合する．比較的融点の高いろう材によるろう付けと，融点の低いろう材によるはんだ付けなどがある．

溶接においては，次の点に注意する必要がある．

① **残留応力**：溶接後の冷却時に，材料が変形，収縮することにより生ずる．溶接部の残留応力を低くするためには予熱・後熱処理を行う．

② **溶接欠陥**
- **クレータ割れ**：ビードの端にできる窪み底部の割れ．

  ※溶接直後に発生する高温割れ．
- **ビード下割れ**：ビードの底部にできる内部割れ．
- **ブローホール**：溶接内部の空洞で表面に現れない．

  ※溶接施工の適切な管理（溶接棒，溶接部などの管理）．
- **スラグ巻込み**：溶接内部にスラグ（不純物）が残る現象で表面に現れない．
- **溶込み不良**：溶接内部に，溶込み不足で空洞ができること．
- **アンダカット**：溶接端部において，母材が溝状にえぐれること．
- **オーバラップ**：溶接端部において，母材と融合しないで重なることで表面に現れる．

- 融合不良：溶接境界が十分融合していないことで表面に現れない．
- 余盛：溶接部が必要以上に盛られること．

2) 非破壊検査

- **浸透探傷試験**：欠陥部に浸透した液を現像・観察する．表面欠陥のみ．
- **磁粉探傷試験**：試験体を磁化して，表面に塗布した磁粉の凝集を見る．18-8ステンレス鋼など強磁性体でない材料には不可．表面及び表面近くのみ．
- **放射線透過試験**：材料に放射線を透過させ，欠陥部を黒く写す．内部欠陥用．
- **超音波探傷試験**：欠陥部により反射した超音波により，欠陥の有無や形状を調べる．内部欠陥用．
- **渦流探傷試験**：欠陥によって変化する渦電流を調べる．
- **アコースティック・エミッション試験**：材料が外力を受ける状態で，進行中の欠陥から放出される超音波を調べる．

3) 管理・検査

溶接は，**火気使用作業**であるから，可燃性ガスなどの取扱いに十分注意し，また，被覆材や被覆溶接棒は乾燥保管しなければならない．アーク溶接では**感電**などにも注意する必要性から，**接地（アース）** を実施する必要がある．

溶接では，材料の急加熱・急冷却を行うため**残留応力**が生ずる．したがって，溶接直後には発生していなくても，数時間を経て割れなどが発生する可能性があるので，所定時間経過後に検査を実施する．

5.4 腐食と防食

腐食とは金属がまわりの環境と化学反応し，金属の厚さが減ったり，孔があくなどの現象である．金属腐食では，溶け出した金属の原子が陽イオンになる（例えば鉄はFe^{2+}となる）ため，イオン化傾向が腐食のしやすさの目安になる．しかし，被膜ができるアルミニウムなどの例外もある．

1) 湿食

電池の原理で進行する．

- **均一腐食**：全表面が均一に腐食される．
- **異種金属接触腐食**：2種の金属が接触し電池が生成される．炭素鋼ではステンレス鋼，銅，チタンなどと接触することにより腐食される．

※通常，炭素鋼はコンクリートなどアルカリ環境下では耐食性があるが，その環境下で鉄筋などと接触している場合は腐食されることがある．

- **材料の不均一による腐食**：金属内で成分が不均一な溶接部などに生ずる．
- **孔食**：局部的に孔状に進行する．
- **粒界腐食**：金属の結晶粒の境界に生ずる．オーステナイト系ステンレス鋼に生じやすい．オーステナイト系ステンレス鋼での粒界腐食を低減するためには，炭素量を低減する，あるいはチタンなどを添加する方法がある．
- **通気差腐食**：炭素鋼に高さのあるさびが生ずると，ほかの部分との間に電位差が生じ，その下で孔状に腐食する．
- **応力腐食割れ**：**引張応力**下で金属が腐食により割れを生じる現象．オーステナイト系ステンレス鋼 SUS 304 では Cl$^-$（塩化物イオン）を含む環境下で生ずる．高張力鋼では硫化水素を含む湿性環境で生ずる．
- **腐食疲労**：繰返し応力による疲労と腐食の同時進行により生ずる．
- **エロージョン・コロージョン**：腐食と同時に流体の衝突などによって腐食が促進される現象．
- **環境の pH** は，湿食に影響する．

2) 乾　食

- **酸化**：炭素鋼などに生じ，酸化物皮膜を生成する．
- **硫化**：炭素鋼，ニッケルなどに生じ，硫化水素を含むガス中で硫化物皮膜を生成する．
- **ハロゲンガス腐食**：炭素鋼，ステンレス鋼などに生ずる塩素ガスや塩化水素ガス中での腐食．
- **水素侵食**：高温高圧水素雰囲気下で炭素鋼などに生じ，水素による脱炭が進行する．ステンレス鋼やクロムモリブデン鋼などは水素侵食への耐食性がある．
- **浸炭**：炭素鋼，ステンレス鋼などに生ずる一酸化炭素や炭化水素による脆化のこと．
- **カルボニル腐食（一酸化炭素）**：鋼，ニッケルなどに生じ，カルボニル化合物を生成する．
- **窒化**：炭素鋼などに生ずる窒素による脆化のこと．

3) 防　食

- **有機被覆**：プラスチックやゴムによるコーティング．
- **金属被覆**：金属めっき．炭素鋼には主に亜鉛めっきが用いられる．
- **環境処理**：湿度を下げたり，腐食の原因物質を除去する．

● 5章 材 料 ●

● 電気防食法：電池反応と逆向きに電流を流し，防食する．炭素鋼では亜鉛，マグネシウム，アルミニウムなどの金属を接続し，アノードである亜鉛を犠牲にして，カソードである炭素鋼を防食する**流電陽極法（犠牲陽極法）**，あるいは，外部の直流電源と接続する**外部電源法**が用いられる．

5.5 管，胴，球の応力

内圧 p を受ける両端閉じ薄肉円筒胴（図 2.8）においては，軸方向の応力（軸応力 σ_Z），円周方向の応力（円周応力 σ_θ）が生ずる．

$$\sigma_Z = \frac{pD}{4t} \tag{36}$$

$$\sigma_\theta = \frac{pD}{2t} = 2\sigma_Z \tag{37}$$

したがって，内圧を受ける薄肉円筒胴では，$2 \times$（軸応力 σ_Z）＝（円周応力 σ_θ）となる．なお，半径応力は，軸応力及び周方向応力と比べて十分に小さい．

次に，内圧 p を受ける薄肉球形胴の応力は一様で

$$\sigma_t = \frac{pD}{4t} \tag{38}$$

となり，両端閉じ薄肉円筒胴の軸方向の応力と同じとなる．

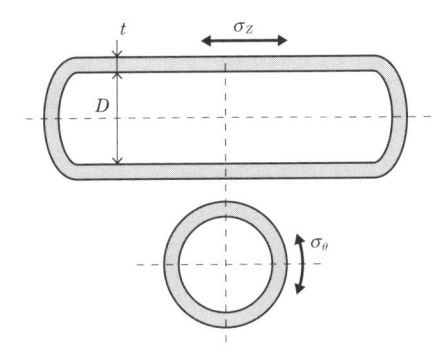

図 2.8 内圧を受ける両端閉じ薄肉円筒胴

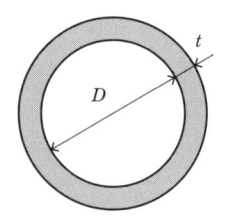

図 2.9　内圧を受ける薄肉球形胴

演習問題

問1 次の 1～5 に解答せよ．

1. 直径 18mm の一様な断面をもつ鋼製丸棒に 35kN の引張荷重をかけたとき，丸棒の断面におよそ何 MPa の応力が生じるか．

2. 直径 20mm の鋼棒を荷重 10kN で引っ張ったとき，縦ひずみはおよそいくらになるか．ただし鋼棒の縦弾性係数を 2.0×10^{11}Pa とする．

3. 長さ 5.0m，直径 20.0mm の一様な断面をもつ鋼製丸棒を，荷重 20.0kN で引張ったとき，この丸棒にはおよそ何 mm の伸びが生じるか．ただし，丸棒の縦弾性係数を $E = 200$GPa とする．

4. 同じ内径 $D = 6$m，厚さ $t = 25$mm の両端閉じ薄肉円筒胴及び薄肉球形胴のそれぞれに，内圧力 = 600kPa でガスが封入されている．次のイ，ロ，ハ，ニの記述のうち，円筒胴に生じる周方向応力 σ_θ のと軸方向応力 σ_z 及び球形胴に生じる周方向応力 σ_t について正しいものはどれか．

　イ．円筒胴に生じる軸方向応力 σ_z の大きさは，球形胴に生じる周方向応力 σ_t の 1/2 の大きさである．

　ロ．円筒胴に生じる軸方向応力 σ_z の大きさは，36MPa である．

　ハ．円筒胴に生じる周方向応力 σ_θ の大きさは，球形胴に生じる周方向応力 σt と同じ大きさである．

　ニ．球形胴に生じる周方向応力 σ_t の大きさは，36MPa である．

5. 次のイ，ロ，ハ，ニの記述のうち，内圧 P が作用する内径 D，肉厚 t の両端閉じ薄肉円筒胴に生じる応力について正しいものはどれか．

　イ．周方向応力 σ_θ と軸応力 σ_z は，ともに内径 D に反比例する．

　ロ．周方向応力 σ_θ と軸応力 σ_z は，ともに肉厚 t に比例する．

　ハ．周方向応力 σ_θ と軸応力 σ_z は，ともに内圧 P に比例する．

　ニ．周方向応力 σ_θ と軸応力 σ_z の関係は，$\sigma_\theta = 2\sigma_z$ である．

解 説

1.
解答 138MPa　式 (29) より

$$\sigma = \frac{F}{A} = \frac{35 \times 10^3}{\pi \cdot \left(\dfrac{18 \times 10^{-3}}{2}\right)^2} = 137\,541\,308.8 = 138 \times 10^6 \text{Pa} = 138 \text{MPa}$$

※接頭語：k（キロ）= 1 000 = 10^3, M（メガ）= 1 000 000 = 10^6

2.
解答 1.59×10^{-4}m　式 (29) より

$$\sigma = \frac{F}{A} = \frac{10 \times 10^3}{\pi \cdot \left(\dfrac{20 \times 10^{-3}}{2}\right)^2} = 31\,830\,988.6 = 31.8 \times 10^6 \text{Pa} = 31.8 \text{MPa}$$

したがって，式 (34) より

$$\varepsilon = \frac{\sigma}{E} = \frac{31.8 \times 10^6}{2 \times 10^{11}} = 1.59 \times 10^{-4} \text{m}$$

3.
解答 1.6mm　式 (35) より

$$\lambda = \frac{F \cdot l}{A \cdot E} = \frac{20.0 \times 10^3 \cdot 5.0}{\left(\dfrac{20 \times 10^{-3}}{2}\right)^2 \cdot \pi \cdot 200 \times 10^9} = 1.592 \times 10^{-3} \text{m} = 1.6 \text{mm}$$

4. **難問**

　式 (36), (37), (38) より求める．

- イ ✕　$\sigma_z = \sigma_t$
- ロ ◯　$\sigma_z = \dfrac{pD}{4t} = \dfrac{600 \cdot 6}{4 \cdot 0.025} = 36\,000 \text{kPa} = 36 \text{MPa}$
- ハ ✕　$\sigma_\theta = 2\sigma_t$
- ニ ◯　$\sigma_t = \dfrac{pD}{4t} = \dfrac{600 \cdot 6}{4 \cdot 0.025} = 36\,000 \text{kPa} = 36 \text{MPa}$

5.
　式 (36), (37) より，$\sigma_z = \dfrac{pD}{4t}$，$\sigma_\theta = \dfrac{pD}{2t} = 2\sigma_z$である．

- イ ✕　周方向応力 σ_θ，軸応力 σ_z とも内径 D に比例する．
- ロ ✕　周方向応力 σ_θ，軸応力 σ_z とも肉厚 t に反比例する．
- ハ ◯　設問のとおり．
- ニ ◯　設問のとおり．

問 2 次のイ～ルの金属材料の応力ひずみに関する記述のうち，正しいものはどれか．

イ．弾性変形が生じる範囲内で，かつ，荷重が小さいところでは，応力とひずみが正比例する．

ロ．金属材料に繰返し荷重を作用させたとき，材料の引張強さよりもはるかに低い応力で破壊を起こす．この現象を脆性破壊という．

ハ．高温度のもとで金属材料に一定の荷重を加えたとき，時間の増加とともにひずみが増大することがある．この現象をクリープという．

ニ．丸棒に引張荷重を加えると，荷重の小さい範囲では応力とひずみは正比例する．応力を σ，ひずみを ε とすると，$\sigma = E \cdot \varepsilon$ で表すことができ，このときの比例定数 E をヤング率という．

ホ．丸棒に引張荷重を加えると，丸棒は引張方向に伸び，その直角方向には縮む．引張方向へのひずみを縦ひずみ ε，直角方向へのひずみを横ひずみ ε' と表したとき，その割合の絶対値 $v = |\varepsilon'/\varepsilon|$ は，一般に材料に固有の一定値となり，このときの比率 v をポアソン比という．

ヘ．軟鋼の引張試験において，荷重をある大きさ以上に加えた場合，荷重を除いても変形はもとに戻らず永久にひずみが残る．このときの変形を弾性変形という．

ト．棒に引張荷重が加わるとき，断面が一様であれば，内部に生じる応力は一様であるが，断面に切欠きがある場合は，応力は切欠き部に近づくと急激に増大して切欠き底部で最大になる．このように形状が変化する部分で，応力が急激に変化する現象を応力集中という．

チ．金属材料の破壊は，延性破壊と脆性破壊に大別されるが，脆性破壊においては破壊するまでに大きな塑性変形が生じる特徴がある．

リ．材料が繰返し荷重を受けると，静的荷重に比べ低い応力で破壊を起こすことがある．この現象は疲労破壊である．

ヌ．材料の許容応力は，材料の基準強さに安全率を掛けた値である．

ル．金属に応力を与えると塑性変形によって硬さが増す現象をひずみ硬化あるいは加工硬化と呼ぶ．

解 説

- **イ ○** 設問のとおりで，この関係をフックの法則，この範囲を比例限度という．5.1 節 3) 項参照．
- **ロ ×** この現象は疲労破壊である．5.1 節 4) 項参照．なお，脆性(ぜいせい)破壊とは，セラミックスなど，ほとんど塑性変形を生じないで瞬時に破壊する現象である．
- **ハ ○** 設問のとおり．5.1 節 5) 項参照．

5章 材　料

- ニ○　設問のとおり．式（33）参照．
- ホ○　設問のとおり．式（30）～（32）参照．
- ヘ×　永久ひずみが残るのは塑性変形である．弾性変形では荷重を取り除くとひずみはゼロとなる．5.1節3）項参照．
- ト○　設問のとおり．5.1節6）項参照．
- チ×　脆性破壊は，破壊までにほとんど塑性変形せず破壊する現象である．5.1節7）項参照．
- リ○　設問のとおり．5.1節4）項参照．
- ヌ×　許容応力は基準強さを安全率で割った値となる．5.1節8）項参照．
- ル○　5.1節3）項参照．

問3　下の図は炭素鋼の引張試験で得られる「応力-ひずみ曲線」である．次のイ～への記述のうち，正しいものはどれか．

イ．点Oと点Aの間はフックの法則が成立してその傾きは縦弾性係数Eの値となる．点Aは応力とひずみが比例して増加する限界点で，この点を「比例限度」という．

ロ．点Bを超えて荷重を増やしていくと，塑性変形が始まる．この点Bの応力値を「弾性限度」という

ハ．点Fを超えていくと，試験片にくびれが生じ断面積が減少してくる．この点Fの応力値を「極限強さ（又は引張強さ）」という．

ニ．点Gはひずみが最大になる点である．この点Gの応力値を「降伏応力」という．

ホ．引張荷重を増加させていくと，点Cまでは応力が増加したのち，直線DEで表れる応力レベルにほぼ落ち着く．この点Cから点Eに至る変形の過程を降伏という．

ヘ．材料の縦弾性係数（ヤング率）と横弾性係数の単位は，応力の単位と同じであるが，数値が大きいので，一般に単位はGPa（ギガパスカル）で表す．

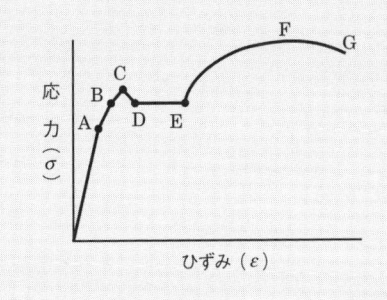

解 説

- **イ〇** 設問のとおり．5.1 節 3) 項参照．
- **ロ〇** 設問のとおり．5.1 節 3) 項参照．
- **ハ〇** 設問のとおり．5.1 節 3) 項参照．
- **ニ✕** 点 G は破断する点であり，点 G での応力を**破壊応力**という．5.1 節 3) 項参照．
- **ホ〇** 設問のとおり．5.1 節 3) 項参照．
- **ヘ〇** 設問のとおり．式（33）より，「ひずみ」は単位がないので，応力と縦弾性係数は同じ単位になる．

問 4 次のイ〜ヘの記述のうち，金属のクリープについて正しいものはどれか．

- イ．クリープ破断に関する性質は，横軸に温度，縦軸に応力をとった S-N 曲線で表すことが一般的に行われている．
- ロ．クリープに関する性質は，クリープ曲線と呼ばれる寿命曲線で示されることが一般的であるが，この曲線の横軸は時間を，縦軸はひずみを表す．
- ハ．クリープ現象はクリープ速度によって区分される三つの段階を経て進行し，変形の過程で材料は次第に劣化していくが，クリープにより材料が破断することはない．
- ニ．一般に材料が受ける応力が大きいほどクリープ現象は顕著になるが，温度が高くなってもクリープ速度には変化が見られない．
- ホ．材料のクリープ特性において，変形の開始から破断までの間，クリープひずみの増加率は一定値を保つ．
- ヘ．疲労，クリープなどが問題となる場合の基準強さは，降伏点と引張強さを適用する．

解 説

- **イ✕** クリープ破断は，クリープ曲線で表される．5.1 節 5) 項参照．
- **ロ〇** 設問のとおり．5.1 節 5) 項参照．
- **ハ✕** クリープ現象では，最後には材料は破断する．5.1 節 5) 項参照．
- **ニ✕** 温度が高くなるとクリープ速度は速くなる．5.1 節 5) 項参照．
- **ホ✕** 5.1 節 5) 項より，クリープは三段階で進行し，第二段階以外は，増加率が大きく変化する．
- **ヘ✕** 5.1 節 8) 項より，クリープが問題になる条件下では，クリープ限度が用いられる．

5章 材料

問5 次のイ~ヌの炭素鋼に関する記述のうち,正しいものはどれか.

イ.炭素鋼は鉄と炭素の合金であり,炭素の含有量はおよそ0.02%~2%である.
ロ.炭素鋼の低温における脆性を改善するため,アルミニウムやケイ素などを添加して脱酸したものをキルド鋼という.
ハ.炭素鋼の機械的性質は炭素量により変化し,炭素量が増えると伸び及び絞りは増加し,引張強さ及び硬さは減少する.また,炭素量が増えると低温脆性が改善される.
ニ.炭素鋼は鉄と炭素の合金であり,炭素の含有量はおよそ5%である.
ホ.炭素鋼の製造時には,溶接性を改善することを目的に,リンや硫黄を添加することが一般に行われている.
ヘ.炭素鋼の機械的性質は炭素量により変化し,引張強さ,降伏点,硬さは炭素量の増加とともに大きくなる傾向がある.
ト.炭素鋼は焼きなまし熱処理により,内部ひずみの除去ができる.
チ.炭素鋼は低温になるほど,靱性が高くなり,引張強さが低下する.
リ.炭素鋼にニッケルを添加すると,低温脆性が改善される.
ヌ.アルミニウム合金などではでは,ある応力振幅以下では,繰返し回数を増やしても疲労破壊しない疲労限度が存在するが,炭素鋼では疲労限度が現れない.

解説

- **イ ○** 設問のとおり.5.2節1)項参照.
- **ロ ○** 設問のとおり.5.2節1),2)項参照.
- **ハ ×** 炭素の含有量が増加すると,次のようになる.
  - ・引張強さ,降伏点,硬さ:大きくなる
  - ・伸び,絞り:小さくなる

  低温脆性は改善されない.5.2節1),2)項参照.
- **ニ ×** 炭素鋼は,鉄と炭素の合金で,炭素の含有量が0.02~2%のものである.5.2節1)項参照.
- **ホ ×** リンや硫黄は鋼を脆くし,溶接性を悪化させる.5.2節1)項の注釈参照.
- **ヘ ○** 設問のとおり.炭素鋼の引張強さ,降伏点,硬さは炭素量の増加とともに大きくなる.5.2節1)項参照.
- **ト ○** 設問のとおり.焼きなまし熱処理により,内部ひずみが除去ができる.5.2節1)項参照.
- **チ ×** 低温になるほど靱性が低く,また,引張強さは大きくなる.5.2節2)項参照.
- **リ ○** 設問のとおり.5.2節2)項参照.
- **ヌ ×** 炭素鋼では疲労限度が存在し,アルミニウム合金では現れない.5.1節4)項参照.

問 6 次のイ，ロに解答せよ．

イ．次の（1）～（6）の金属材料のうち，-160℃の低温用材料として適しているものはどれか．
　(1) 9%ニッケル鋼
　(2) 18-8ステンレス鋼
　(3) アルミキルド鋼
　(4) クロムモリブデン鋼
　(5) 炭素鋼
　(6) アルミニウム合金

ロ．次の（1）～（4）の金属材料の使用についての記述のうち，適切なものはどれか．
　(1) 液化天然ガス貯蔵タンク――9%ニッケル鋼
　(2) 高圧ガス配管用バルブ――鋳鉄
　(3) 海水用熱交換チューブ――チタン
　(4) 高温用圧力容器――クロムモリブデン鋼

解　説

イ．
- (1) ○　ニッケル鋼は低温材料．9%ニッケル鋼は-196℃まで使用可能である．表2.7参照．なお，2.5Ni鋼は-70℃まで，3.5Ni鋼は-110℃まで使用できる．
- (2) ○　18-8ステンレス鋼は極低温まで使用できる．
- (3) ×　アルミキルド鋼は-60℃までしか使用できない．
- (4) ×　クロムモリブデン鋼は高温用材料．
- (5) ×　炭素鋼は-20℃程度までしか使用できない．
- (6) ○　アルミニウム合金は極低温まで使用できる．

ロ．
- (1) ○　ニッケル鋼は低温用材料で液化天然ガス貯蔵タンクに使用される．9%ニッケル鋼は-196℃まで使用可能である．5.2節2) 項参照．
- (2) ×　鋳鉄は高圧ガス配管用バルブの材料としては制限がある．5.2節3) 項参照．
- (3) ○　チタンは海水などに優れた耐食性を示す．5.2節6) 項参照．
- (4) ○　クロムモリブデン鋼は高温用材料である．5.2節2) 項参照．

問 7　1．次のイ～ホの溶接欠陥のうち，表面に現れないことがある欠陥はどれか．
　イ．アンダカット
　ロ．スラグ巻込み

ハ．ブローホール
ニ．クレータ割れ
ホ．ビード下割れ
2. 次のイ～ニの溶接欠陥のうち，通常，外観検査で検出できるものはどれか．
イ．オーバラップ
ロ．ビード下割れ
ハ．アンダカット
ニ．融合不良

解説

5.3 節 1) 項参照．

1.
- イ× 溶接端部において，母材がえぐれるため，表面から溝状に見える．
- ロ○ 溶接内部にスラグ（不純物）が残る現象であるため，表面からは見えない．
- ハ○ 溶接内部の空洞であるため，表面からは見えない．
- ニ× ビードの端にできる窪み底部の割れであるため，表面からビード端に筋状に確認できる．
- ホ○ ビードの底部にできる割れ．

2.
- イ○ オーバラップは，溶接端部において，母材と融合しないで重なることで表面に現れる．
- ロ× ビード下割れは，ビードの底部にできる内部割れで，表面に現れない．
- ハ○ アンダカットは，溶接端部において，母材が溝状にえぐれることで，表面に現れる．
- ニ× 融合不良は，溶接境界が十分融合していないことで表面に現れない．

問8 次のイ～ニの溶接欠陥についての記述のうち，正しいものはどれか．
イ．ブローホールとは，溶着金属中に生じる球状又はほぼ球状の空洞で，溶接施工の適正な管理により防止できる．
ロ．クレータとは，ビードの近傍に発生する内部割れをいう．
ハ．融合不良とは，溶着金属中にスラグが残ることをいう．
ニ．溶接境界面が互いに十分溶け合っていない溶接欠陥を溶込み不良といい，完全溶込み溶接継手の場合に溶け込まない部分があるものを，融合不良という．

解 説

- **イ ○** 設問のとおり．5.3節1)項参照．
- **ロ ×** クレータ割れは，ビードの端にできる窪み底部の割れである．設問の記述は，ビード下割れの説明である．5.3節1)項参照．
- **ハ ×** 融合不良は，溶接境界が十分融合していない欠陥である．記述は，スラグ巻込みの説明である．5.3節1)項参照．
- **ニ ×** 溶接境界面が互いに十分溶け合っていない溶接欠陥を融合不良といい，完全溶込み溶接継手の場合に溶け込まない部分があるものを，溶込み不良という．5.3節1)項参照．

問9 次のイ～ヘの記述のうち，溶接方法について正しいものはどれか．

- イ．被覆アーク溶接は，被覆アーク溶接棒と被溶接部との間にアークを発生させて行う溶接である．
- ロ．ティグ（TIG）溶接は，自動的に供給されたワイヤの先端と母材との間にアークを発生させ，アーク及び溶接金属をガスで覆い大気から保護して行う溶接である．
- ハ．ガス溶接は，可燃性ガスの燃焼熱を利用して溶接を行う方法であり，一般に酸素とアセチレンの組合せで行われることから，酸素アセチレン溶接といわれる．
- ニ．サブマージアーク溶接は，あらかじめ散布された粒状のフラックス中にワイヤを送給し，ワイヤ先端と母材との間にアークを発生させて溶接を行う方法である．
- ホ．MIG溶接は，タングステン電極と被溶接部との間にアークを発生させ，溶接部を不活性ガスでシールドして溶接を行う方法である．
- ヘ．ろう接法は，母材よりも低い融点をもつろう材を溶融させて接合する方法であり，比較的高い融点をもつろう材を使用するはんだ付けと，低い融点をもつろう材を使用するろう付けに区分されている．

解 説

- **イ ○** 設問のとおり．5.3節1)項参照．
- **ロ ×** タングステン電極と被溶接部の間にアークを発生させ，溶解させる．溶接金属の空気による酸化を防止するため，不活性のシールドガスを用いる．5.3節1)項参照．
- **ハ ○** 設問のとおり．5.3節1)項参照．
- **ニ ○** 設問のとおり．5.3節1)項参照．

ホ☒ タングステン電極ではなく，ワイヤ先端と母材の間にアークを発生させる．5.3節1）項参照．

ヘ☒ 5.3節1）項より，比較的高い融点をもつろう材を使用するろう付けと，低い融点をもつろう材を使用するはんだ付けに区分されている．

問10 次のイ～ヲの金属材料の腐食・防食についての記述のうち，正しいものはどれか．

イ．炭素鋼に対して，亜鉛，マグネシウムなどの金属を接続することにより，腐食を防ぐ方法を犠牲陽極法という．
ロ．応力腐食割れは炭素鋼で発生しやすく，オーステナイト系ステンレス鋼での発生はほとんど見られない．
ハ．オーステナイト系ステンレス鋼は不動態皮膜ができるため，塩化物イオンに対して安定した耐食性を示す．
ニ．一酸化炭素は，高温高圧下で炭素鋼を腐食させる．
ホ．エロージョンとは，金属の結晶粒界が選択的に侵食される腐食をいう．
ヘ．応力腐食割れは，圧縮応力下にある金属が腐食環境中で割れを生じる現象である．
ト．ステンレス鋼と炭素鋼を溶接して海水中に浸すと，腐食電池ができ，炭素鋼が腐食する．
チ．炭素鋼に対しアノードとなる金属をつなぐ防食法は，電気防食法の一種である．
リ．イオン化傾向の大きさの順は，例外なく湿食のしやすさを示す．
ヌ．環境のpHは，湿食に影響を及ぼす．
ル．腐食電池ができれば，湿食が進行する．
ヲ．1個の鉄原子が，水中の酸素と反応して2個の電子が奪われると，Fe^{2+}になる．

解説

イ○ 設問のとおり．5.4節3）項参照．
ロ☒ 応力腐食割れは，Cl^-を含む環境下において，オーステナイト系ステンレス鋼で発生しやすい．5.4節1）項参照．
ハ☒ 上記ロの解説と同様．
ニ○ 設問のとおり．浸炭と呼ばれる．5.4節2）項参照．
ホ☒ エロージョンとは，流体の衝突による損傷．金属の結晶粒界が選択的に侵食される腐食は粒界腐食．5.4節1）項参照．
ヘ☒ 応力腐食割れは，引張応力下で生ずる．5.4節1）項参照．
ト○ 設問のとおり．5.4節1）項参照．

| チ |〇| 設問のとおり．5.4 節 3) 項参照．
| リ |×| 被膜を作るアルミニウムなどの例外もある．5.4 節 1) 項参照．
| ヌ |〇| 設問のとおり．5.4 節 1) 項参照．
| ル |〇| 設問のとおり．5.4 節 1) 項参照．
| ヲ |〇| 設問のとおり．5.4 節 1) 項参照．

> **問 11** 次のイ～ヘの記述のうち，炭素鋼について正しいものはどれか．
>
> イ．炭素量，添加金属，不純物などの化学成分量が同じであれば，熱処理が異なっても機械的性質は同じである．
> ロ．焼きならしした炭素鋼は，炭素量が増すに従い伸びが減少する．
> ハ．低炭素鋼は，高炭素鋼よりも溶接性が良い．
> ニ．リンを添加することで，溶接性を改善できる．
> ホ．炭素鋼の配管にこぶ状のかさの高いさび（さびこぶ）が生じると，その下で孔状に腐食が進行することがある．
> ヘ．炭素鋼配管の高温ガス腐食を防止するために，電気防食法を適用する．

解 説

| イ |×| 熱処理方法が異なると機械的性質も異なる．5.2 節 1) 項参照．
| ロ |〇| 設問のとおり．5.2 節 1) 項参照．
| ハ |〇| 設問のとおり．5.2 節 1) 項参照．
| ニ |×| 溶接性は悪くなる．5.2 節 1) 項参照．
| ホ |〇| 通気差腐食の説明．5.4 節 1) 項参照．
| ヘ |×| 高温ガス腐食は乾食である．電気防食法は湿食に有効な防食法である．5.4 節 1) 項，2) 項参照．

> **問 12** 次のイ，ロ，ハの記述のうち，18-8 ステンレス鋼について正しいものはどれか．
>
> イ．13 クロムステンレス鋼に比べて耐食性に優れており，磁性をもたない．
> ロ．一般に応力腐食割れの起きやすい場所に用いられる．
> ハ．アルミニウムと同様，低温脆性を示さない．

解 説

| イ |〇| 設問のとおり．5.2 節 2) 項参照．
| ロ |×| 使用条件によっては応力腐食割れを起こしやすい場合もある．5.4 節 1) 項参照．
| ハ |〇| 設問のとおり．5.2 節 2) 項参照．

5章 材料

問13 次のイ～ヌの記述のうち，金属の腐食と防食について正しいものはどれか．

イ．クロムモリブデン鋼は，高温高圧の水素に接すると，炭素が析出し結晶粒界は微細な亀裂が生じる．
ロ．炭素鋼は，鋼中の鉄が高温高圧の一酸化炭素と反応すると，カルボニル腐食を起こす．
ハ．ステンレス鋼は，高温の塩素ガス中でハロゲンガス腐食を起こす．
ニ．湿食の発生を防止するには，腐れ代の付加が適している．
ホ．エロージョンが発生している配管には，それを防止するために保冷を施す．
ヘ．外面の保温施工は，乾食に対する防食には適さない．
ト．電気防食の流電陽極法を使用している部分では，感電に注意すること．
チ．オーステナイト系ステンレス鋼は，塩化物イオンを一定限度以上に含む環境では不動態皮膜が破壊されて孔食などの局部腐食が生じる．
リ．高温高圧の水素が鋼内部に侵入して，結晶粒界と内部欠陥にメタンガスが発生し，鋼の脆化と割れが生じる現象は水素侵食である．
ヌ．鋼にクロムとモリブデンを添加すると安定した炭化物を形成し，耐水素侵食性が向上する

解 説

5.4 節参照．
イ× クロムモリブデン鋼は，高温高圧の水素には耐食性がある．
ロ○ 設問のとおり．
ハ○ 設問のとおり．
ニ× 防食には，有機被覆，めっき，電気防食法などを用いる．
ホ× エロージョンは材料の腐食と流体の衝突により発生するので，保冷では防げない．
ヘ○ 乾食は高温ガスとの腐食反応なので，保温では防げない．
ト× 流電陽極法は，炭素鋼にアノードとなる金属を接続するだけなので感電はしない．
チ○ 設問のとおり．5.4 節 1）項参照．
リ○ 5.4 節 2）項参照．
ヌ○ 5.4 節 2）項参照．

問14 次のイ～ホの記述のうち，材料の選定について正しいものはどれか．

イ．約 −160℃で使用する低温用材料には，低温靱性に優れた材料が適している．
ロ．高温靱性が要求されるタービン軸や翼には，ニッケルを添加しないクロムモリ

ブデン鋼が適している．
ハ．約550℃で使用する高温用材料には，炭素鋼が適している．
ニ．複雑な形状の鋳物には，低炭素鋼が適している．
ホ．ガラスライニングやカーボン素材を用いることにより，耐酸性が向上する．

解　説

- イ◯　設問のとおり．5.2節2)項参照．
- ロ✕　高温靱性が要求されるタービン軸や翼には，ニッケルを添加したニッケルクロムモリブデン鋼が適している．5.2節2)項参照．
- ハ✕　高温用材料には，クロムモリブデン鋼や18-8ステンレスが適している．5.2節2)項参照．
- ニ✕　複雑な形状の鋳物には，鋳鉄が適している．5.2節3)項参照．
- ホ◯　設問のとおり．5.2節8)項参照．

6章 高圧装置

圧縮機とはガスを圧縮し高圧を得るあるいは圧送する機械で，ポンプとは液体を圧送する機械である．

6.1 圧縮機

1) ターボ形圧縮機

遠心式と軸流式がある．ターボ形圧縮機は，吐出し側の抵抗が大きくなると，風量が減少する欠点がある．

① 遠心式

羽根車が高速回転することにより遠心力の作用で高圧を得る．

・風量は回転数にほぼ比例する．
・ヘッドは回転数の2乗にほぼ比例する．
・軸動力は回転数の3乗にほぼ比例する．

② 軸流式

回転する動翼とケーシングの静翼の翼列を通過することにより圧縮し，効率が高い．大流量の圧縮に適しているが，高圧は得にくい．

※遠心圧縮機では，風量が増加すると圧力が低下する．効率は，風量増加とともに上昇し，最大値をもつ特性となる．

また，吐出し側の抵抗を大きくすると，流量及び圧力が脈動するだけでなく，配管を含む圧縮機自体も激しく振動する**サージング**を起こすため，その領域での圧力設定はできない．

2) 容積形圧縮機

往復圧縮機とねじ圧縮機がある．吐出し側の抵抗が変化しても，風量はほぼ一定である．ターボ形より回転数が小さく，容積が大きくなる．なお，容積形圧縮機では軸動力は回転数にほぼ比例する．

① 往復圧縮機

ピストンの往復運動で，高い圧縮比が得られる一方，脈動が大きくなるので，圧力計測などでは緩衝装置が必要である．

② ねじ圧縮機

二つのねじ形ロータの回転により圧縮する．

なお，（吐出し圧力）／（吸入圧力）を**圧縮比** ε という．

圧縮過程には，理想的には**等温圧縮**，**断熱圧縮**などがある．等温圧縮では圧縮で生ずる熱を取り去り，温度一定で圧縮する．断熱圧縮では外部との熱の授受なしで圧縮するため，圧縮比が大きいほど吐出しガス温度が高くなる．したがって，圧縮比一定では，温度上昇する断熱圧縮のほうが吐出し圧力が高くなり，圧縮に要する軸動力も等温圧縮より大きくなる．等温圧縮に近づけるためには，圧縮過程を増やし多段圧縮にしたほうがよい．実際の圧縮機では等温圧縮と断熱圧縮の中間的な特性を示すポリトロープ圧縮となる．

6.2 ポンプ

1）ターボ形ポンプ

遠心ポンプ，軸流ポンプ，斜流ポンプに分類される．羽根車が回転することにより，液体を圧送する．ターボ形ポンプの特性を表2.8に示す．

① 遠心ポンプ

羽根車を高速回転させ，液体に遠心力を与える．流体の速度エネルギーを圧力エネルギーに変換する．吐出し量は回転数にほぼ比例して増加する．液体の密度が変わっても揚程はほとんど変化しない．案内羽根のない渦巻きポンプと，案内羽根を設置し高揚程を得るディフューザポンプがある．

② 軸流ポンプ

羽根車を回転させ，液体に揚力を与える．

③ 斜流ポンプ

羽根車を回転させ，液体に遠心力と揚力を与える．

表2.8　ターボ形ポンプの特性

形式	吐出し流量が増加した場合
遠心ポンプ	・揚程は，低下する ・効率は，上に凸の放物線状．上昇し，最大値となった後，低下する ・軸動力は，ほぼ比例して上昇する　※締切り時に最小となる
軸流ポンプ	・揚程は，急激に低下する ・効率は，上に凸の放物線状．上昇し，最大値となった後，低下する ・軸動力は，低下する　※締切り時に最大となる
斜流ポンプ	・揚程は，低下する ・効率は，上に凸の放物線状．上昇し，最大値となった後，低下する ・軸動力は，あまり変化しない

※ポンプの必要軸動力は，ポンプの吐出し流量，液体の密度，揚程に比例する．

※並列運転：流量を増加させる．
※直列運転：揚程を増大させる．

2) 容積形ポンプ

往復ポンプ，歯車ポンプに分類される．
- 吐出し量はポンプの回転数に比例する．
- 軸動力はポンプの回転数に比例する．

① 往復ポンプ（プランジャポンプ）

ピストン又はプランジャを往復運動させ，弁の開閉により液体を圧送する．回転数が増加すると流量が増加する．高い圧縮比が得られる一方，脈動が大きくなるので，出口に脈動を抑制する**アキュムレータ**や，圧力計測などでは緩衝装置が必要．

② 歯車ポンプ

歯車の進行方向に液を圧送する．高粘度の液体を圧送するのに適している．液体の粘度が低いと吐出し量が減少する．

※キャビテーション：液体の吸込みにおいて，液体の蒸気圧より低い部分が生じ，蒸発による気泡が発生する．この気泡が騒音，振動や，ポンプの羽根車などに壊食（エロージョン）を発生させる．吸込み配管口径が小さいとポンプが正常に作動しない場合がある．吐出し配管口径を大きくすれば，最大送液量が増える．キャビテーションを起こさないために，実際のポンプの有効吸込み揚程（利用しうるNPSH）が，必要吸込み揚程（必要NPSH）より大きくならなければならない．

※ウォータハンマ：ポンプの急停止，弁の急開閉などにより，配管内の液体の圧力が急上昇すること．

6.3 塔 類

1) 反応器

容器内部で化学反応をさせる容器．触媒などを入れ反応を促進する．固定床式と流動床式がある．
- 固定床式：触媒が固定され，反応流体などが流動する．
- 流動床式：触媒と反応流体がともに流動する．
  ※ライザ内は高温になることから，クロムモリブデン鋼や断熱キャスタブルを施工した炭素鋼が用いられる．

🖋 反応槽：攪拌機付き反応槽は，流体の反応に広く使用される．ファインケミカルなどの回分式反応器としても使用される．

2) 蒸留塔

多成分から，沸点の差を利用して特定成分を分離する装置．通常，上部から低温流体を流下，下部から高温ガスを上昇させ，内部のトレイや充てん物により気液接触を効率よくおこなう．

3) 吸収塔

混合ガスから特定の成分を溶液に吸収させ，分離・除去する装置．吸収塔においても，トレイや充てん物が使用される．

4) 吸着塔

気体や液体に含まれる特定の成分を吸着剤に吸着させ，分離・除去する装置．

5) 再生塔

吸収塔などで溶液に溶解させた特定成分を加熱などにより分離し，再び溶液を吸収塔などで使用可能な状態にする装置．

6.4 貯槽

1) 球形貯槽

天然ガスなどの圧縮ガス，プロパン，ブタンなどの液化ガスを高圧で大容量貯蔵するのに適しており，使用材料として高張力鋼が広く使用されている．

2) 円筒形貯槽

少量のLPG，液化アンモニア，液化塩素などの貯蔵に用いられる．

3) 二重殻式円筒形貯槽（コールドエバポレータ）

低温液化ガス（液化酸素，液化窒素，液化アルゴン，液化炭酸ガスなど）の貯蔵に広く用いられている．内層と外層の間にパーライト粒を充てんし，真空によって断熱されており，内槽にはステンレス鋼，外層には炭素鋼が使用されている．

4) 二重殻式平底円筒形貯槽

低温液化ガスなどの貯蔵に用いられる．内槽と外槽の間には断熱材が充てんされ，保冷効果を高めている．高床式では，地盤の凍結防止対策を考慮した設計を行う．内槽にはアルミキルド鋼やアルミニウム合金，ニッケル鋼，ステンレス鋼，外槽には炭素鋼が使用されている．

6.5 熱交換器

1) 多管円筒形熱交換器
最も広く用いられている**大容量の熱交換器**である．胴内に多数の伝熱管が挿入してある．

2) 二重管式熱交換器
比較的少量の熱交換に用いられる．外管の内側に内管が1本だけ挿入してある．

3) プレート式熱交換器
複数のプレートが積層され，1枚おきに高温流体と低温流体が流れる．単位容積当たりの伝熱面積が大きく，プレート表面の波形が伝熱を促進する一方，圧力損失も大きい．

4) 空冷熱交換器（フィンアンドチューブ熱交換器）
チューブ状の銅管に，アルミフィンを付け，熱伝達の悪い外部（空気の通るほう）の面積を増大したもの．

※熱交換器を設計する際，伝熱面積の計算をする必要がある．伝熱面積を求めるためには，熱貫流率を使用するが，実用段階では，熱交換器はスラッジなどの付着により熱抵抗が増大するため，安全側に見積もるために「**汚れ係数**」を考慮する．

6.6 容 器

1) 継目なし容器
継目なし鋼管の両側を鍛造成形加工したものや，アルミニウム合金を押出し成形したものがある．

2) 溶接容器
鋼板を成形し，溶接により接合した容器．

6.7 冷凍機

- 蒸気圧縮式冷凍サイクル：電気やガスエンジンで圧縮機を駆動して作動媒体（冷媒）を高温・高圧にし，冷却により液化させたのち，膨張（減圧）して低温を得る．空調・冷凍に利用．
- 吸収式冷凍サイクル：熱駆動で冷凍・空調を行うことができる．

6.8 管継手・配管

1) 溶接式管継手
- 差込み溶接式：振動，腐食，温度変化が大きい箇所では不可．
- 突合せ溶接式：管材料と同等の強度になる．

2) フランジ式管継手
フランジ管にガスケットなどを挟み，ボルトとナットで締め付ける．

管とフランジ部の接続において，差込み溶接（すみ肉溶接），突合せ溶接，ねじ込み式などがあるが，高温配管には突合せ溶接を用いる．

- ガスケット：低圧には非石綿ジョイントシート，中・高圧には渦巻き形ガスケットを使用する．

演習問題

問 1 次のイ〜ヲの圧縮機に関する記述のうち，正しいものはどれか．

イ．ターボ形圧縮機は，吐出し側の抵抗によって風量が変化する．一方，容積形圧縮機は，吐出し側の抵抗が変化しても，風量はほぼ一定である．

ロ．往復圧縮機は，ピストンの往復運動によって吸い込んだガスを圧縮して送り出す容積形圧縮機である．

ハ．ねじ圧縮機は，二つのロータが高速回転することによりガスを圧縮するターボ形圧縮機である．

ニ．吸込みガス圧力が 0.2MPa（ゲージ圧力），吐出しガス圧力が 0.8 MPa（ゲージ圧力）である圧縮機の圧縮比は 4 である．

ホ．断熱圧縮では圧縮比が大きいほど，吐出しガス温度が高くなる．

ヘ．軸動力は断熱圧縮のほうが等温圧縮より大きい．

ト．遠心圧縮機は，ガスに速度を加えて圧力に転化するものであり，風量にかかわらず圧縮比は一定となる．

チ．軸流圧縮機は，動翼と静翼の間をガスが通過することにより，連続的に圧縮されるもので効率が高い．

リ．往復圧縮機は，ピストンの往復によりガスを圧縮するもので，高い圧縮比が得られる．

ヌ．圧縮機の形式にかかわらず，等温圧縮より断熱圧縮のほうが，効率が高い．

ル．実際のガス圧縮機では，ポリトロープ圧縮になる．

ヲ．圧力 0.1MPa（ゲージ圧力）のガスを 0.5MPa（ゲージ圧力）に等温圧縮すると体積が 1/5 になる．

解 説

イ○ 設問のとおり．容積形圧縮機のほうが高圧のガスを得るのに適しており，吐出し側の抵抗の影響を受けにくい．6.1 節参照．

ロ○ 設問のとおり．往復圧縮機は容積形に分類される．6.1 節参照．

ハ×「二つのロータが高速回転することによりガスを圧縮する」までは正しい．ねじ圧縮機は容積形に分類される．6.1 節参照．

ニ× 圧縮比 ε は，絶対圧で表され，大気圧 101.3kPa = 0.1013MPa を足して計算すると，次のようになる．

$$\varepsilon = \frac{\text{吐出し圧力}}{\text{吸込み圧力}} = \frac{(0.8 + 0.1013)}{(0.2 + 0.1013)} = 2.99 \quad \boxed{\text{難問}}$$

ホ○ 設問のとおり，断熱圧縮では圧縮比が大きいほど，吐出しガス温度が高くなる．6.1 節参照．

ヘ○	設問のとおり．圧縮比一定では，断熱圧縮は圧縮に要する軸動力が等温圧縮より大きくなる．6.1節参照．**難問**
ト×	遠心圧縮機は，風量が増加すると圧力が低下する．6.1節1)項参照．
チ○	設問のとおり．6.1節1)項参照．
リ○	設問のとおり．6.1節2)項参照．
ヌ×	等温圧縮のほうが軸動力が小さく，したがって効率が高い．6.1節参照．
ル○	設問の通り．6.1節2)項参照．
ヲ×	2.1節の式（1）より，$\dfrac{P_1 \cdot V_1}{T_1} = \dfrac{P_2 \cdot V_2}{T_2}$ であり，等温圧縮であるから，$P_1 \cdot V_1 = P_2 \cdot V_2$ となる．ゲージ圧力を絶対圧力に直し，計算すると $$\dfrac{V_2}{V_1} = \dfrac{P_1}{P_2} = \dfrac{0.1 + 0.1013}{0.5 + 0.1013} = 0.3348$$ となり，約1/3となる．**難問**

> **問 2** 次のイ～ヲのポンプの性能に関する記述のうち，正しいものはどれか．

イ．締切り運転（吐出し量ゼロ）時の軸動力は，遠心ポンプで最小であり，一方，軸流ポンプでは最大である．
ロ．歯車ポンプは，取扱い液の粘度が低いと，吐出し量が減少する．
ハ．プランジャポンプの吐出し圧力は，回転数に比例する．
ニ．ポンプでは，揚程は，一般に流量が増えると小さくなる．
ホ．ポンプの流量は，吐出し弁を絞ると減少する．
ヘ．遠心ポンプの軸動力は，回転数にほぼ比例する．
ト．遠心ポンプの軸動力は，締切り運転（流量ゼロ）のとき最小である．
チ．遠心ポンプにおいて，同一性能のポンプ2台を並列運転すると，揚程がほぼ2倍になる．
リ．遠心ポンプでは，吐出し量は，回転数にほぼ比例する．
ヌ．吸込み配管口径が小さいと，ポンプが正常に作動しない場合がある．
ル．吐出し配管口径を大きくすれば，最大送液量が増える．
ヲ．液化石油ガスの代わりに水を送る場合，全揚程が同じであり，ポンプの所要動力も変わらない．

解　説

| イ○ | 表2.8より，締切り運転（吐出し量ゼロ）時，軸動力は，遠心ポンプで最小であり，軸流ポンプでは最大である．なお，両ポンプとも，揚程は締切運転時に最大となる． |
| ロ○ | 6.2節2)項より，歯車ポンプは，高粘度の液体を圧送するのに適しており，取扱 |

6章 高圧装置

い液の粘度が低いと吐出し量が減少する．
ハ× 6.2節2)項より，プランジャポンプの流量は回転数に比例するが，吐出し圧力には関係ない．
ニ○ 設問のとおり．表2.8参照．ポンプの形式（遠心ポンプ，軸流ポンプ，斜流ポンプ）にかかわらず，揚程は流量が増えると小さくなる．
ホ○ 設問のとおり．ポンプの流量は吐出し弁を絞ると減少する．
ヘ× 遠心ポンプの軸動力は，吐き出し量にほぼ比例する．表2.8参照．
ト○ 表2.8より，遠心ポンプでは，締切り運転（吐出し量ゼロ）時，軸動力は最小となる．
チ× 並列運転では，揚程は比例して増加とはならない．[難問]
リ○ 設問のとおり．6.2節1)項参照．
ヌ○ 設問のとおり．6.2節の注釈参照．
ル○ 設問のとおり．6.2節の注釈参照．
ヲ× 所要動力は流体の密度や動粘度により変化する．[難問]

問3 次のイ～トの貯槽，塔槽に関する記述のうち，正しいものはどれか．

イ．球形貯槽は，プロパン，ブタンなどの液化ガスを高圧で大容量貯蔵するのに適しており，使用材料として高張力鋼が広く使用されている．
ロ．二重殻式平底円筒形貯槽は基礎を高床式にするなど，地盤の凍結防止対策を考慮した設計を行う．
ハ．液化酸素を貯蔵する二重殻式円筒形貯槽は，内層と外層の間にパーライト粒を充てんし，真空によって断熱されており，内槽，外槽ともに炭素鋼が広く使用されている．
ニ．横置円筒形貯槽は，LPG，液化アンモニア，液化塩素などの貯槽として広く使用されている．
ホ．寒冷地仕様として加熱能力を強化したガス蒸発器のことを，コールドエバポレータという．
ヘ．蒸留塔でトレイや充てん物が使用される目的は，気体と液体を効率よく接触させることにある．
ト．貯槽に使用される薄肉円筒胴について，半径応力は，軸応力及び周方向応力と比べて十分に小さく，また，軸応力と周方向応力は，肉厚に正比例し，内圧と内径に反比例する．

解説

イ○ 設問のとおり．6.4節1)項参照．
ロ○ 設問のとおり．二重殻式は断熱材を施し，低温液化ガスの貯蔵などに用いられる．

- ハ☒ 内槽には低温に強いステンレス鋼，外層には炭素鋼が使用されている．6.4節3)項参照．
- ニ◯ 設問のとおり．6.4節2)項参照．
- ホ☒ コールドエバポレータは，二重殻式円筒形貯槽のことで，低温液化ガス（液化酸素，液化窒素，液化アルゴン，液化炭酸ガスなど）の貯蔵に広く用いられている．内層と外層の間にパーライト粒を充てんし，真空によって断熱されており，内槽にはステンレス鋼，外層には炭素鋼が使用されている．6.4節3)項参照．
- ヘ◯ 設問のとおり．6.3節2)項参照．
- ト☒ 5.5節より，前段は正しい．また，式(36)，(37)より，軸応力と周方向応力は，内圧と内径に正比例し，肉厚に反比例する．

問4 次のイ～への熱交換器に関する記述のうち，正しいものはどれか．

- イ．プレート式熱交換器は，1枚の平板をコイル状に巻き上げた構造のものである．
- ロ．二重殻式平底円筒形貯槽は，内槽と外槽の間には断熱材が充てんされ，保冷効果を高めた貯槽で，内槽にはアルミキルド鋼やアルミニウム合金，ニッケル鋼，ステンレス鋼，外槽には炭素鋼が使用されている．
- ハ．多管式熱交換器は，胴内に多数の伝熱管が配置されており，大容量の熱交換に使用される．一方，二重管式熱交換器は，外管内部に一本だけ内管が挿入されており，比較的小容量の熱交換に使用される．
- ニ．熱交換器の総括伝熱係数（熱貫流率）は，使用期間に応じて伝熱抵抗が増加するので，伝熱抵抗を示す汚れ係数を設計時に考慮しておく．
- ホ．高温容器の外面に施工されている断熱材から失われる単位時間当たりの熱量は，断熱材の内面と外面の温度差及び厚さに正比例する．
- ヘ．プレート式熱交換器は，波形模様を刻んだ多数のプレートを重ね合わせた構造であり，この波形は流体に渦流を起こし，伝熱を促進する効果がある．

解説

- イ☒ プレート式熱交換器は，多数のプレートを積層し，その間に高温流体と低温流体を交互に流すもの．6.5節3)項参照．
- ロ◯ 設問のとおり．6.4節4)項参照．
- ハ◯ 設問のとおり．6.5節1)，2)項参照．
- ニ◯ 設問のとおり．6.5節注釈参照．
- ホ☒ 2編8.2節1)項式(44)より，$\Phi = k \cdot A \cdot \dfrac{\Delta T}{L}$ であるから，内面と外面の温度差に比例し，厚さに反比例する．

ヘ ○ 設問のとおり．6.5 節 3) 項参照．

問5 次のイ～ルの記述のうち，圧縮機及びポンプについて正しいものはどれか．

イ．遠心圧縮機は，運動エネルギーを圧力エネルギーに転換する構造のため，吐出し圧力が自由に変えられる．
ロ．遠心圧縮機の羽根車の外径や回転数が大きいほど，吐出し圧力が高くなる．
ハ．遠心圧縮機と軸流圧縮機は，ともにターボ形圧縮機であり，大流量の気体の圧縮に適している．
ニ．遠心ポンプは，遠心力による速度エネルギーを圧力エネルギーに転換させるものである．
ホ．遠心ポンプは，吐出し量が増えると，揚程が大きくなる特性がある．
ヘ．遠心ポンプは，吐出し量がゼロのとき，軸動力は最小となる．
ト．軸流ポンプは，容積形ポンプの一つであり，羽根車を回転させることによって高揚程が得られる．
チ．往復ポンプは，シリンダ内でピストン又はプランジャが往復運動を行い，吸込み弁や吐出し弁を作動して圧送する．
リ．渦巻きポンプは，遠心ポンプの一種で，羽根車，ケーシング，軸などで構成されている．
ヌ．遠心圧縮機のヘッド及び風量は，回転数のほぼ2乗に比例する．
ル．往復ポンプの吐出し側にアキュムレータを取り付け，液の脈動による配管の振動を低減させた．

解説

イ ✕ 吐出し圧力を自由に変えることはできない．6.1 節 1) 項参照．
ロ ○ 設問のとおり．6.1 節 1) 項参照．
ハ ○ 設問のとおり．6.1 節 1) 項参照．
ニ ○ 設問のとおり．6.2 節及び表 2.8 参照．
ホ ✕ 吐出し量が増えると揚程は小さくなる．6.2 節及び表 2.8 参照．
ヘ ○ 設問のとおり．6.2 節及び表 2.8 参照．
ト ✕ 軸流ポンプは，ターボ形ポンプの一種で，低揚程である．6.2 節及び表 2.8 参照．
チ ○ 設問のとおり．6.2 節参照．
リ ○ 設問のとおり．渦巻きポンプは，遠心ポンプの一種で，案内羽根がない．なお，案内羽根があるタイプはディフューザポンプという．6.2 節参照．
ヌ ✕ 6.1 節 1) 項より，風量は回転数にほぼ比例，ヘッドは回転数の 2 乗に比例，動力は回転数の 3 乗に比例する．**難問**
ル ○ 設問のとおり．6.2 節 2) 項参照．

問6 下の図は遠心ポンプの性能曲線の例である．次のイ～ニの記述のうち，このポンプの揚程，軸動力及び効率について正しいものはどれか

イ．吐出し量が多いほど，効率が高い．
ロ．吐出し量が多いほど，揚程の減少率は大きい
ハ．効率が最大となるとき，軸動力は最小となる．
ニ．遠心ポンプの軸動力は，体積流量一定の場合に取扱い液の密度に比例する．

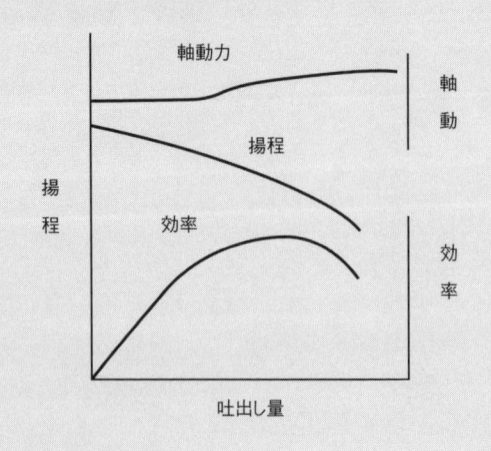

解　説

- イ✗　吐出し量が増えると効率は上昇するが，最大値となったあと再び低下する．6.2節表 2.8 参照．
- ロ◯　設問のとおり．6.2節表 2.8 参照．
- ハ✗　軸動力が最小となるのは吐出し量がゼロのとき．6.2節表 2.8 参照．
- ニ◯　6.2節表 2.8 の注釈参照．

問7 次のイ～ニの記述のうち，サージングについて正しいものはどれか．

イ．サージングが発生すると，吐出し圧力が上昇し風量がゼロ近くになってインペラが逆回転する．
ロ．サージングは，遠心式でも往復式でも発生する．
ハ．サージングは，性能曲線上で圧縮機効率が最大になる点で発生する．
ニ．サージング防止には，吐出し圧力と風量を所定範囲内に保つことが必要である．

解 説

- イ✗ 吐出し側の抵抗が大きくなると，流量及び圧力が脈動するだけでなく，配管を含む圧縮機自体も激しく振動する現象がサージングである．6.1 節 1) 項注釈参照．
- ロ✗ サージングは遠心圧縮機でのみ発生する．6.1 節 1) 項注釈参照．
- ハ✗ 圧縮機の効率は，風量が減少し，吐出し圧力が増加するサージング領域に近づくと低下する．6.1 節 1) 項注釈参照．
- ニ◯ 設問のとおり．6.1 節 1) 項注釈参照．

問 8 次のイ～ホの記述のうち，往復圧縮機について正しいものはどれか．

- イ．圧縮に要する仕事は，断熱圧縮のほうが等温圧縮よりも大きい．
- ロ．等温圧縮において，取り去るべき熱量は，圧縮のために外部から加えられた仕事に相当する熱量となる．
- ハ．ポリトロープ圧縮において，気体の圧力 p と体積 V との関係は，$pV =$ 一定というボイルの法則が成立する．
- ニ．比熱比の大きな気体を圧縮するほど，圧縮機の駆動電動機が過負荷になる可能性がある．
- ホ．往復圧縮機の軸動力は，回転数のほぼ 3 乗に比例する．

解 説

- イ◯ 設問のとおり．6.1 節参照．
- ロ◯ 設問のとおり．6.1 節参照．
- ハ✗ ポリトロープ圧縮では，等温圧縮と断熱圧縮の中間的な特性を示し，$pV^n =$ 一定となる．6.1 節参照．
- ニ◯ 2.3 節 4) 項の式 (17) より，圧縮する気体の比熱比が大きいほど，圧縮後の圧力が高くなるので，オーバーロードになりやすい．
- ホ✗ 6.1 節 1) 項，2) 項より，軸動力が回転数のほぼ 3 乗に比例するのは遠心圧縮機で，往復圧縮機やねじ圧縮機などの容積形圧縮機では軸動力は回転数にほぼ比例する．**難問**

問 9 次のイ～ヘの記述のうち，ポンプのキャビテーションについて正しいものはどれか．

- イ．キャビテーションは，ポンプの起動時だけに起こる．
- ロ．キャビテーションは，液体中にその液温の蒸気圧より圧力の低い部分が生じて，液体の蒸発又は液中に溶解しているガスにより小さな気泡を多数発生する

現象である.
ハ. キャビテーションにより発生した気泡は，生成消滅を繰り返し，騒音，振動の原因となる.
ニ. キャビテーションにより発生した気泡は，羽根車やケーシング内面のエロージョン発生の原因となる.
ホ. キャビテーションを発生させないためには，遠心ポンプの据付け条件から定まる「利用しうるNPSH」は，ポンプの性能により定まる「必要NPSH」より小さくなければならない.
ヘ. ポンプに異音が発生し，原因としてキャビテーションが考えられたので，吐出し弁を開いて流量を増やした.

解 説

- **イ×** 起動時だけでなく，通常運転時にも発生する．6.2節注釈参照.
- **ロ○** 設問のとおり．6.2節注釈参照.
- **ハ○** 設問のとおり．6.2節注釈参照.
- **ニ○** 設問のとおり．6.2節注釈参照.
- **ホ×** 6.2節注釈より，「利用しうるNPSH」は，ポンプの性能により定まる「必要NPSH」より大きくなければならない．**難問**
- **ヘ×** 吐出し弁を開くと，さらに入口圧力が低下する可能性がある．吐出し弁を絞ることが必要である.

7章 計測機器

高圧ガスの設備を安全に運転・管理するためには，装置内の各部状態を把握するための計測機器が必要となる．

7.1 温度計

1) ガラス管式温度計
封入した液体の膨張を利用する．水銀やアルコールが使用される．

2) バイメタル式温度計
2種類の異なる金属片を張り合わせ，熱膨張率の違いにより金属片の反りが変化することを利用する．-50～500℃程度．

3) 液体充満圧力式温度計
封入した液体の膨張をブルドン管に伝え，指針を動かす．

4) 熱電温度計
2種類の金属線（下記の組合せ）を接合させ，温度による熱起電力の違いを読み取る．

- T型熱電対：銅-コンスタンタン（200～300℃程度）
- K型熱電対：クロメル-アルメル（650～1 000℃程度）
- R型熱電対，S型熱電対：白金-白金ロジウム（1 400℃程度まで）

5) 抵抗温度計
金属の電気抵抗が温度上昇とともに変化することを利用する．白金，ニッケル，銅などが使用される．サーミスタとしても使用される．

6) 放射温度計
熱放射をセンサで読み取る非接触式の温度計．高温などほかの接触式の温度計が使用できない，あるいは，測定場などに影響が生ずると困る場合に便利．

7.2 圧力計

1) U字型圧力計（マノメータ）
大気圧との圧力差を液柱で読み取る．水銀や水が用いられる．液柱の差が h〔m〕であるとき，圧力差 ΔP〔Pa〕は，$\Delta P = \rho g h$〔Pa〕で表すことができる（ρ：液密度〔kg/m³〕，g：重力加速度〔m/s²〕）．

2）ブルドン管圧力計

円弧状のブルドン管に圧力を加え，変形量を読み取る．圧力計（大気圧以上），真空計（大気圧以下），連成計（大気圧以上＋大気圧以下）に使用される．

3）重錘型圧力計

重錘によって生じる油圧の伝達原理（パスカルの原理）を利用し，ブルドン管圧力計などを検定するために用いる．

4）隔膜式圧力計

ブルドン管圧力計に，金属薄板などを取り付け，流体がブルドン管に直接接触するのを防ぐ構造をもつ．腐食流体，スラリー，高粘度流体に適している．

7.3 流量計

1）差圧式流量計

管路内にオリフィスやベンチュリ管などの絞り機構を設置し，差圧を測定して，ベルヌーイの定理より流量を求める．オリフィス流量計は管内にオリフィス板（中心に穴の開いた円板）を取り付け，流れを急収縮させる．垂直配管でも使用できる．ベンチュリ管流量計は，流れをゆるやかに絞るので圧力損失が小さい．気体，蒸気，液体（スラリー状の液体も可）すべてに適している．

2）面積式流量計（ロータメータ）

上に広がるテーパ管内のフロートの高さが流量によって変化することを利用し，流れによって生じる差圧とフロートの見かけの重量（自重から浮力を引いたもの）とが釣り合う，面積式流量計である．密度が変化する流体の測定には不向き．なお，テーパ管は垂直に取り付けなければならない．

3）渦流量計

流れに垂直に設置した柱状物体により発生したカルマン渦の発生数が流速に比例する現象を利用して，流速を求める．

4）容積式流量計

一定容積の空間内に充満した液体を連続的に送り出し，その個数（回転数）により，流量を求めるため，粘度の影響が少ない．高粘度の流体に適している．オーバル形（楕円形ロータ）とルーツ形（繭形ロータ）がある．小流量から大流量まで精度よく計測できる．

5）タービン式流量計

流路内のロータの回転速度により，流量を求める．低粘度の流体に適している．

6) 電磁流量計

導電性流体の流れにともない，ファラデーの電磁誘導の法則により発生する起電力を測定する．

7) 超音波式流量計

流束変化により生ずる超音波の伝播速度の変化を利用．

※**流量計測**は，流れの状態に影響を受けやすい．流量計を取り付ける場合は，管の曲がり部，弁を含む拡大・収縮部などを避け，前後に十分な直管部を設置する．

7.4 液面計

1) ゲージグラス（ガラス液面計）

ガラス管内部の液面を目視により確認する．

- 透視式：不透明な液体，二つの液体の界面
- 反射式：透明な液体

2) 差圧式液面計

液底部にかかる圧力と蒸気部圧力を測定し，差圧により液面高さを求める．

3) ディスプレーサ式液面計

円筒状のディスプレーサを液中に入れ，浮力を測定して液面高さを求める．

4) タンクゲージ

フロートやディスプレーサを液表面に配置し，高さからタンク内の液容積を求める．フロート式液面計やワイヤドラム式液面計がある．

5) 金属管式マグネットゲージ

小型タンクなどに用いられ，測定範囲が広く，破損の心配が少ないため，高圧タンクや毒性の液にも使用される．

7.5 制御システム

設備・装置・機械などに各種計測器（温度，圧力，流量など）を取り付け，管理・制御するシステムを**計装制御システム**という．

- フィードバック制御：プロセスに生じた偏差を検出し，制御操作を行う．
- フィードフォワード制御：外乱を検出し，偏差が生ずる前に予測した制御操作を行う．
- カスケード制御：一次調節計の出力値により二次調節計の操作量を制御す

る．
- プログラム制御：操作を，プログラムを用いて自動的に行う．
- シーケンス制御：設定された操作手順を自動的に順次行う．
- 比率制御：基準となる量に所定の比率を乗じたものを追従する側の制御系の目標値とする制御．

7.6 安全計装

人為的ミスや設備・装置・機械などの故障や異常が発生した際に，システムをより危険の少ない状態に保持又は移行するために，**安全計装**を用いる．

1) フール・プルーフ

操作ミスに対する安全対策機能のこと．
- 緊急時にのみ操作するカバー付きスイッチ
- 多段階スイッチ
- 安全な操作以外では機能しない（インターロック機能）システムとする．

2) フェール・セーフ

故障・異常時に装置の安全を確保する機能のこと．

3) 冗長システム

リスクを回避し，計装の安全を確保するバックアップ機能のこと．
- バックアップ電源
- 故障停止回避のための機器の並列化

演習問題

問1 次のイ〜ヲの計測器に関する記述のうち，正しいものはどれか．

イ．抵抗温度計は，金属や半導体の電気抵抗が温度によって変化することを利用している．

ロ．重錘型圧力計は，重錘によって生じる油圧の伝達原理（パスカルの原理）を利用しており，ブルドン管圧力計の検定に用いられる．

ハ．渦流量計は，流れに挿入した柱状物体によって発生するカルマン渦に起因する圧力損失と流速の関係をベルヌーイの定理より求める．

ニ．ブルドン管圧力計は，断面がだ円形などのブルドン管に圧力を加えると管の断面が円形に近づき，管の自由端が動くことを利用している．

ホ．熱電温度計は，金属の電気抵抗が温度にほぼ比例する性質を利用している．

ヘ．ディスプレーサ式液面計は，吊り下げられた浮子（ディスプレーサ）に生じる液位による浮力の変化を利用している．

ト．バイメタル式温度計は，起電力が異なる薄い金属を張り合わせたもので，温度差にほぼ比例した起電力が発生することを利用しており，1 000℃まで計測できる．

チ．差圧式液面計は，塔槽類の底部（液相部）にかかる圧力と気相部の圧力との差が，液面の高さによって変化することを利用している．

リ．面積式流量計（ロータメータ）は，上に広がるテーパ管内のフロートの高さが流量によって変化することを利用し，流れによって生じる差圧とフロートの見かけ重量（自重から浮力を引いたもの）とが釣り合う，面積式流量計である．

ヌ．容積式流量計は，一定容積の空間内に充満した液体を連続的に送り出す構造で，流体の粘度の影響を受けやすいが，小流量から大流量まで精度よく計測できる．

ル．金属管式マグネットゲージは，金属管内のマグネット内蔵フロートの上下動によって表裏で色の異なる板を回転させ，液位を表示する．

ヲ．比重の異なる二つの液体の界面を測定するために，反射式ゲージグラスを使用した．

解 説

- **イ〇** 7.1節5）項より，抵抗温度計は，金属の電気抵抗が温度上昇とともに変化することを利用し，温度を計測する．
- **ロ〇** 7.2節3）項より，重錘型圧力計は，重錘によって生じる油圧の伝達原理（パスカルの原理）を利用し，圧力を測定する．精度が高いため，ブルドン管圧力計などを検定するために用いる．
- **ハ×** 7.3節3）項より，渦流量計は，流れに垂直に設置した柱状物体により発生したカ

ルマン渦列の発生数が流速に比例する関係を利用して，流量を求める．
　※ベルヌーイの定理を利用するのは，7.3節1)項の差圧式流量計である．

ニ○　設問のとおり．7.2節2)項参照．
ホ×　熱電温度計は，2種類の金属線を接合させ，温度による熱起電力の違いを読み取る．金属の電気抵抗が温度上昇とともに変化することを利用しているのは，抵抗温度計である．
ヘ○　設問のとおり．ディスプレーサ式液面計は，円筒状のディスプレーサを液中に入れ，浮力を測定して液面高さを求める．7.4節参照．
ト×　2種類の異なる金属片を張り合わせ，熱膨張率の違いにより金属片の反りが変化することを利用．-50～500℃が適用範囲．7.1節2)参照．
チ○　設問のとおり．7.4節2)項参照．
リ○　設問のとおり．7.3節2)項参照．
ヌ×　7.3節4)より，粘度の影響を受けにくい．
ル○　設問のとおり．7.4節5)項参照．
ヲ×　透視式ゲージグラスを使用する必要がある．7.4節1)項参照．

問2 次のイ～チの流量計や液面計の測定原理についての記述のうち，正しいものはどれか．

イ．オーバル形流量計は，2個の楕円状回転子の回転によって送り出される体積流量を測定している．

ロ．オリフィスメータは，ベルヌーイの定理を応用した差圧式流量計であり，垂直配管には使用できない．

ハ．ロータメータは，流れによって生じる差圧とフロートの見かけ重量（自重から浮力を引いたもの）とが釣り合う，面積式流量計である．

ニ．タービン式流量計は，全流量がロータ（回転体）を通り，ロータ回転数より容量を測定する容積式流量計である．

ホ．ベンチュリ管流量計は，流れのエネルギー保存則であるベルヌーイの定理を利用している．

ヘ．オリフィス流量計は，オリフィス板の下流にカルマン渦列が発生することを利用している．

ト．タンクゲージの一種であるワイヤドラム式液面計は，フロートを液表面に配置し，高さに応じたワイヤドラムの回転角からタンク内の液容積を求める．

チ．電磁流量計は，導電性流体において発生する起電力を測定することにより流量を求める．

解 説

- イ◯ 設問のとおり．オーバル形流量計は，容積式流量計の一種で楕円形ロータを有する．7.3節4)項参照．
- ロ✕ 垂直配管でも使用できる．7.3節1)項参照．差圧流量計はオリフィスメータのほかにベンチュリ管流量計もある．
- ハ◯ 設問のとおり．7.3節2)項参照．
- ニ✕ タービン式流量計は流路内のロータの回転速度により，流量を求める．7.3節5)項参照．タービン式流量計は，高粘度には不向きで，低粘度の流体に適している．
- ホ◯ 設問のとおり．7.3節1)項参照．
- ヘ✕ カルマン渦を利用するのは渦流量計である．7.3節1)，3)項参照．
- ト◯ 設問のとおり．7.4節4)項参照．
- チ◯ 設問のとおり．7.3節6)項参照．

問3 次のイ～リの計装システム及び安全計装についての記述のうち，正しいものはどれか．

- イ．フィードフォワード制御とは，プロセスに生じた目標設定値との偏差を検出し，制御操作を行う制御である．
- ロ．設備・装置・機械などに各種計測器（温度，圧力，流量など）を取り付け，目標設定値に管理・制御するシステムを計装制御システムという．
- ハ．フェール・セーフとは，設備・装置・機械などに故障，異常などが発生した場合，システムを安全確保の方向に制御する機能のことである．
- ニ．誤操作を防ぐために，緊急時のみに操作するスイッチにカバーを付けたり，二段操作式スイッチを採用したりする．
- ホ．必要な起動条件があらかじめ確保されていなければ，プラントや機器がスタートしないような計装制御システムになる．
- ヘ．分散型制御システム（DCS）は，機器が故障したときに，それに代わって切り替える機器を離れた場所に設置するシステムである．
- ト．フィードバック制御は，PID動作だけでなく，オンオフ動作であっても構成できる．
- チ．カスケード制御は，一つの調節計で二つ以上の弁を操作する制御方式である．
- リ．比率制御は，基準となる量に所定の比率を乗じたものを追従する側の制御系の目標値とする制御方式である．

解 説

- イ✕ 説明は，フィードバック制御の内容である．フィードフォワード制御は，外乱を

検出し，偏差が生ずる前に予測した制御操作を行う方式．7.5 節参照．
- ロ ○ 設問のとおり．7.5 節参照．
- ハ ○ 設問のとおり．7.6 節 2) 項参照．
- ニ ○ 設問のとおり，フール・プルーフの説明である．7.6 節 1) 項参照．
- ホ ○ 設問のとおり．このシステムをインターロックという．7.6 節 1) 項参照．
- ヘ × 機器が故障したときに，それに代わって切り替える機器を設置，あるいは機器の多重化により対応するシステムは，冗長システムである．7.6 節 3) 項参照．
- ト ○ 設問のとおり．フィードバック制御は，プロセスに生じた目標設定値との偏差を検出し，制御操作を行う制御方式で，目標値に向かう方法として，PID（比例 P，積分 I，微分 D）動作やオンオフ動作などがある．7.5 節参照．
- チ × カスケード制御は，一次調節計の出力値により二次調節計の操作量を制御する方式．7.5 節参照．
- リ ○ 設問のとおり．7.5 節参照．

問 4

1. 次の安全計装の方法イ，ロ，ハと実施例 a, b, c との組合せとして，正しいものはどれか．

   （安全計装の方法）
   - イ．フール・プルーフ
   - ロ．フェール・セーフ
   - ハ．冗長システム

   （実施例）
   - a. 電源ユニットを 2 台設置し，1 台を待機（スタンバイ）とした．
   - b. 必要な起動条件があらかじめ確保されていなければスタートしないインターロックシステムを，圧縮機に組み込んだ．
   - c. 調節弁の駆動用電源が喪失した場合，調節弁が自動的に安全側になるようにした．

2. 次の熱電対の種類イ，ロ，ハと，使用温度 a, b, c の組合せとして，正しいものはどれか．

   （熱電対の種類）
   - イ．K 型熱電対：クロメル－アルメル
   - ロ．T 型熱電対：銅－コンスタンタン
   - ハ．R 型熱電対，S 型熱電対：白金－白金ロジウム

   （使用温度）
   - a. 200 〜 300℃ 程度
   - b. 650 〜 1 000℃ 程度
   - c. 1 400℃ 程度まで．

解 説

1. 7.6 節参照. 【難問】
   イ b　ロ c　ハ a
2. 7.1 節参照.
   イ b　ロ a　ハ c

8章 流動と伝熱

8.1 管内流

1) 流速

管路内を流体が流れるとき，平均流速を u 〔m/s〕，管路の断面積を A 〔m²〕，流体の密度を ρ 〔kg/m³〕とすると，体積流量 q 〔m³/s〕及び質量流量 q_m 〔kg/s〕は

$$q = A \cdot u \tag{39}$$

$$q_m = \rho \cdot u \cdot A = q \cdot \rho \tag{40}$$

となる．

2) レイノルズ数

管路内の流体の流速を上昇させると，あるところから流れが乱れる現象が起こる．この乱れは，流速が速いほど，管路の相当直径 D 〔m〕が大きいほど，また，流体の粘度 μ 〔Pa·s〕が小さいほど，生じやすい．この流れの判別の指標となるのが，式（41）で表されるレイノルズ数と呼ばれる無次元数である．

$$Re = \frac{D \cdot u \cdot \rho}{\mu} = \frac{D \cdot u}{\nu} \tag{41}$$

ここで，ν 〔m²/s〕は動粘性係数である．

レイノルズ数 $Re < 2\,100$ では，流体はきれいな層状でながれる**層流**となり，$2\,100 \leq Re \leq 4\,000$ では**遷移流**，$Re > 4\,000$ では流体が不規則に乱れながら流れる**乱流**となる．なお，管内流において，層流の場合の平均流速は最大流速の 1/2 になり，乱流の場合の平均流速は最大流速の約 82％ となる．

3) 圧力損失

管内部を流体が流れると，摩擦による圧力損失が発生する．管内流が乱流の場合は，式（42）に示すファニングの式により，圧力損失を求めることができる．

$$\Delta P = f \cdot \frac{L}{D} \cdot \rho \cdot \frac{u^2}{2} \tag{42}$$

f：管摩擦係数，L：管長〔m〕，D：管径〔m〕，ρ：流体密度〔kg/m³〕，u：流速〔m/s〕

すなわち，管内圧力損失は，管長及び速度の2乗に比例し，管径に反比例する．

管内流が層流の場合は

$$\Delta P = 32 \cdot \mu \cdot L \cdot \frac{u}{D^2} \tag{43}$$

となり，粘性係数，管長，流速に比例し，管径の2乗に反比例する．

4) ベルヌーイの定理

流路を流体が流れるとき，ある位置Aと別の位置Bにおいて，運動エネルギー $v^2/2$，位置エネルギー gh 及び圧力エネルギー p/ρ の総和は等しい．なお，流体の圧力を**静圧**，運動エネルギーの変化により生ずる圧力変化を**動圧**という．また，静圧と動圧の和を**全圧**という．

8.2 伝 熱

1) 伝導伝熱

固体中を熱が移動する現象を伝導伝熱という．厚さ L〔m〕の壁の一方の面に垂直に伝熱速度 Φ〔W〕（単位時間当たりの移動熱量）が加わると，壁の両面の温度差 ΔT〔K〕と，面積 A〔m²〕の間には

$$\Phi = k \cdot A \cdot \frac{\Delta T}{L} \tag{44}$$

の関係が成り立つ．ここで，定数 k〔W/(m·K)〕を**熱伝導率**という．また式(44)中の $L/(k \cdot A) = R$ を**熱抵抗**という．

熱伝導率は，金属などの固体で高く，気体では小さい値となる．表2.9に主な物質の熱伝導率を示す．

表2.9 熱伝導率

物質	熱伝導率〔W/(m·K)〕
銅（固体）	398
アルミニウム（固体）	236
炭素鋼（固体）	50
18-8ステンレス鋼（固体）	15
水（液体）	0.61
ポリエチレン（樹脂：固体）	0.3
空気（気体）	0.026

2）対流伝熱

壁面から流体への伝熱を対流伝熱という．対流伝熱は

$$\Phi = h \cdot A \cdot \Delta T \tag{45}$$

で表され，定数 h〔W/(m²·K)〕を**熱伝達率**あるいは熱伝達係数という．一般的に，流れの速さ（流速）が速いほうが，熱伝達率が大きくなる．また，層流より乱流のほうが，熱伝達率が大きくなる．

- **強制対流**：ポンプや送風機など機械的な動力を用いて流体を対流させる．
- **自然対流**：温度差による流体の密度差により流体が対流する．

特に，熱交換器で代表されるように液体-固体-液体のように，いくつかの対流伝熱と伝導伝熱が組み合わさったものを**熱貫流**という．

3）放射伝熱

放射伝熱は，高温物体などから電磁波の形で放射されたエネルギーが，離れた場所のほかの物体に移動する伝熱の形態であり，個体や流体のような中間媒体を必要としないことから，真空中でも可能である．

なお，気体などの中間媒体がある場合には，その一部が中間媒体に吸収され，残りが受熱物体まで到達する．太陽から地球への伝熱も放射伝熱である．放射伝熱では，放射される単位時間，単位表面積当たりのエネルギーの値はその表面温度〔K〕の4乗に比例し，放射率 ε を用いて

$$\Phi = \varepsilon \cdot \sigma \cdot A \cdot T^4 \tag{46}$$

と表される．定数 σ〔W/(m²·K⁴)〕は，ステファン・ボルツマン定数と呼ばれる．放射での伝熱量は温度の4乗に比例することから，温度が高くなると伝熱量が急激に大きくなる．高温の炉内などでは，放射伝熱が支配的になる．

ここで，放射率 ε は，黒体では $\varepsilon = 1$ で最大となる．通常の物体では，入射された熱放射の一部は反射し，一部は透過して，残りが受熱物体に吸収される．したがって，物体の表面を磨いたり，反射性の高い塗料を塗るなどすると，放射による伝熱量を低減できる．

4）保温，保冷

保温材は，機械の効率を良くするために高温の設備や機械から外気などへの熱損失を小さくし，また，やけどや火災の危険性をなくすために使用される．保冷材は，外気やほかの設備からの熱侵入による効率低下を防ぎ，また，低温の設備や機械表面の結露などを防止するために使用される．なお，真空中は伝導伝熱や対流伝熱が生じないため，保温・保冷効果が高い（**真空断熱**）．

※加熱炉などでは，排気ガス中のすす（カーボン）が伝熱管に付着し，熱の移動が妨害されることがある．内部に水が流れる冷却管や加熱管では，水に含有する不純物が管内壁に付着して熱移動が低下する．

5）蒸 留

沸点の異なる液体の混合物を加熱し，沸点の低いほうの物質を多く含んだ蒸気を発生させ，さらにそれを冷却することにより濃度を上昇させる．

6）ガス吸収

ガスを液体に吸収させる操作．ヘンリーの法則によれば，ガスが液体に吸収される溶解度は，気相の分圧に比例する．

7）吸 着

気体や液体が個体に付着する現象．水分を吸着する乾燥材などに使用されるシリカゲルなど．

8）膜

分子の大きさの違いを利用して気液分離操作などを行う．

演 習 問 題

問1 次のイ〜ニの問いに解答せよ.

イ．内径 0.1m の鋼管内を，水が毎分 0.6m^3 で流れているときのレイノルズ数（Re）はおよそいくらか．なお Re は $D\bar{u}\rho/v$ で計算され，水の密度は 1 000kg/m^3，粘度は 0.001Pa·s とする．

ロ．圧縮空気を，内径 100mm の配管で標準状態（101.3kPa, 0℃）換算で毎時 2 700m^3 送気している．圧力 0.7MPa（絶対圧力），温度 23℃ のときの配管内の流速〔m/s〕はおよそいくらか．

ハ．絶対圧力 0.8MPa，温度 300K の圧縮空気を内径 200mm の配管で送気している．流速 10m/s のとき標準状態で 1 時間当たりの送気流量はおよそいくらか．

ニ．大気に開放された水槽の水面から深さ h = 1.5m のところにある流出口から流出する流速 v〔m/s〕はいくらか．

解 説

イ **127 300** 8.1 節 1) 項の式（39）より，流速は

$$u = \frac{q}{A} = \frac{q}{\pi d^2/4} = \frac{0.6/60}{\pi (0.1)^2/4} = 1.273 \mathrm{m/s}$$

となる．よって，式（41）より，レイノルズ数は

$$Re = \frac{D \cdot u \cdot \rho}{\mu} = \frac{0.1 \cdot 1.273 \cdot 1\,000}{0.001} = 127\,300$$

となる．

ロ **15.0m/s** 2.1 節式（1）より，

$$\frac{P_1 \cdot V_1}{T_1} = \frac{P_2 \cdot V_2}{T_2}$$

であるから，1秒当たりの送気量〔m^3/s〕は

$$V_2 = \frac{T_2}{P_2} \cdot \frac{P_1 \cdot V_1}{T_1} = \frac{(23 + 273.15)}{0.7 \times 10^3} \cdot \frac{(101.3) \cdot 2\,700/3\,600}{(0 + 273.15)} = 0.118 \mathrm{m^3/s}$$

と表せる．よって，式（39）より

$$u = \frac{q}{A} = \frac{q}{\pi d^2/4} = \frac{0.118}{\pi (0.1)^2/4} = 15.0 \mathrm{m/s}$$

となる．**難問**

ハ **8132.5m^3/h** 式（39）より

$$q = u \cdot A = u \cdot \pi d^2/4 = 10 \cdot \pi (0.2)^2/4 = 0.31416 \mathrm{m^3/s} = 1\,131 \mathrm{m^3/h}$$

となる．次に，2.1 節式（1）より

$$\frac{P_1 \cdot V_1}{T_1} = \frac{P_2 \cdot V_2}{T_2}$$

であるから

$$V_2 = \frac{T_2}{P_2} \cdot \frac{P_1 \cdot V_1}{T_1} = \frac{273.15}{0.1013} \cdot \frac{0.8 \cdot 1\,131}{300} = 8\,132.5\text{m}^3/\text{h}$$

となる.

ニ 5.4m/s 8.1節4)項より,ベルヌーイの定理では,運動エネルギー,位置エネルギー,圧力エネルギーの総和は変化しない.ここで,大気に開放されているので圧力は変化しないとし,水槽上面では運動エネルギーがゼロで,流出口では位置エネルギーがゼロであるから,$\frac{v^2}{2} = gh$ より

$$v = \sqrt{2gh} = \sqrt{2 \cdot 9.8 \cdot 1.5} = 5.4\text{m/s}$$

となる.

問2 次のイ～リの記述のうち,正しいものはどれか.

イ.すすを含んで光る火炎(輝炎)の放射エネルギーは,火炎温度(絶対温度)に正比例する.

ロ.熱放射は,途中の空間に存在する空気を熱媒体として高温個体から熱が伝わる現象である.

ハ.物体に到達した熱放射線は,受熱物体で一部は反射し一部は透過して,残りが受熱物体に吸収される.

ニ.高温の流体を取り扱う製造設備の外面を保温すると,設備の温度低下の防止が図れる.

ホ.次の三つの金属材料を熱伝導率の大きい順に並べると
　　アルミニウム＞18-8ステンレス鋼＞炭素鋼
となる.

ヘ.空気の熱伝導率は水(液体)のそれよりも大きい.

ト.冬の室内では,窓や天井付近で冷やされた空気は下に下がるとともに床面付近のストーブで暖められた空気は上に昇っていくことで室内の熱の移動が生じる.これは対流伝熱の一種である.

チ.固体表面とそれに接する流体との間の熱移動は熱伝達と呼ばれ,伝熱速度は流体の流動速度に依存しない.

リ.野外の貯槽の表面に反射性の高い塗装をすることで,太陽からの放射により受ける熱量を小さくすることができる.

解　説

- イ☒ 8.2節3)項の式(46)より,放射伝熱において,放射されるエネルギー量はその表面温度〔K〕の4乗に比例する.
- ロ☒ 放射伝熱は,熱媒体を必要としない.8.2節3)項参照.
- ハ◯ 設問のとおり.8.2節3)項参照.
- ニ◯ 設問のとおり.
- ホ☒ 表2.9より,アルミニウム>炭素鋼>18-8ステンレス鋼となる.
- ヘ☒ 表2.9より,空気の熱伝導率は水(液体)のそれよりも小さい.
- ト◯ 設問のとおり,この現象は自然対流である.8.2節2)項参照.
- チ☒ 一般的に,流速が速いほうが,伝熱速度が大きい.8.2節2)項参照.
- リ◯ 設問のとおり.8.2節3)項参照.

問3 次のイ～トの記述のうち,正しいものはどれか.

- イ.炉壁の耐火れんがを3倍の厚さにすると,この部分での熱損失量は3倍になる.
- ロ.空気,ポリエチレン,アルミニウムを熱伝導率の大きい順に並べると次のようになる.
  　　　アルミニウム>ポリエチレン>空気
- ハ.伝熱には,機構的に伝導,対流及び放射の三つがある.
- ニ.加熱炉の加熱管内に部分的にカーボンが付着すると熱の移動が妨げられ,カーボン付着部が高温となることがある.
- ホ.低温管の表面に結露するのを防ぐには,保冷材の厚さを,保冷材の外表面温度を外気の露点以上に保つ厚さにする必要がある.
- ヘ.加熱炉の耐火れんがの熱伝導率が大きくなると,壁面からの熱損失量は小さくなる.
- ト.熱交換器チューブの寸法を変えずに,材質を低炭素鋼から銅合金へ変えたため,伝熱量が低下した.

解　説

- イ☒ 式(44)より,炉壁の耐火れんがを3倍の厚さにすると,熱損失は1/3になる.
- ロ◯ 表2.9より,設問のとおり.
- ハ◯ 設問のとおり.8.2節参照.
- ニ◯ 設問の通り.8.2節4)項注釈参照.
- ホ◯ 設問のとおり.8.2節4)項参照.
- ヘ☒ 熱伝導率が大きくなると熱の伝わりがよくなるので,熱損失は大きくなる.8.2節

1) 項参照.

ト✗ 8.2節1) 項及び表2.9より，熱伝導率は低炭素鋼より銅合金のほうが大きいと考えられる．

問4 次のイ～ルの記述のうち，正しいものはどれか.

イ．円管内の乱流では，圧力損失は平均流速のほぼ2乗に比例するので，平均流速が3倍になれば，圧力損失はおよそ9倍になる．
ロ．円管内の乱流では，圧力損失は内径にほぼ比例する．
ハ．円管内の乱流では，圧力損失は直管長さにほぼ比例する．
ニ．円管内の乱流では，圧力損失は管内表面が粗いと増える．
ホ．円管内の流れについて，レイノルズ数が6000のとき，流れは層流と考えてよい．
ヘ．円管内を流れる流体の摩擦によるエネルギー損失は，乱流ではファニングの式で求められる．
ト．同一管内で流れが乱流のとき，平均流速が2倍になると圧力損失はおよそ4倍になる．
チ．レイノルズ数は，流れの状態の判別に用いられ，レイノルズ数がある値より大きくなると流れは乱流となる．
リ．レイノルズ数の単位はm^2/sである．
ヌ．流れが乱流で平均流速が一定のとき，摩擦損失は管内径に比例する．
ル．流れが層流の場合，圧力損失は平均流速に比例する．

解説

イ◯ 設問のとおり．8.1節3) 項参照．
ロ✗ 式（42）のファニングの式より，内径に反比例する．8.1節3) 項参照．
ハ◯ 設問のとおりである．8.1節3) 項参照．
ニ◯ 式（42）において，管摩擦係数fが大きくなる．
ホ✗ レイノルズ数が6000の場合は乱流となる．8.1節2) 項参照．
ヘ◯ 8.1節3) 項，式（42）参照．
ト◯ 設問のとおり，管内の乱流では圧力損失は流速の2乗に比例する．式（42）参照．
チ◯ レイノルズ数$Re < 2100$では，流体はきれいな層状でながれる**層流**となり，$2100 \leq Re \leq 4000$では**遷移流**，$Re > 4000$では流体が不規則に乱れながら流れる**乱流**となる．8.1節2) 項参照．
リ✗ レイノルズ数は式（41）で表される無次元数である．8.1節2) 項参照．
ヌ✗ 式（42）のファニングの式より，管内径に反比例する．

ル◯ 式（43）より，平均流速に比例する．

問5 　難問　次のイ〜ニの伝熱事例と，その主な伝熱形態 a 〜 d との組合せはどれか．

〈伝熱事例〉
イ．高温配管の保温材での伝熱
ロ．攪拌中の槽内の伝熱
ハ．高温炉内の加熱管への伝熱
ニ．多管式熱交換器での流体間の伝熱

〈伝熱形態〉
a．熱貫流
b．放射伝熱
c．対流伝熱
d．伝導伝熱

解説

イ d　固体内の伝熱であるから伝導伝熱である．8.2節1）項参照．
ロ c　固体壁面から流体への伝熱であるから対流伝熱である．8.2節2）項参照．
ハ b　高温においては温度の4乗に比例する放射伝熱が支配的になる．8.2節3）項参照．
ニ a　流体から壁面，そして流体への伝熱は熱貫流と呼ばれる．8.2節2）項参照．

問6　難問

一般的に，ポンプの吸込み側の配管平均流速 0.5 〜 2.0m/s，吐出し側の配管平均流速 1.0 〜 3.0m/s が経済流速とされる．毎時 28m³ の液体を輸送するポンプの吸込み側配管内径と吐出し側配管内径との組合せのうち，経済流速に適合するものはどれか．

	吸込み側配管内径〔mm〕	吐出し側配管内径〔mm〕
(1)	50	50
(2)	80	50
(3)	100	50
(4)	100	80
(5)	150	100

解説

式 (39) より，$d = 100\text{mm} = 0.1\text{m}$ の場合の平均流速を求める．

$$u = \frac{q}{A} = \frac{q}{\pi d^2/4} = \frac{28/3\,600}{\pi\,(0.1)^2/4} = 0.99\text{m/s}$$

また，$d = 80\text{mm} = 0.08\text{m}$ の場合の平均流速を求める．

$$u = \frac{q}{A} = \frac{q}{\pi d^2/4} = \frac{28/3\,600}{\pi\,(0.08)^2/4} = 1.5\text{m/s}$$

以上より，吸込み側配管内径 $= 0.1\text{m} = 100\text{mm}$，及び吐出し側配管内径 $= 0.08\text{m} = 80\text{mm}$ にすればよい．

問7 【難問】 建物の窓に2枚の板ガラスと中間間隙で構成される二重ガラスを使用することがある．次のイ～ヘの記述のうち，二重ガラスを通じた熱の移動及び断熱効果について正しいものはどれか．

イ．二重ガラスを通じた屋内と屋外との間の熱の移動は，伝導，対流，放射の組合せである．
ロ．中間間隙を完全な真空にすれば，二重ガラスを通じた熱の移動はゼロにできる．
ハ．中間間隙の空気に代えて水を封入すると，断熱効果が上がる．
ニ．中間間隙の厚さを変えずに2枚の板ガラスの厚さを厚くすると，断熱効果が上がる．
ホ．二重ガラスが一枚ガラスより断熱効果が高いのは，主に伝導と対流による熱の伝わりが小さくなることによる．
ヘ．ガラスの表面に放射率の小さいフィルムを貼ることにより，対流による熱移動が小さくなる．

解説

8.2 節参照．

- イ○ 設問のとおり．電磁波の形で屋内と屋外の直接の熱の授受を行う熱放射，及びガラスの熱伝導と中間間隙の空気とガラスの間の対流熱伝達の組合せにより熱が移動する．
- ロ× 熱放射は真空中でも伝わる．
- ハ× 水は空気より熱の伝わりがよくなるため，断熱効果は低下する．
- ニ○ 式 (44) において $L\,[\text{m}]$ が厚くなると，伝熱速度 $\Phi\,[\text{W}]$ は小さくなる．
- ホ○ 設問のとおり．
- ヘ× 放射率の小さいフィルムを貼ると放射による熱移動が小さくなる．

問8　次のイ〜チの記述のうち，流動及び伝熱について正しいものはどれか．

イ．流路の内径が1/2になると，レイノルズ数は4倍になる．
ロ．レイノルズ数が1500であれば平均流速は最大流速の50％である．
ハ．ある断面Aとある断面Bの間の管摩擦による圧力降下は，断面Aと断面Bの全圧の差に等しい．
ニ．内径が同じで，管内壁面の粗度（表面粗さ）が大きい管に取り替えると，管の下流側では静圧は上昇する．
ホ．円管内の流れが乱流の場合，管断面の流速分布における平均流速は最大流速の約50％である．
ヘ．熱伝導によって固体壁を伝わる単位時間当たりの伝熱量は，温度差を熱抵抗（伝熱抵抗）で除した式で表される．
ト．対流伝熱には，ポンプや送風機など機械的な動力を用いて流体を対流させる強制対流と温度差による流体の密度差により流体が対流する自然対流がある．
チ．熱放射率は，ガラスより銅の研磨面のほうが小さい値を示す．

解説

イ✗　内径が1/2になると，流路断面積は1/4になることから，流速が4倍になる．したがって，$Re = \dfrac{D \cdot u \cdot \rho}{\mu} = \dfrac{D \cdot u}{\nu}$ において，$D \to 1/2D$，$u \to 4u$ と入れ替えると

$$Re' = \dfrac{1/2D \cdot 4u \cdot \rho}{\mu} = \dfrac{2D \cdot u}{\nu} = 2Re$$

となり，レイノルズ数は2倍になる．

ロ◯　8.1節2）項より，管内流において，層流の場合の平均流速は最大流速の1/2になる．

ハ◯　8.1節4）項参照．

ニ✗　8.1節4）項より，運動エネルギーの変化により生ずる圧力降下（動圧）が大きくなるので，静圧は小さくなる．

ホ✗　8.1節2）項より，乱流の場合の平均流速は最大流速の約82％となる．

ヘ◯　8.2節1）項参照．

ト◯　8.2節2）項参照．

チ◯　8.2節3）項参照．研磨した金属面では熱放射率は小さくなる．

3編
保安管理技術

　保安管理技術に関する出題は，主に，圧縮機及びポンプ，高圧設備，保安・防災，運転・設備管理の4分野から行われている．出題内容としては，同分野の高圧設備や装置の一般的な取扱いや危険回避の方法，保安や防災のための運転や設備・装置管理の他に，2編の学識の内容を取り入れた複合問題も数多くみられる．

1章 圧縮機及びポンプ

※圧縮機及びポンプの特性については 2 編 6.1 節，6.2 節参照．

1.1 圧縮機

1) ターボ圧縮機

ターボ圧縮機には遠心圧縮機や軸流圧縮機がある．大流量に適している．
遠心圧縮機の容量調整は，以下のように行う．

① **バイパスコントロール**：吐出し管路の途中にバイパスを設置し，一部を吸込み側に戻すか，大気に放出する．
- 吸込み側に戻す場合，吸込み温度が上昇する恐れがあるので冷却器が必要．
- バイパスコントロールでは，電動機の動力は低下しない．

② **吐出し絞り**：吐出し管に絞り弁を設置し，開度により流量を調整する．吐出し圧力は上昇する．

③ **吸込み絞り**：吸込み管に絞り弁を設置し，開度により流量を調整する．圧縮機の吸込み圧力，密度が低下し，その結果，流量や吐出し圧力が低下する．
- 遠心圧縮機では，絞り弁などにより吐出し側の抵抗が増加すると，流量が減少し圧力変動など不安定な状態になる．これを**サージング**という．

④ **ベーンコントロール**：羽根車の入口側に設置した案内羽の角度を調整することにより，吐出し流量を調整する．

⑤ **速度制御**：羽根車を駆動する電動機の回転数を変化させる．回転数を低下させると軸動力が低下する．

⑥ **危険速度**：固有振動数付近での連続運転を避ける．危険速度は速やかに通り過ぎるようにする．

2) 容積形圧縮機

往復圧縮機やねじ圧縮機がある．高い圧力を得たい場合に適している．
往復圧縮機の容量調整は以下のように行う．

① **バイパスコントロール**：吐出し管路の途中にバイパスを設置し，一部を吸込み側に戻すか，大気に放出する．

② **クリアランス弁**：シリンダに設置したクリアランスボックスの弁の開閉により隙間容積を変化させ流量調整をする．

③ 吸込み弁アンローダ：弁板の開度調整をし，吸い込んだガスの一部を逆流させる．
④ 速度制御：ピストンを駆動する電動機の回転数を変化させる．
※容積形圧縮機では，吐出し弁を絞ってもあまり効果はない．
⑤ 起動時には，吐出し弁やバイパス弁は開放しておく．全閉にして起動すると吐出し圧力が上昇し，故障・破損の原因となる．

🖉 さらに高い圧力を得るために多段化する場合は，中間冷却などを行わないと，吐出し温度が上昇しすぎることがある．

3）可燃性ガス圧縮機周辺の管理

可燃性ガスを圧縮する場合には，通常の適正管理以外に，爆発の危険についても考慮する必要がある．**労働安全衛生規則第 261 条**では，事業者は，引火性の物の蒸気，可燃性ガス又は可燃性の粉じんが存在して爆発又は火災が生ずるおそれのある場所については，当該蒸気，ガス又は粉じんによる爆発又は火災を防止するための措置を講じなければならないと定められている．また，**労働安全衛生規則第 280 条**では，業者は，労働安全衛生規則**第 261 条**の措置を講じても，引火性の物の蒸気又は可燃性ガスが爆発の危険のある濃度に達するおそれのある箇所において電気機械器具を使用するときは，当該蒸気又はガスに対しその種類及び爆発の危険のある濃度に達するおそれに応じた防爆性能を有する防爆構造電気機械器具でなければ，使用してはならないと定められている．これを受けて，**電気機械器具防爆構造規格第 1 条**では，次のように規定している．

① 特別危険箇所：連続し，長時間にわたり，又は頻繁に，ガス又は蒸気が爆発の危険のある濃度に達するもの．
② 第一類危険箇所：通常の状態において，特別危険箇所及び第二類危険箇所に該当しないもの．
③ 第二類危険箇所：通常の状態において，ガス又は蒸気が爆発の危険のある濃度に達するおそれが少なく，又は達している時間が短いもの．

表 3.1 可燃性ガス圧縮機周辺の危険個所

分　類	危険個所
第一類危険箇所	・圧縮機軸封装置からの漏えいガスの放出先周辺 ・密閉構造の圧縮機室等 　※通常の使用条件下でガスが放出，滞留する箇所等
第二類危険箇所	・圧縮機室外側 　※故障・破損等で爆発性ガスが漏出する可能性がある箇所等

1.2 ポンプ

ポンプを安全に運転するためには，キャビテーションや水撃（ウォータハンマ）などに注意しなければならない．

1) キャビテーション

液体中にその温度の蒸気圧より低い箇所が発生する現象で，吸込み側の配管などに生じやすい．キャビテーションが発生すると羽根車やケーシング内面にエロージョンが発生する．キャビテーション防止には，吸込み圧力を上昇させると有効である．以下に具体的な対策を示す．

- ポンプを低い位置に設置する．
- 吸込み貯槽の液面を上げる．
- ポンプの回転数を下げる．
- 吸込み配管の口径を大きくする．

2) 水撃（ウォータハンマ）

ポンプが急停止したり，吐出し弁などを急激に閉じたりすると，配管内の液体の圧力が急上昇する現象で，次のような対策を行う．

- 吐出し管を太くする．
- ポンプのフライホイール効果を大きくし，原動機停止時にポンプが急停止しないようにする．
- 空気弁，サージタンクなど，吐出し側に緩衝装置を設置する．
- 吐出し配管に自動圧力調整弁を設置する．

3) ポンプの種類

① **ターボ形ポンプ**：遠心ポンプ，軸流ポンプ，斜流ポンプがある．

遠心ポンプなどの運転時の注意事項は以下のとおり．

- 軸封部の潤滑を確保する．
- 過負荷防止のため，吸込み弁を全開し，吐出し弁を全閉にして，ポンプを起動する．
- 起動後は圧力計を見ながら，吐出し弁を徐々に開く．
  ※吐出し弁の全閉状態は長時間行わない．
- 停止時は吐出し弁を徐々に閉じる．

② **容積ポンプ**：往復ポンプ（プランジャポンプ），歯車ポンプなどがある．

往復ポンプなどの運転時の注意事項は次のとおり．

- 潤滑油を確保する．
- 吸込み弁を開いた後，吐出し弁を開く．
- 停止前には，吸込み弁，吐出し弁を全開にする．
  ※停止時には，まず電動機を止め，吐出し弁，吸込み弁の順に閉鎖する．
- 軸封部のグランドパッキンからのある程度の漏れは許容されているので，パッキン押さえに対する過度の締付けをしない．

※焼付きに注意する．

なお，往復ポンプでは脈動が発生するおそれがあるので吐出し管に**アキュムレータ**を設置するほうがよい．

1.3 軸封装置

1) 往復圧縮機

主にロッドパッキンが使用される．精密に仕上げたロッドパッキンを使用するクランプタイプと，ロッドパッキンを三分割し外周からスプリングで締め付けるセグメントタイプがある．給油式軸封装置のパッキンには，ホワイトメタルや銅合金が使用される．無給油式には，カーボンやテフロンが使用される．支燃性ガスの場合，主に無給油式が用いられる．

2) 遠心圧縮機

非接触式で複雑な流路をもつラビリンスシール，カーボンシール，摺動面に二つのリングを密着させシールするメカニカルシール，油膜により漏れを防ぐオイルフィルムシール，ドライガスシールなどが使用される．

3) 往復ポンプ

主にグランドパッキンが使用される．発熱防止のため締め付け過ぎに注意する．

4) 遠心ポンプ

グランドパッキン，メカニカルシールなどが使用される．

1.4 漏えい防止

1) 静的機器

熱交換器，塔，槽，配管，バルブなどの接続部においては，フランジ構造とし，ガスケットをはさみ，ボルトなどで固定する．締付けの際には，上下左右を順番に締め付ける相対締付け法を用いる．

- 常温・低圧：マシンボルト
- 高温・高圧：高張力のクロムモリブデン鋼の両ねじボルト（スタッドボルト）

① **熱交換器，塔，槽，配管**：低圧の場合はジョイントシートなど，中圧の場合はメタルジャケットガスケットなど，高温・高圧の場合は渦巻き形ガスケット，金属リングガスケットなどが用いられる．なお，水素，毒性ガスを扱う配管のフランジ継手のガスケットには，渦巻き形ガスケット，膨張黒鉛シートガスケットが使用できる．

② **バルブ**：ボディ部にはメタルジャケットガスケット，グランド部にはグランドパッキンが用いられる．<u>工事などの縁切り作業時には，バルブの遮断のほかに継手部に仕切り板を挿入する</u>．

2）動的機器

1.3 節参照．

3）ピンホールなどからの漏えい

容器に生じた小さい穴（ピンホール）などから流体が漏えいする場合，容器内外の圧力差が大きいほど，流体の密度や粘性係数が小さいほど漏れ量が多くなる．

1章 圧縮機及びポンプ

演習問題

問1 次のイ〜ニに解答せよ.

イ．次の (1) 〜 (4) のガス圧縮機の吐出し量を下げる操作のうち，正しいものはどれか.
(1) 遠心圧縮機の吸込み弁を絞った.
(2) 遠心圧縮機の吐出し弁を開き，吐出し圧力を下げた.
(3) 往復圧縮機本体の吸込み弁をアンロードした.
(4) ねじ圧縮機の吐出し弁を絞った.

ロ．次の (1) 〜 (3) の操作のうち，遠心圧縮機の低負荷時のサージング防止，及び省エネルギー対策にともに有効なものはどれか.
(1) バイパス弁を開く.
(2) 羽根車入り目部の案内羽根（インレットガイドベーン）を操作（ベーンコントロール）し，風量を下げる.
(3) 回転数を下げる.
(4) 吐出し弁を絞り，風量を下げる.

ハ．次の (1) 〜 (3) の往復圧縮機の取扱いについての記述のうち，正しいものはどれか.
(1) 吐出しガスの出口弁及びバイパス弁を全閉して圧縮機の起動を行った.
(2) 運転中，シリンダ注油量が最大になるようにしている.
(3) 2段吐出し圧力が異常上昇したとき運転を停止し，3段吸入弁及び3段吐出し弁を分解点検した.

ニ．次の (1) 〜 (3) の記述のうち，遠心圧縮機の流量調節などについて正しいものはどれか.
(1) 回転数制御は低負荷時の軸動力が最小となる.
(2) 吐出し弁調節のほうが吸入弁調節よりも低負荷時の軸動力が増えるが，一般に外気の吸込みを避けるときに用いられる.
(3) 流量が定格を超えると，サージングが起こりやすくなる.

解 説

イ．
[(1)]○ 吸込み弁を絞ることにより，圧縮機の吸込み圧力，密度が低下し，その結果，流量や吐出し圧力が低下する．1.1節1) 項参照.
[(2)]× 吐出し弁を開くと吐出し圧力は低下するが，流量は増加する．吐出し量を下げるには吐出し弁を絞る必要がある．1.1節1) 項参照.
[(3)]○ 吸込み弁をアンロードすると，吸い込んだガスの一部が逆流するので，流量は

低下する．1.1節2)項参照．

- [(4)X] 容積形圧縮機であるねじ圧縮機の吐出し弁を絞っても，効果は小さい．バイパスコントロールや速度制御で流量を調整する．1.1節2)項参照．

ロ．

1.1節2)項参照．省エネルギーのためには，入力すなわち圧縮機の動力を低下させる必要がある．圧縮機の動力を低減させるためには吸込み流量を低下させなければならない．

- [(1)X] バイパス弁を開いて流量を低下させても圧縮機の動力は低下しない．
- [(2)O] ベーン開度を絞ると吸込み流量が低下するので，圧縮機の動力が低下する．
- [(3)O] 回転数を下げると吸込み流量が低下するので，圧縮機の動力が低下する．
- [(4)X] 吐出し弁を絞ると抵抗が大きくなる．

ハ．

- [(1)X] 吐出しガスの出口弁を全閉にして圧縮機を起動すると，圧力の上昇や過負荷になる．出口弁を全開にし，起動する必要がある．
- [(2)X] 注油量は適量にしなければならない．
- [(3)O] 3段吸入弁及び3段吐出し弁の異常は，2段吐出し圧力の異常上昇の原因となる．[難問]

ニ．

1.1節1)項参照

- [(1)O] 設問のとおり．
- [(2)O] 設問のとおり．
- [(3)X] サージングは流量の減少により発生する．

問2 次のイ，ロ，ハの記述のうち，可燃性ガス圧縮機周辺における電気設備設置箇所の危険箇所区分の選定について正しいものはどれか．

イ．圧縮機軸封装置からの漏えいガス放出先周辺を第一類危険箇所とした．
ロ．密閉構造の圧縮機室の内部を第二類危険箇所とした．
ハ．圧縮機室外側で機器の故障・破損などによって，爆発性ガスが漏出する可能性がある場所を第二類危険箇所とした．

解説

- [イO] 設問のとおり．1.1節3)項表3.1参照．
- [ロX] 密閉構造の圧縮機室は第一類危険個所となる．1.1節3)項表3.1参照．
- [ハO] 設問のとおり．1.1節3)項表3.1参照．

1章 圧縮機及びポンプ

問3 次のイ～ニの記述のうち，圧縮機の運転について適切なものはどれか．

イ．遠心圧縮機の吐出し量を調整するために，ベーンコントロールを行った．
ロ．遠心圧縮機の低負荷時の所要動力を抑えるために，バイパスコントロールを行った．
ハ．往復圧縮機の起動は，各段の吐出しガスの出口弁及びバイパス弁を全閉にして行った．
ニ．往復圧縮機の容量を調整するために，シリンダに設けたクリアランスボックスの弁の開閉を行った．

解 説

- イ◯ 設問のとおり．1.1節1）参照．
- ロ✕ バイパスコントロールでは吐出し流量が変化しないので，動力削減にはならない．1.1節1）項参照．
- ハ✕ 往復圧縮機の起動時には出口弁やバイパス弁は全開にしておく．1.1節2）項参照．
- ニ◯ 設問のとおり．1.1節2）項参照．

問4 次のイ，ロ，ハの記述のうち，往復圧縮機の軸封装置について正しいものはどれか．

イ．軸封装置には，ロッドパッキンを三つ割にして使用するセグメントタイプがある．
ロ．給油式水素圧縮機の軸封部のパッキン材質として銅を使用した．
ハ．無給油式空気圧縮機の軸封部のパッキン摩耗防止のため，軸封部に注油した．

解 説

- イ◯ 設問のとおり．1.3節1）項参照．
- ロ◯ 設問のとおり．1.3節1）項参照．
- ハ✕ 空気など支燃性の圧縮機では注油はしない．1.3節1）項参照．

問5 **難問** 次の圧縮機の形式イ，ロ，ハ，圧縮機の使用目的A，B，C及び軸封方式a，b，cの組合せとして，正しいものはどれか．

（圧縮機の形式）
イ．遠心圧縮機

ロ．無給油式往復圧縮機
ハ．給油式往復圧縮機
（圧縮機の使用目的）
A．単段で高い圧力を得たい場合
B．大流量で高い圧力を得たい場合
C．潤滑油の混入が許容される場合
（軸封方式）
a．ロッドパッキン（銅合金）
b．ロッドパッキン（カーボン）
c．ラビリンスシール

解　説

解答のポイントとしては，以下の事項が挙げられる．
・遠心圧縮機は大流量に適している．
・往復圧縮機は高圧力に適している．
・無給油式の軸封にはカーボンを用いる．

イ　B-c　　ロ　A-b　　ハ　C-a

問6　次のイ，ロ，ハに解答せよ．

イ．次の（1）～（5）の遠心ポンプのキャビテーション防止処置についての記述のうち，有効なものはどれか．
（1）吸込み貯槽の液面を上げた．
（2）ポンプの回転数を下げた．
（3）吸込み配管にアキュムレータを設けた．
（4）吐出し配管の口径を大きくし，吐出し圧力を下げた．
（5）低温液化ガスの吸込み配管の断熱（保冷）を強化する．

ロ．次の（1）～（6）のポンプの取扱いについての記述のうち，正しいものはどれか．
（1）吸込み弁を全開し，吐出し弁を全閉にして，遠心ポンプを起動した．
（2）キャビテーションが発生したとき，遠心ポンプの回転数を下げた．
（3）水撃作用の発生を防止するために，送液配管の手動遮断弁を速やかに全閉にした．
（4）軸封のグランドパッキンにより液漏れがしていたので，増締めを強く行い，漏れを完全に止めた．
（5）プランジャポンプの脈動を押さえるため，吐出し配管にアキュムレータを設けた．

(6) 往復ポンプの吐出し弁を全閉した後，原動機を停止した．
ハ．次の (1) ～ (3) の遠心ポンプのキャビテーションについての記述のうち，正しいものはどれか．
　(1) キャビテーションはポンプの吐出し側で発生し，異音，震動が生じる．
　(2) キャビテーションを防止するために，ポンプ吸入流量を下げた．
　(3) キャビテーションが生じた状態で長時間運転を続けると，羽根車にエロージョンが生じる．

解　説

イ．1.2 節参照．
[(1) ○] 液面を上げると吸入圧力が上昇する．
[(2) ○] 回転数を下げると吸入圧力が上昇する．
[(3) ×] アキュムレータは吸入圧力に影響しない．
[(4) ×] 吐出し配管の口径を大きくしても吸入圧力に影響しない．
[(5) ○] 保冷により吸込み側でガス化しにくくなる．
ロ．1.2 節参照．**難問**
[(1) ○] 起動時のポンプの過負荷防止に有効である．
[(2) ○] 吸入圧力が上昇するのでキャビテーション防止になる．
[(3) ×] 送液配管の手動遮断弁を急激に全閉にすると，水撃が発生するおそれが増す．
[(4) ×] 強く締め付けると焼きつきなどのおそれがある．グランドパッキンによるシールは少量の漏れを許容している．
[(5) ○] 設問のとおり．
[(6) ×] 往復ポンプでは，吐出し弁を全開にした後，原動機を停止すること．
ハ．1.2 節参照．
[(1) ×] キャビテーションは吸込み側で発生しやすい．
[(2) ○] 設問のとおり．回転数を下げるなどにより吸入流量を下げるとよい．
[(3) ○] 設問のとおり．

問7　次のイ～への記述のうち，漏えい防止について正しいものはどれか．

イ．バルブの弁座漏れを皆無にできないことから，工事などの縁切りでは，継手部に仕切り板を挿入する．
ロ．フランジボルトの締付けにおいて，1 本ずつ 1 回で所定のトルクまでトルクレンチで締め付ける．
ハ．高温高圧の流体が流れる配管に設けられたフランジに，マシンボルトを用いる．
ニ．振動の発生する場所のフランジのボルト・ナットは，装置の運転中に目視，聴

診，触診などにより，ゆるみの有無を点検する．
ホ．配管のピンホールの径が同じであれば流体の漏れ量は，内部圧力が高いほど，流体の密度が大きいほど，粘度が大きいほど多くなる．
ヘ．マンホールなどの大口径フランジのひずみは，ボルト締付けにより修正されるため，ひずみの大きさを考慮する必要はない

解 説

- イ○ 設問のとおり．1.4節1)項参照．
- ロ× 相対締付け法を用いること．1.4節1)項参照．
- ハ× 高張力のクロムモリブデン鋼の両ねじボルト（スタッドボルト）を用いる．1.4節1)項参照．
- ニ○ 設問のとおり．1.4節1)項参照．
- ホ× 漏れ量は，内部圧力が高いほど，密度が小さいほど，粘度（レイノルズ数）が小さいほど多くなる．1.4節3)項参照．
- ヘ× 大口径のフランジのひずみをボルトにより締め付けても修正はできない．

2章 高圧設備

2.1 管・継手

1) 管

内部に流れる流体の種類や状態（流速，圧力，流動様式，圧力損失など）を考慮して選定する．JIS では，呼び径 A（mm 単位）と呼び径 B（インチ単位）がある．

- JIS では，管の「呼び径」ごとに外径が決められており，「スケジュール番号」に対応して肉厚が決められている．スケジュール番号が大きいほど管の肉厚が厚くなる．
- コールドスプリングは，配管組立て時に故意に熱変位方向とは逆向きの変形を配管系に与えておき，運転温度に達したときの変位を軽減させる熱伸縮対策の一つである．

2) 継 手

① **溶接式**：管と溶接して使用する．エルボ，ティー，レデューサ，キャップなどがある．
② **フランジ式**：ガスケットをはさみ，ボルトとナットで締め付ける．
- ガスケット面：低圧には平面座，中・高圧の可燃性・毒性ガスにははめ込みやみぞ式を用いる．
- 配管との接合：通常は差込み式，高温配管（300℃以上）には突合せ溶接式を使用する．

2.2 バルブ（弁）

1) 仕切弁（ゲートバルブ）

弁内部で流路が直線的である．全開時の圧力損失が小さい．大口径でもシートの機密性に優れている．

2) 玉形弁（グローブバルブ）

弁内部で流れの向きが変化する．全開時の圧力損失が仕切弁（ゲートバルブ）より大きい．締切りに要する力が大きい．

① ストレートタイプ：入口と出口が直線的．

② アングルタイプ：入口と出口が直角．ストレートタイプに比べ圧力損失が小さい．

③ ニードルタイプ：弁体がニードル状．流量の微調整が可能．

3）ボール弁

流路に合わせた穴が開いたボールを流れに直角に回転させ開閉する構造．急速な開閉に適している．全開時の圧力損失がほかのどの弁よりも小さい．

4）プラグ弁

流路に合わせた穴が開いたプラグを流れに直角に回転させ開閉する構造で，ボディとディスクの間の空洞部が少ない．ボールバルブとほぼ同様の使用用途．高粘度流体に適している．

5）バタフライ弁

円板状の弁を流れに直角に回転させ開閉する構造．面間寸法が最も小さく，軽量．

2.3 ガスケット・パッキン

1）ガスケット

静止接合面に用いる．

① 材　質：低圧にはジョイントシート，中・高圧には渦巻き形ガスケットを用いる．水素や毒性ガスでは低圧でも渦巻き形ガスケットを用いる．高温用には金属ガスケットを用いる．酸素配管には，油練りグラスファイトペーストを塗布したガスケットなどを使用してはならない．

② 分　類

- 非金属ガスケット：やわらかく，シール締付け圧力を低く設定することができる．常温・低圧の条件で一般配管などに幅広く使用されている．ゴムガスケット，合成樹脂ガスケット，ジョイントシートガスケットなどがある．ジョイントシートは比較的耐薬品性がよいが，浸透漏れを起こすことがある．
- 金属ガスケット：高温・高圧条件で用いられる．耐食性用にはステンレス鋼，チタン，モネル鋼などがある．馴染み性に優れた銅，アルミニウム，純鉄，軟鋼などがある．
- 組合せガスケット：金属材料と非金属材料の組合せ．渦巻き形ガスケットは，金属製の薄板と非金属材料のテープを交互に渦巻き状に巻いたもの．

シール性能がよく，熱サイクル負荷時の応力変化に対応可能．また，一般配管から高温・高圧，極低温まで使用可能．メタルジャケットガスケットは，非金属材料の中芯材を金属薄板で被覆したもの．シール性能は渦巻き形ガスケットに劣るものの耐熱性に優れている．

③ 塔，槽，熱交換器，配管用
- 低圧：ジョイントシートガスケット
- 中圧：メタルジャケットガスケット
- 高圧：渦巻き形ガスケット，金属リングガスケット

金属リングガスケットは，高温増締め（**ホットボルティング**）を行う必要がある．

④ バルブ用
- ボディーフランジ：メタルジャケットガスケット
- グランド部：グランドパッキン

ガスケットを挿入したフランジなどをボルトにより締め付ける場合，片締めにならないように，左右対称になるように締め付けていく．なお，使用するボルトは，用途に合わせて下記のものを用いる．
- 常温・低圧用：炭素鋼ボルト（マシンボルト）
- 高温・高圧用：両ねじクロムモリブデン鋼

ボルトの締付け方法には，スパナなど人力での手締め，トルクレンチを用いるトルク法，ナットの回転量を測定するナット回転法，ボルトテンショナを使用するテンション法などがある．著しく錆びているボルトに対してはトルク法では均一なトルクを得られない場合がある．

2) パッキン

動的な摺動部に用いる．分類は以下のとおり．

① 往復圧縮機の軸封

ロッドパッキンを組み込む．精密仕上げにより漏れを防ぐクランプタイプとスプリングで押さえるセグメントタイプがある．材質はホワイトメタルや銅合金を使用．無給油式ではカーボンやテフロンが用いられる．

② 遠心圧縮機の軸封
- ラビリンスシール：すきま部を複雑な流路にして漏れを防ぐ非接触式．ラビリンス材は耐食性があり，銅合金などの軟らかい金属を用いる．圧縮性のない液体には適さない．

- カーボンシール：軽量で耐薬品性，自己潤滑性がある．
- メカニカルシール：摺動面に端面接触させることにより漏れを防ぐ．安定した密封性があることから，可燃性，毒性流体にも使用される．
- オイルフィルムシール：二つのフロートリング間に高圧のオイルを供給し，油膜により漏れを防ぐ．水素，アンモニアなど漏れに対する制約が厳しいガス用．
- ドライガスシール：回転により生ずる動圧により非接触で漏れを防ぐ．
- インジェクションシール：ラビリンスの途中に不活性ガスを吹き込む．

③ 往復ポンプの軸封

グランドパッキンが用いられる．

④ 遠心ポンプの軸封

グランドパッキン，メカニカルシールが用いられる．

※グランドパッキンは，スタフィンボックスと呼ばれる軸封部にパッキン材を詰め，グランド押さえで締め付けるため，若干の漏れを生ずる．締め付け過ぎると摩擦が大きくなり，発熱する場合もある．

2.4 安全弁等

1) 安全弁

装置内の圧力が許容値を超えた場合に，作動開始（吹始め）し，装置内の圧力が低下すれば作動終了（吹止まり）する安全装置である．設定圧力は調整ボルトにて行うことが可能である．設定された調整ボルトは装置の動作中は触れない．安全弁を配管に設置するときは，異物混入を防ぐために配管上部から安全弁の入口配管を取り出す．なお，安全弁では作動開始（吹始め）圧力と作動終了（吹止まり）圧力は異なる．

- 開放型：安全弁の出口以外からも吹き出す．
- 密閉型：安全弁の出口のみ（可燃性，毒性ガスに適している）．

2) 破裂板

装置内の圧力が許容値を超えた場合に破裂することにより，装置内の圧力を大気圧まで低下させる．安全弁と比較して，短時間で装置内の圧力が低下する．圧力が低下しても装置内のガスを放出し続けるので，放出管の先端の安全確保が必要となる．構造が単純で，高粘性，腐食性などの流体にも適している．

3）逃し弁

ポンプや液体配管に設置され，液体の圧力上昇を防止する．設定圧力以上で動作し，所定の圧力より低下した場合は閉じる．仕組みは安全弁とほぼ同様．

4）溶　栓

規定以上の温度になると溶解して内部の流体を排出し，装置の破壊を防止する．

5）真空安全弁

低温の液化ガスの貯槽などでは，内部圧力が大気圧以下になると貯槽がつぶれる可能性があるため，真空安全弁により圧力調整する．

　※安全弁など上記の安全装置は，装置に近接した配管上部に弁軸を垂直方向にして設置しなければならない．また，減圧弁の上流と下流，多段式往復圧縮機の各段の圧力区分ごとに設置しなければならない．

　※使用する弁の選定に関しては，最も過酷な状況を想定して，吹出し量を決定し必要口径を計算しなければならない．液化ガスの貯槽の場合は，液化ガスの蒸発量以上であること．

演習問題

問1 次のイ〜ヌのバルブに対する記述のうち，正しいものはどれか．

イ．バタフライバルブは，ボールバルブと比較して，全開時の圧力損失は小さい．
ロ．アングルタイプのグローブバルブは，ストレートタイプのグローブバルブと比較して，全開時の圧力損失は小さい．
ハ．ゲートバルブはグローブバルブと比較して，全開時の圧力損失は小さい．
ニ．ゲートバルブは，大口径でもシートの機密性に優れている．
ホ．高圧ガス配管には，ねずみ鋳鉄製バルブが多く使用されている．
ヘ．ボールバルブは，急速な遮断又は完全閉止が必要な場合に適しており，全開時の圧力損失は同一口径のほかの種類のバルブに比べて小さい．
ト．ボールバルブは，バタフライバルブと比較して，面間寸法が小さく，重量も軽い．
チ．プラグバルブは，ボディとディスクの間の空洞部が少なく，高粘度流体に適している．
リ．ニードルタイプの玉形弁は，流量の微調整ができない．
ヌ．仕切弁は，全開時の圧力損失が玉形弁に比べて小さい

解説

- イ× 一般的に，全開時においては，ほかのどのバルブよりもボールバルブの圧力損失は小さい．2.2節3）項参照．
- ロ○ 設問のとおり．2.2節2）項参照．
- ハ○ 設問のとおり．ゲートバルブでは流路が直線的であるため，弁内部で流れの向きが変わるグローブバルブより全開時の圧力損失が小さい．2.2節1）項参照．
- ニ○ 設問のとおり．2.2節1）項参照．
- ホ× ねずみ鋳鉄は高圧ガス設備用としては制約がある．2編5.2節3）項参照．
- ヘ○ 設問のとおり．2.2節3）項参照．
- ト× バタフライバルブの面間寸法が最小さく，軽量である．2.2節5）項参照．
- チ○ 設問のとおり．2.2節4）項参照．
- リ× ニードルバルブは流量の微調整ができる．2.2節2）項参照．
- ヌ○ 設問のとおり．2.2節1）項参照．

問2 次のイ〜ヘのガスケット，パッキンなどの記述のうち，正しいものはどれか．

イ．使用圧力6MPaの高圧ガス配管に，ノンアスベストのジョイントシートを使用した．

ロ．高圧配管の平面座（レイズドフェース）フランジに，内外輪付き渦巻き形ガスケットを使用した．
ハ．高温高圧配管フランジの締付けに，スタッドボルトに代えて六角頭付きボルト（マシンボルト）を使用した．
ニ．メタルガスケットを使用した高温配管に，昇温後ホットボルティングを行った．
ホ．水素，毒性ガスを扱う配管のフランジ継手のガスケットには，渦巻き形ガスケット，膨張黒鉛シートガスケットが使用できる．
ヘ．フランジボルトは適正なトルクで均一に締める．

解 説

2.3 節 1) 項参照．
- イ✕ 高圧配管などには，渦巻き形ガスケット，金属リングガスケットが用いられる．
- ロ◯ 設問のとおり．
- ハ✕ マシンボルトは常温・低圧用である．高温・高圧用には両ねじクロムモリブデン鋼を用いる．
- ニ◯ 設問のとおり．
- ホ◯ 設問のとおり．
- ヘ◯ 設問のとおり．

問3 次のイ，ロ，ハのジョイントシートガスケットについての記述のうち，正しいものはどれか．

イ．比較的耐薬品性がよいが，浸透漏れを起こすことがある．
ロ．高圧用には，厚さが厚いガスケットが適している．
ハ．酸素配管に，油練りグラスファイトペーストを塗布したガスケットを使用した．

解 説

2.3 節 1) 項参照．
- イ◯ 設問のとおり．
- ロ✕ 高圧用には，渦巻き形ガスケット，金属リングガスケットを用いる．ジョイントシートは低圧用である．
- ハ✕ 酸素配管には，油分を含んだガスケット（油練りグラスファイトペーストを塗布したガスケットなど）を使用してはならない．

| 問4 | 次のイ～への圧縮機の軸封装置などについての記述のうち，正しいものはどれか．|

イ．往復圧縮機には，ホワイトメタルやカーボンなどでできたピストンロッドパッキンが用いられる．
ロ．遠心圧縮機に用いられるラビリンスシールは非接触式であり，ラビリンス材として硬い金属が用いられる．
ハ．アンモニアガス用途などの大型遠心圧縮機では，フロートリング間に微量のシール油を流すオイルフィルムシールが用いられる．
ニ．ラビリンスシールは，圧縮性のない液体に適している．
ホ．ドライガスシールは接触タイプであるため，運転中のシール面の摩耗が発生しやすく，若干のガス漏えいが生じる．
ヘ．インジェクションシールは，ラビリンスの途中に不活性ガスを吹き込む方法である．

解　説

2.3節 2) 項参照．
- イ○　設問のとおり．
- ロ×　ラビリンス材は軟らかい金属が用いられる．
- ハ○　設問のとおり．
- ニ×　ラビリンスシールは，圧縮性のない液体には適さない．
- ホ×　ドライガスシールは非接触である．後段は正しい．
- ヘ○　設問のとおり．

| 問5 | 次のイ～ニの高圧装置フランジの締付け管理についての記述のうち，正しいものはどれか．|

イ．相対締付け法により，上下，左右対称に順に締め付けた．
ロ．ねじ部が著しく錆びていたが，トルクレンチを使用し，各ボルトの締付けトルクが均一になるよう締め付けた．
ハ．金属リングガスケットを使用した高温配管の昇温時に，フランジの増締め（ホットボルティング）を行った．
ニ．高圧反応塔のマンホールフランジを均一に締め付けるために，ボルトテンショナを使用した．

解説

2.3 節 1) 項参照.
- イ ○ 設問のとおり.
- ロ × ボルトが錆びている場合,均一なトルクが得られないことがある.
- ハ ○ 設問のとおり.
- ニ ○ 設問のとおり.

問 6 次のイ～ホの記述のうち,ポンプの軸封装置について正しいものはどれか.

- イ.グランドパッキンは,フロートリングを用いて漏れを止める方式である.
- ロ.グランドパッキンは,若干の漏れを認めながら使用する方式である.
- ハ.メカニカルシールは,パッキン材をパッキン押さえで締め付けて漏れを止める方式である.
- ニ.メカニカルシールは,可燃性,毒性の流体を扱う場合に使用される.
- ホ.グランドパッキンは,メカニカルシールに比べてシール性能が低い.

解説

- イ × グランドパッキンは,スタフィンボックスと呼ばれる軸封部にパッキン材を詰め,グランド押さえで締め付ける方式である.2.3 節 2) 項参照.
- ロ ○ 設問のとおり.2.3 節 2) 項参照.
- ハ × メカニカルシールは,摺動面への端面接触により漏れを防ぐ方式である.2.3 節 2) 項参照.
- ニ ○ 設問のとおり.
- ホ ○ 設問のとおり.

問 7 次のイ～ホの記述のうち,ガスケット,パッキンなどの使用について適切なものはどれか.

- イ.高温高圧の配管のフランジガスケットに,金属リングガスケットを使用した.
- ロ.遠心ポンプのグランドから水が少し漏れていたので,グランドパッキンを強く締め,漏れを完全に止めた.
- ハ.空気のように遠心圧縮機内のガスが大気中に漏れることが許容される場合は,ラビリンスシールを使用できる.
- ニ.窒素圧縮用の無給油式往復圧縮機のピストンロッドパッキンとして,カーボンを使用した.
- ホ.低圧系配管の平面座に用いるガスケットとして非石綿ジョイントシートが主に

選定されるが,水素や毒性ガスを扱う配管では渦巻き形ガスケットや膨張黒鉛シートガスケットなどを用いることが望ましい.
ヘ.ガスケットの材質と形状は,フランジの種類のみで決まる.

解説

- イ◯ 設問のとおり.2.3 節 1)項参照.
- ロ✕ 強く締め付けると発熱などが生ずる.2.3 節 2)項参照.
- ハ◯ 設問のとおり.2.3 節 2)項参照.
- ニ◯ 設問のとおり,無給油式の往復圧縮機には,カーボンパッキンが有効である.2.3 節 2)項参照.
- ホ◯ 設問のとおり.2.3 節 1)項参照.
- ヘ✕ ガスケットの材質と形状は,使用条件により異なる.

問 8 次のイ〜ヌのガスとそれらを取り扱う設備の金属材料との組合せのうち,適切なものはどれか.

- イ.水分のない常温の塩素ガス ——————— チタン
- ロ.常温のアンモニアガス ——————— 銅合金
- ハ.高温・高圧(400℃,3MPa)の水素ガス —— 18-8 ステンレス鋼
- ニ.高温(350℃)の塩素 ——————— 18-8 ステンレス鋼
- ホ.高温高圧(350℃,5MPa)の水素 ——— クロムモリブデン鋼
- ヘ.硫化水素 ——————— 炭素鋼
- ト.高温高圧の水素 ——————— 炭素鋼
- チ.アセチレン ——————— 銀や銅
- リ.アンモニア ——————— アルミニウム合金
- ヌ.湿った塩素 ——————— 鉄

解説

- イ✕ 2編4章9)項より,乾燥した塩素ガスはチタンと激しく反応する.
- ロ✕ 2編4章8)項より,アンモニアは銅及び銅合金に激しい腐食性を示す.
- ハ◯ 18-8 ステンレス鋼は,耐熱性及び耐水素侵食性がある.2編5.2節2)項参照.
- ニ✕ 2編4章9)項より,高温の塩素ガスは 18-8 ステンレス鋼を激しく腐食する.
- ホ◯ クロムモリブデン鋼は,高温材料であり,水素侵食を起こさない.2編5.2節2)項参照.
- ヘ✕ 炭素鋼は高温の硫化水素には耐食性はない.2編5.2節1)項参照.
- ト✕ 炭素鋼は水素侵食を起こす.2編5.2節1)項参照.

2章 高圧設備

- チ× 2編4章5)項より，アセチレンは銅や銀及びそれらの塩と接触すると反応性が高い金属アセチリドを生成する．
- リ× 2編4章8)項より，アンモニアはアルミニウム合金を腐食する．
- ヌ× 2編4章9)項より，湿った塩素に使用できるのはチタンのみである．

問9 次のイ～リの溶接及び溶接施工についての記述のうち，正しいものはどれか．

- イ．被覆溶接棒を，乾燥器に入れて保管した．
- ロ．被覆アーク溶接では，溶接金属の空気による酸化を防止するため，溶接部を不活性ガスでシールしながら溶接を行う．
- ハ．アーク溶接では使用電圧は低いが，感電や火災の要因になるので，接地が重要である．
- ニ．溶接部の割れを検査する非破壊試験は，極力溶接直後に施工することが望ましい．
- ホ．溶接部の残留応力を低くするために，予熱・後熱処理を行った．
- ヘ．溶接部の強度を上げるために，余盛を増やした．
- ト．ティグ溶接では，溶融金属の酸化を防止するため，溶接部をアルゴンなどのイナートガスでシールして溶接施工を行う．
- チ．被覆アーク溶接では，被覆材の一部が剥離していても，溶接棒を十分乾燥すれば，溶接性能に影響しない．
- リ．溶接部材は，溶接による急熱急冷によって収縮，変形が生じ，また，材料の他の部分によって拘束されるので，溶接後には残留応力が発生する．

解 説

- イ〇 設問のとおり．2編5.3節3)項参照．
- ロ× 被覆アーク溶接では，溶接金属の空気による酸化を防止するため，被覆剤から発生するガスでシールしながら溶接を行う．溶接部を不活性ガスでシールするのはティグ溶接である．2編5.3節1)項参照．
- ハ〇 設問のとおり．2編5.3節3)項参照．
- ニ× 溶接後数時間の後発生する可能性がある．2編5.3節3)項参照．
- ホ〇 設問のとおり．2編5.3節1)項参照．
- ヘ× 余盛は溶接欠陥となる．2編5.3節1)項参照．
- ト〇 設問のとおり．2編5.3節1)項参照．
- チ× 被覆溶接棒の被覆材は被覆材から発生するガスでシールして溶接するので，被覆材の剥離は問題となる．2編5.3節1)項参照．
- リ〇 設問のとおり．2編5.3節3)項参照．

問10 次のイ~リの安全弁，逃し弁についての記述のうち，正しいものはどれか．

イ．圧力調整弁の上流と下流で圧力区分が異なる場合，高圧側と低圧側に安全弁を設置する．
ロ．最も過酷な状況を想定して，安全弁の吹出し量を決定し必要口径を計算した．
ハ．安全弁の入口配管にポケットを設け，装置から遠く離れた場所に安全弁を設置した．
ニ．安全弁は，作動開始（吹始め）圧力と作動終了（吹止まり）圧力が同一になるように設定する．
ホ．ばね式安全弁がしばしば作動する場合には，現場で調整ボルトにより設定圧力を上げる．
ヘ．逃し弁は，容積式ポンプや液体配管などの液体の圧力上昇を防止するために設置し，所定圧力まで下がれば閉止する．
ト．ばね式安全弁は，機能を阻害しないよう弁軸を水平方向にすることが必要である．
チ．逃し弁は，一般にポンプや液体配管などに設置され，主として内部の液体の圧力上昇を防止するために用いられ，構造，機能はばね式安全弁とほぼ同じである．
リ．大気圧付近で取り扱われる低温の液化ガス貯槽の圧力が上がり過ぎることを防止するために，真空安全弁を取り付けることがある．

解 説

- **イ ○** 設問のとおり．2.4節注釈参照．
- **ロ ○** 設問のとおり．2.4節注釈参照．
- **ハ ×** 安全弁は装置に近接して設置する．また，ポケットなどは取り付けない．2.4節注釈参照．
- **ニ ×** 安全弁は，作動開始（吹始め）圧力と作動終了（吹止まり）圧力は同じにならない．2.4節1)項参照．
- **ホ ×** 安全弁の調整ボルトは動作中には触れてはならない．2.4節1)項参照．
- **ヘ ○** 設問のとおり．2.4節3)項参照．
- **ト ×** ばね式安全弁では弁軸を垂直方向にする．2.4節注釈参照．
- **チ ○** 設問のとおり．2.4節3)項参照．
- **リ ×** 真空安全弁は，貯槽内部が大気圧以下になるのを防ぐために動作する．2.4節5)項参照．

問 11 次のイ〜リの安全弁,逃し弁についての記述のうち,正しいものはどれか.

イ.ラプチャディスク（破裂版）は,定期点検時に全数作動テストを行うことができる.
ロ.大気圧付近の圧力で取り扱われる低温の液化ガス貯槽には,負圧による破壊防止対策が必要である.
ハ.逆止弁の下流側など液封のおそれがある液化ガス配管には,圧力を逃がすための対策を講じることが必要である.
ニ.破裂板は,装置内の圧力が急上昇するような場合に適しているが,圧力が低下しても装置内のガスを放出し続けるので,放出管の先端の安全確保が不可欠である.
ホ.容器に使用される溶栓は,容器内の温度が上がると溶解して内部の圧力を放出する安全装置である.
ヘ.ばね式安全弁と比較して破裂板（ラプチャディスク）は,構造が複雑で,噴出抵抗が大きい.
ト.ばね式安全弁と比較して,破裂板は破裂板が作動後,圧力を降下させるまでの時間が極めて長時間である.
チ.ばね式安全弁と比較して,破裂板は高粘性の流体に適している.
リ.破裂板が作動した場合,運転を停止し,破裂板の取替えが必要である.

解 説

- イ ✕ 破裂板の作動テストはできない.
- ロ ○ 設問のとおり.
- ハ ○ 設問のとおり.
- ニ ○ 設問のとおり.2.4節 2)項参照.
- ホ ○ 設問のとおり.2.4節 4)項参照.
- ヘ ✕ 構造は簡単で,噴出抵抗は小さい.2.4節 2)項参照.
- ト ✕ 圧力降下時間は短い.2.4節 2)項参照.
- チ ○ 設問のとおり.2.4節 2)項参照.
- リ ○ 設問のとおり.2.4節 2)項参照.

問 12 次のイ〜トの記述のうち,高圧装置について正しいものはどれか.

イ.熱交換器は流体間に熱エネルギーの授受を行わせるものであるが,特に大型プラントで授受熱量の多い場合は二重管式熱交換器が使われる.
ロ.撹拌機付きの反応槽は,液体を含む反応に広く使われ,ファインケミカルなどでの回分式の反応器としても使われる.

ハ．吸収塔は，吸収液を使って混合ガスから特定の成分を吸収除去するために使われる．

ニ．液化ガスを常温高圧で大容量貯蔵するのに球形貯槽が使われるが，使用材料としては高張力鋼が広く使われる．

ホ．圧力配管用炭素鋼鋼管（STPG）は，同一呼び径の場合，そのスケジュール番号が大きくなるに従って配管肉厚は厚くなる．

ヘ．配管の外径を基準とした呼び径として，JISではインチ単位のA呼称とミリ単位のB呼称がある．

ト．300℃程度以上の高温配管には，差込み溶接式フランジより，突合せ溶接式フランジを選定することが望ましい．

解　説

- イ☒　授受熱量が多い場合は，主に多管式が使用される．2編6.5節1)項参照．
- ロ◯　設問のとおり．2編6.3節1)項参照．
- ハ◯　設問のとおり．2編6.3節3)項参照．
- ニ◯　設問のとおり．2編6.4節1)項参照．
- ホ◯　設問のとおり．本章2.1節1)項参照．
- ヘ☒　A呼称（呼び径A）がミリ単位でB呼称（呼び径B）がインチ単位である．2.1節1)項参照．
- ト◯　設問のとおり．2.1節2)項参照．

3章 保安・防災

3.1 安全装置

1) 安全弁
装置内が設定圧力より上昇することを防ぐ装置．2.4節参照．

2) 緊急遮断装置
- 緊急時に原料の供給を停止する．
- 反応抑制剤や希釈剤を投入する．
- 供給経路に取り付けた遮断弁を動作させる．

※ダイヤフラム式遮断弁：通常時は空気圧により「開」になっており，非常時には空気圧を断ち「閉」となる．

※遮断弁が確実に動作することを確認するために弁座の漏えい検査をすること．また，遮断によりウォータハンマが生じないようにすること．

- 可燃性ガスの漏えいに対し，系内を不活性ガスでパージする．
- ガス火災が発生した場合には，ガスの漏えい経路の遮断，系内の残ガスの排出，不活性ガスでのパージ，散水などにより複合的に対応する．
- 毒性ガスが漏えいした場合には，拡散抑制と除害の措置を講ずる．
- 内容積が5 000L以上の可燃性ガス，毒性ガス，液化酸素の貯槽などに設置する．
- 貯槽の外側に設置する場合は，貯槽の元弁の外側の可能な限り貯槽に近い位置に設ける．
- 遮断装置の操作位置は，貯槽から5m以上（コンビナート等保安規則の適用を受ける事業所では10m以上）離れた位置で，大量流出が発生しても安全に操作できる箇所に設置する．
- 可燃性ガス，毒性ガス，酸素などの液化ガスの貯槽に緊急遮断弁を設置する場合は，その架台は貯槽と同一基礎としなければならない．

3) 逆流防止装置
内部の流れを必要な一方向だけに制限するための装置で，受入れ装置においては，緊急遮断装置の役割も兼ねることができる．逆止弁（スイング型，リフト型）などがある．スイング型は弁が蝶番取付けのため，弁が開く状態での取付け（倒

立）は不適切である．

3.2 防災設備

防消火設備は，主に可燃性ガスや酸素の製造設備で使用される．

1) 防火設備

火災の予防，類焼を防止する．散水装置，消火栓などがある．

- 散水装置：固定された孔あき配管，散水ノズル付き配管などで散水．
- 水噴霧装置：固定された噴霧ノズル付き配管で水を噴霧．

2) 消火設備

直接消火するための装置．粉末消火器，不活性ガス拡散設備などがある．

- 粉末消火器：可搬性容器内の消火剤を噴霧．
- 不活性ガス拡散設備：主に建屋内の高圧ガス設備に使用．

3) 冷却装置

火災に伴う温度上昇による二次的な災害を防止するために冷却水などを用いて冷却する．

4) 火災報知設備

火災によって発生する熱や煙を感知する感知器，火災の発生を知らせる発信機，発生の知らせを受信する受信機がある．

5) ガス漏えい検知警報設備

① 接触燃焼式：可燃性ガスと検知素子の接触燃焼による白金線コイルの電気抵抗値の増大を利用．原理上，触媒毒となる物質があると感度が低下する．

② 半導体式（セラミック式）：可燃性ガスと加熱された半導体の接触により，半導体の電気抵抗値が変化することを利用．酸化性ガス，還元性ガスのいずれも検知可能．

③ 可燃性ガスカルバニ電池式：電池の出力が溶存酸素濃度に比例することを利用．酸素の検知に使用．

④ 定電位電解式：ガスが隔膜を通過すると電解液と作用電極の界面に酸化反応が生ずることを利用．一酸化炭素や硫化水素などの毒性ガスに使用できる．

⑤ 電量式：溶液内に正負の電極を設置し，ガスによる電流の変化を検知する．毒性ガスに適している．

⑥ 隔膜イオン電極式：溶液に設置したイオン電極を用いて，ガスによる起電

力の変化を検知する．毒性ガスに適している．
※**可燃性ガス**の警報値は爆発下限界の 1/4 以下の値としなければならない．
※**酸素**の警報値は 25% とすること．
※**毒性ガス**は許容濃度以下（ただしアンモニア，塩素など試験用標準ガスの調整が困難なものは許容濃度の 2 倍以下）
注）警報を発した後は，雰囲気のガス濃度が低下しても確認するまで警報を発信し続けること．

6）流動拡散防止装置
① **防液提**：貯槽内の液体の流出が限られた範囲を超えないようにする．
② **スチームカーテン**：漏えいした可燃性ガスが加熱炉などの危険な箇所へ到達しないようにスチームを用いて遮断する．
③ **防火壁**：漏えいした可燃性ガスが火気を取り扱う施設に流入することを防止する．
④ **障壁**：ガス爆発などにより生ずる爆風などを防御する．

7）危険事態発生防止装置
① **インターロック機構**：誤操作などが起こらないようにしたり，誤操作など危険が発生したとき自動的に装置を停止したりする機構．
② **フレアースタック**：焼却により装置内のガスを処理する装置．
- ノックアウトドラムで移送する高圧ガスから液体を分離し，ガスシールドラムにて逆火を防止した後，フレアースタックに送る．
- 適切なガス流速と燃焼速度の関係が適切であれば浮上りになる．
- ガス流速が速すぎると吹き消える．
- ガス流速が遅すぎると逆火となる．
- スチームの吹込みにより黒鉛の発生を防止できる．
- スチーム吹込みなどによる騒音の発生には，マフラを取り付け対応する．
- ガスが流出する際に確実に着火できるよう，パイロットバーナは常に点火状態とする．
③ **ベントスタック**：放出により装置内のガスを外部に移動させる装置．ベントスタックの設置基準は，以下のとおりである．
- 設置高さは，可燃性ガスの着地濃度が爆発下限界未満となる位置．
- 毒性ガスの放出では除害措置を講ずること．
- 毒性ガスの着地濃度が許容濃度以下となるよう，十分な高さを確保する．

- 緊急用ベントスタックの放出口は作業・通行する場所から 10m より遠くに設置する．
- 液体が同伴されるおそれがある場合は気液分離器を設置する．
- そのほかのベントスタックでは 5m より遠くに設置する．

※ベントスタックの放出口などで着火した場合，消火は不活性ガスの吹込みなどで行う．

※フレアースタックやベントスタックは，高圧ガス製造設備で異常が発生した場合，高圧ガスを移送し，安全に処理する設備である．

8) 除　害

毒性ガスが漏えいした場合に拡散防止と除去を行う．

- 毒性ガスを取り扱う施設の建屋は，ガスが外部に漏れにくい構造とする．
- 除害措置は複数設ける．吸収，吸着，中和，希釈など．
- 漏えいに備え，空気呼吸器，防毒マスク，保護衣などを備える．

① 許容濃度

1 日 8 時間，週 40 時間程度，適度な労働強度でほとんどすべての作業者の健康被害がない濃度をいい，じょ限量とも呼ばれる．

② 拡散防止・除害

水，吸収剤，中和剤に吸収させる．

- **カセイソーダ水溶液**：塩素，ホスゲン，硫化水素，シアン化水素，亜硫酸ガス
- **炭酸ソーダ水溶液**：塩素，硫化水素，亜硫酸ガス
- **消石灰**：塩素，ホスゲン
- **大量の水**：亜硫酸ガス，アンモニア，酸化エチレン，クロルメチル
- 活性炭などに吸着させる．
- アンモニア，シアン化水素はフレアースタックなどで燃焼，除害できる．

9) 誤操作防止

誤操作には認知ミス，判断ミス，意思決定ミス，行動エラーなどのヒューマンエラーがある．誤操作の防止は以下のように行う．

- 指差呼称：現場の状況確認とともに，声を出すことにより脳に刺激を与え活性化させる．
- 作業量の適正化，操作の簡素化：平常時の誤操作防止や緊急時のパニック防止に役立つ．

- 機器の適正配列：接続・操作単位での固有化により，誤操作，誤接続を防止する．
- 表示・標識の明確化：バルブ・スイッチなどに番号，開閉表示，収扱い流体の表示などをする．
- スイッチの保護：誤って接触しないようにカバーをする．又はダブルアクションにする．
- 設備対策のほかに，個々の人間の特性や集団としての特性を考慮する．
- チェックシートを作成し，保安上重要な操作（バルブ，スイッチ操作など）に対して，誤操作を防止する．

10) その他

- 低温の装置・配管・バルブなどは，**結露や着霜**を防止するために，保冷施工する．
- 蒸気中に液滴が同伴する**飛沫同伴**，さらに蒸気流速が上昇し液も蒸気に同伴するフラッディングを防ぐため，塔内の蒸気流速を設定以下に保つ．
- 配管の振動，膨張の影響を緩和するために，配管中に**コーナー**，エクスパンションループなどを設置する．

3.3 電気設備

1) 危険場所区分

① 0種場所：正常状態で爆発性雰囲気が連続して，又は長時間生成される．
② 1種場所：正常状態で爆発性雰囲気が周期的に，又は時々生成される．
③ 2種場所：異常状態で爆発性雰囲気が生成されるおそれのある場所

2) 電気機器の防爆構造

① **本質安全防爆構造**：公的機関によって確認され，爆発性ガスの最小着火エネルギー以下に保持する回路をもつ．0種場所，1種場所，2種場所に適応．
② **耐圧防爆構造**：爆発性ガスが内部で爆発しても耐えられる強度をもつ．1種場所，2種場所に適応．
③ **内圧防爆構造**：内部に不活性ガスなどを封入し，爆発性ガスの進入を防止する．1種場所，2種場所に適応．
④ **油入防爆構造**：点火源を絶縁油で覆い，爆発性ガスに着火しないようにする．1種場所，2種場所に適応．
⑤ **安全増防爆構造**：爆発性ガスに対して点火源となる電気火花，アーク及び

高温部をもたない電気機器の防爆性能を強化した構造．1種場所，2種場所に適応．
⑥ **特殊防爆構造**：上記以外の公的機関で確認された防爆構造．

3) 設置計画
① **静電接地**：導体と地面を電気的に接続して，導体の静電気蓄積を防止する．接地抵抗値は総合 100 Ω 以下とすること．

🔖 製造設備における**静電気**は，配管内の液体の流れや振動，流体の噴出などにより発生する．これらは，数千ボルトの電圧になることがあり，放電により火花を発生し，可燃性物質との接触により発火の原因となる．

※ボンディング：導体どうしを電気的に接続．
※樹脂コーティングした配管は接地できない．

② **静電気の発生の抑制**：流速の制限，流体の噴出し防止．
③ **静電気の緩和，除去の促進**：接地，空気のイオン化，湿度の付与，帯電防止剤（絶縁体への導電性付与），作業者の帯電防止（靴，作業着など），静置時間の確保
④ **爆発性ガスの形成防止**：不活性ガスの注入，液温管理．
⑤ **避雷接地**：落雷を誘導して設備を保護する．

3.4 用役設備

用役設備とは，製造設備の運転に使用する電力，蒸気，用水，空気，不活性ガスなどの設備である．

① **電力**：動力源，非常用電源，各種電動機器など．
② **蒸気**：プロセス蒸気，スチームカーテンなど．
③ **用水**：散水設備，ウォーターカーテン，防消火用水など．
　※水質管理や排水処理に注意する．
④ **空気**：機器の駆動源，エアレシーバ（脈動防止，凝縮液の分離）．
　※空気は支燃性ガスであるので可燃性ガス貯槽などの加圧用には使用しないこと．
⑤ **ガス**：ガス置換設備，防火・消火設備，加圧設備．

3.5 災害時の措置

災害時には，可能な限り災害の拡大を防止する（原料の供給停止，加熱の停止，

反応抑制操作など）対策をとる．また，災害が発生した場合は，安全に退避するとともに迅速な通報や二次災害を防止しつつ状況把握を行う．

① **地震**：まず，身の安全を図り，地震動が終息した後，製造設備の点検を行う．

※震度計を設置する．震度ごとに対策を定めておく．

② **火災・爆発**：火災の発生を周囲に知らせる（大声，通報設備）．少人数で発災箇所の現場確認を行う．

③ **台風・高潮**：予測可能な台風や高潮の場合は，あらかじめ製造設備の部分，又は全停止を行う．

3.6 安全管理

1) ハインリッヒの法則

労働災害における経験則として，一つの重大事故の背後には29の軽微な事故があり，さらに300程度の事故に至らない程度の異常があると考えられ，これをハインリッヒの法則と呼ぶ．

2) 4M分析

事故や災害の原因を人，機械，媒体や環境，管理の四つの分類に整理し，分析することを4M分析と呼ぶ．

3) 特性要因図

問題点と影響因子を整理して，魚の骨のような図にまとめたものを特性要因図という．

4) What-if

故障，誤操作などの発生を想定し，それらを回避するための方策を発想して解析する手法をWhat-ifと呼ぶ．

5) PDCAサイクル

Plan（計画），Do（実行），Check（評価），Action（修正）を繰り返して，継続的に改善する手法をいう．

6) FTA

FTAでは，まず，望ましくない事象を上位事象として設定し，ANDゲートやORゲートを用い，因果関係をツリー状に表示していく方法である．

7) フェーズ理論

信頼性の意識レベル分けを行う手法

- フェーズ0：意識がない
- フェーズⅠ：意識がぼけた状態．注意力や判断力がない．
- フェーズⅡ：正常レベル（リラックス状態）
- フェーズⅢ：正常レベル（集中あり．作業に最適）
- フェーズⅣ：過緊張レベル

※誤操作などを防止するためには，フェーズⅢにて作業しなけれならない．
　フェーズⅢに移行させるためには，「指差呼称」のような方法が有効である．

8) 相対危険度評価法

相対危険度評価法は，対象設備について取扱い物質の特性，危険物質の保有量などに対して，評価点をつけて危険性を相対的に評価する手法である．ダウ方式が有名である．

9) FMEA (Failure Mode and Effects Analysis：故障モード評価解析)

FMEAは，システムを構成する部品や要素に故障が発生した場合，どの程度の影響が及ぶかを解析する手法である．

10) ETA

ETAは，故障や操作ミスなどの原因がどのような結果を引き起こすかを樹系図に表したもの．

11) HAZOP

HAZOPは，正常からの「ずれ」の原因と，その原因がもたらす「結果」を調べることにより，安全対策を検討する手法である．

3.7 換　気

- 自然換気：室内外の温度差や圧力差を利用して行う．一定の換気量は得られない．
- 機械換気：送風機などで行い，常に一定の換気量が得られる．

3.8 保安電力

停電など非常時においても，高圧ガス設備の安全確保をするための自家発電，蓄電池などの電力設備．

※UPS（無停電電源装置）：常用電源と接続され，蓄電機能も有する．

3.9 リスクアセスメント

リスクアセスメントとは，危険な事象の起こりやすさと，危険な事象が発生した場合の影響度から決められるリスクを定量化し，許容範囲にあるかどうかを評価すること．

3.10 安全推進手法

1) ヒヤリ・ハット活動
業務の中で「ひやり」や「はっと」した経験を共有することにより注意を促す．

2) 5S 活動
整理，整頓，清掃，清潔，躾（習慣）を組み込んだ安全活動．

3) 指差呼称
作業をする際に，指差呼称することにより，誤操作を防止する．

4) 危険予知（KYT）
潜在的な危険を予知することにより安全を確保する．

演習問題

問1 次のイ〜ヲのガス漏えい検知警報設備についての記述のうち，正しいものはどれか．

イ．ガルバニ電池式のガス検知部は，水素の検知に用いられる．
ロ．接触燃焼式のガス検知部は，可燃性ガスが検知素子の表面で接触燃焼反応を起こし発熱することを利用して可燃性ガスの検知を行うため，炭酸ガスの検知には使用できない．
ハ．半導体式のガス検知部は，可燃性ガスの濃度の増加により金属酸化物の電気抵抗値が変化することを利用したものである．
ニ．可燃性ガス検知部としては，接触燃焼式，半導体式などがある．
ホ．可燃性ガスの警報設定値を，爆発下限界の値に設定した．
ヘ．警報を発した後，雰囲気のガス濃度が低下しても確認するまで警報を発信し続けるようにした．
ト．半導体式（セラミック式）検知器は，酸化性ガスには有効であるが，還元性のガスや毒性ガスの検知には使用できない．
チ．毒性ガスの警報設定値を，許容濃度の値とした．
リ．カルバニ電池式は，電池の出力が溶存酸素濃度に比例することを利用し，酸素濃度の測定に用いられる．
ヌ．ガス漏えい検知警報設備は，連続的に検知し，かつ，異常時は警報を発することが必要である．
ル．毒性をもたない可燃性ガスの警報設定値は，爆発下限界の1/4以下の値とする．
ヲ．定電位電解式，電量式，隔膜イオン式ガス漏えい検知警報設備は，測定原理は異なるものの，すべて毒性ガスの検知に適している．

解説

3.2節5)項参照．

- **イ ☒** ガルバニ電池式のガス検知部は主に酸素の検知に用いられる．可燃性ガスである水素では接触燃焼式や半導体式が用いられる．
- **ロ ○** 設問のとおり．接触燃焼式は，可燃性ガスの検知に使用する．
- **ハ ○** 設問のとおり．
- **ニ ○** 設問のとおり．
- **ホ ☒** 可燃性ガスの警報設定値は，爆発下限界の値の1/4以下としなければならない．
  【難問】
- **ヘ ○** 設問のとおり．

|ト✕| 還元性，毒性いずれのガスにも使用できる．**難問**
|チ○| 設問のとおり．
|リ○| 設問のとおり．
|ヌ○| 設問のとおり．
|ル○| 設問のとおり．
|ヲ○| 設問のとおり．

問 2 次のイ～リの電気機器の防爆構造についての記述のうち，正しいものはどれか．

イ．安全増防爆構造は，爆発性ガスに対して点火源となる電気火花，アーク及び高温部をもたない電気機器の防爆性能を強化した構造である．
ロ．内圧防爆構造は，爆発性ガスが侵入し，内部で爆発を起こしても，容器が爆発圧力に耐える強度をもつ構造である．
ハ．耐圧防爆構造の電気機器は，0種場所で使用することができる．
ニ．本質安全防爆構造の電気機器は，すべての危険場所で使用できる．
ホ．内圧防爆構造の電気機器は，2種場所では使用できない．
ヘ．耐圧防爆構造とは，内部を加圧状態にし，火炎の侵入を防ぐ構造である．
ト．ノート型パソコンや携帯電話は，低電圧の電池で駆動させるため，本質安全防爆構造の認定を受けていなくても，0種場所で使用可能である．
チ．スイッチ類は，危険個所にあっても防爆構造にする必要はない．
リ．本質安全防爆構造は，二重の容器に不活性ガスを封入してあり，万一，一方の容器が破損してもその機器が着火源となるおそれのない構造である．

解 説

3.3節2)項参照．

|イ○| 設問のとおり．
|ロ✕| 内圧防爆構造は内部に不活性ガスなどを封入し，爆発性ガスの進入を防止した構造．内部で爆発を起こしても容器が爆発圧力に耐える強度をもつ構造であるのは耐圧防爆構造である．**難問**
|ハ✕| 0種場所で使用することができるのは本質防爆構造のみである．
|ニ○| 設問のとおり．
|ホ✕| 内圧防爆構造の電気機器は，1種場所，2種場所で使用できる．
|ヘ✕| 耐圧防爆構造は，爆発性ガスが内部で爆発しても耐えられる強度をもつ．
|ト✕| 0種場所で使用することができるのは本質防爆構造のみである．
|チ✕| スイッチ類は電気設備であるので，危険個所では防爆構造にしなければならない．

| リ |×| 本質安全防爆構造は，爆発性ガスの最小着火エネルギー以下に保持する回路をもつ構造である．難問

| 問3 | 次のイ～リの静電気及び接地についての記述のうち，正しいものはどれか．
イ．静電気の放電による火花は，エネルギーが小さいため，可燃性気体の発火源とはならない．
ロ．絶縁体への導電性付与は，静電気の緩和，除去の促進に有効である．
ハ．タンクローリーに可燃性液体を貯槽から充てんするとき，貯槽が接地されていれば，タンクローリーを接地する必要はない．
ニ．静電気は，配管中の液体が流れるとき，その摩擦により発生する．
ホ．静電靴，静電作業着の着用は，静電気の発生抑制に効果がある．
ヘ．流速制限は，静電気の除去に効果がある．
ト．静電気は，液体やガスが小さな孔から噴出するときに発生することがある．
チ．液体を受け入れた直後の貯槽を必要時間静置しても，静電気の緩和・除去にはならない．
リ．引火性液体をタンクローリーに充てんする場合は，静電気が発生し蓄積する可能性があるため，必ず充てん作業を終了した後にタンクローリーを接地する．

解 説

3.3 節 3) 項参照．
| イ |×| 静電気の放電は発火源となる．
| ロ |○| 設問のとおり．
| ハ |×| タンクローリーも接地する必要がある．
| ニ |○| 設問のとおり．
| ホ |×| 静電靴の着用は，静電気の緩和，除去の促進に有効である．
| ヘ |×| 流速制限は，静電気の発生抑制に有効である．難問
| ト |○| 設問のとおり．
| チ |×| 必要時間放置する方法は有効である．
| リ |×| 接地は引火性液体をタンクローリに充てんする前に行う必要がある．

| 問4 | 次のイ～チの静電気についての記述のうち，正しいものはどれか．
イ．ボンディングが確実に施工されていれば，接地は実施しなくてもよい．
ロ．静電気除去設備では，接地抵抗値は総合 100 Ω 以上としなければならない．
ハ．液体の固有抵抗が大きいものは帯電しやすく，速度が大きいほど帯電量が多くなる．

3章 保安・防災

- ニ．静置時間の設定は，静電気の緩和に有効である．
- ホ．機器への接地を行っているので，配管のボンディングを省略した．
- ヘ．貯槽の可燃性液体を送入する場合，送入配管として金属配管の代わりに塩化ビニルコーティングした配管を使うと静電気による着火が防止できる．
- ト．静電気の除去を目的とする接地線は，避雷設備としての接地線と異なり，接地抵抗値を管理する必要はない．
- チ．貯槽内の液体のもつ静電気は，静置時間の確保により緩和される．

解説

3.3節 3）項参照．
- イ× 接地をしなければ静電気を除去することはできない．
- ロ× 接地抵抗値は総合 100 Ω以下としなければならない．
- ハ○ 設問のとおり．
- ニ○ 設問のとおり．
- ホ× 配管はフランジのガスケットなど絶縁されている可能性があるのでボンディングは必要である．
- ヘ× 塩化ビニルコーティングした配管は接地できない．[難問]
- ト× 静電接地抵抗値を 100 Ω以下に管理しなければならない．
- チ○ 設問のとおり．

問 5 次のイ～ヲの安全装置，緊急遮断装置の記述のうち，正しいものはどれか．

- イ．緊急用ベントスタックの設置位置を，通常の通行や作業に供する場所から 15m 離れた位置にした．
- ロ．塩素ガス貯槽の安全弁の放出先を，フレアースタックとした．
- ハ．緊急用ベントスタックの放出口で着火したときの消火対策として，ベントガス入口に緊急遮断弁を設けた．
- ニ．緊急遮断弁が確実に遮断することを確認するため，定期的に作動検査及び弁座の漏えい検査を行う．
- ホ．緊急遮断弁には，機器やプロセスの重大な異常信号に連動して自動的に閉止するものと，人が遠隔操作して閉止するものがある．
- ヘ．ダイヤフラム式緊急遮断弁は，非常時に駆動用空気を加えて閉止する．
- ト．フレアースタックに処理するガスを導く経路に，時間遅れを少なくするため，ノックアウトドラムやシールドラムを設置しなかった．
- チ．毒性ガスを除害したのち放出するベントスタックは，放出されたガスの着地濃度が許容値以下になるような十分な高さとした．
- リ．可燃性ガスのベントスタックには着火を防止するための措置を講じた．

ヌ．ベントスタックに気液混相の流れが生じないように，高圧設備からベントスタックに接続された配管に気液分離器を設けた．
ル．フレアースタックの火が高圧設備に逆火しないように，高圧設備からフレアースタックに接続された配管に水封器を設置した．
ヲ．異常時に設備内のガスを燃焼させてから大気に放出するようにした設備をベントスタックという．

解 説

- イ◯ 設問のとおり．3.2 節 7）項参照．
- ロ× 塩素はカセイソーダ水溶液などに吸収させる．3.2 節 8）項参照．
- ハ× ベントスタックの消火は不活性ガスなどで行う．3.2 節 7）項参照．
- ニ◯ 設問のとおり．3.1 節 2）項参照．
- ホ◯ 設問のとおり．
- ヘ× 非常時には空気圧を遮断し閉止する．3.1 節 2）項参照．
- ト× 液を分離するノックアウトドラムと逆火を防止するシールドラムが必要．3.2 節 7）項参照．
- チ◯ 設問のとおり．3.2 節 7）項参照．
- リ◯ 設問のとおり．3.2 節 7）項参照．
- ヌ◯ 設問のとおり．3.2 節 7）項参照．
- ル◯ 設問のとおり．3.2 節 7）項参照．
- ヲ× ガスを燃焼させ，大気に放出する設備は，フレアースタックである．3.2 節 7）項参照．

問6　次のイ～ヌのガスの除害措置についての記述のうち，適切なものはどれか．

イ．アンモニアを大量の水で吸収する．
ロ．シアン化水素をフレアースタックで燃焼する．
ハ．酸化エチレンをカセイソーダ水溶液で吸収する．
ニ．ホスゲンを消石灰で吸収する．
ホ．アンモニアを炭酸ソーダ水溶液で吸収する．
ヘ．塩素を炭酸ソーダ水溶液で吸収する．
ト．硫化水素を炭酸ソーダ水溶液で吸収する．
チ．酸化エチレンを炭酸ソーダ水溶液で吸収する．
リ．亜硫酸ガスを大量の水で吸収する．
ヌ．エレベーテッドフレアースタックの安定燃焼のため，ガス流速はガス固有の燃焼速度より大きく，かつマッハ 0.2～0.25 を越えない運転をしている．

解 説

3.2節 7), 8)項参照.

- イ◯ 設問のとおり．アンモニアは，大量の水で吸収するか，フレアースタックで燃焼させる．
- ロ◯ 設問のとおり．シアン化水素は，フレアースタックで燃焼させるか，カセイソーダ水溶液に吸収させる．
- ハ× 酸化エチレンは，大量の水に吸収させる．
- ニ◯ 設問のとおり．ホスゲンは消石灰，カセイソーダ水溶液に吸収させる．
- ホ× アンモニアは，大量の水で吸収するか，フレアースタックで燃焼させる．
- ヘ◯ 設問のとおり．塩素は，炭酸ソーダ水溶液，カセイソーダ水溶液，消石灰で吸収させる．
- ト◯ 設問のとおり．硫化水素は，炭酸ソーダ水溶液，カセイソーダ水溶液で吸収させる．
- チ× 酸化エチレンは，大量の水に吸収させる．
- リ◯ 設問のとおり．亜硫酸ガスは大量の水，炭酸ソーダ水溶液，カセイソーダ水溶液で吸収させる．
- ヌ◯ 設問のとおり．

問7 次のイ〜ヌの高圧ガス製造設備の防消火設備についての記述のうち，正しいものはどれか．

- イ．貯槽に用いる散水装置は，対象設備に対し固定された孔あき配管，又は散水ノズル付き配管により散水する装置で，主として消火を目的とする．
- ロ．水噴霧装置は，対象設備に対し固定された噴霧ノズル付き配管により水を噴霧する防火設備で類焼防止に有効である．
- ハ．不活性ガスなどによる拡散設備は，建屋内の高圧ガス製造設備の消火設備として使用できる．
- ニ．散水装置は，対象設備に対し固定された孔あき配管，又は散水ノズル付き配管により散水する装置で，防火設備である．
- ホ．水噴霧装置は，対象設備に対し固定された噴霧ノズル付き配管により水を噴霧する装置で，消火設備である．
- ヘ．消火薬剤を放射する設備及び不活性ガスなどによる拡散設備は，消火設備である．
- ト．酸素は可燃性ガスではないので，酸素の製造設備には防消火設備を必要としない．
- チ．防火設備には，水噴霧装置，散水装置及び放水装置などがあり，火災の予防，類焼防止に用いられる．

217

リ．消火設備には，粉末消火器，不活性ガスなどによる拡散設備などがある．
ヌ．防消火設備は，可燃性ガス及び酸素の製造設備などの防火及び消火のために使用する設備である．

解　説

- イ☒　散水装置は，防火設備である．3.2節1）項参照．
- ロ◯　設問のとおり．3.2節1）項参照．
- ハ◯　設問のとおり．3.2節2）項参照．
- ニ◯　設問のとおり．3.2節1）項参照．
- ホ☒　水噴霧装置は，防火設備である．3.2節1）項参照．
- ヘ◯　設問のとおり．3.2節2）項参照．
- ト☒　防消火設備は可燃性ガス及び酸素の製造設備で使用される．3.2節参照．
- チ◯　設問のとおり．3.2節1）項参照．
- リ◯　設問のとおり．3.2節2）項参照．
- ヌ◯　設問のとおり．3.2節参照．

問8　次のイ～リの誤操作防止のための措置についての記述のうち，適切なものはどれか．

- イ．保安上重要なバルブに，開閉状況を明示する標示板を設けた．
- ロ．運転上重要なスイッチを，ダブルアクション式にした．
- ハ．緊急操作用押しボタンに，保護カバーを取り付け，施錠した．
- ニ．DCSによる高度制御システムを採用したが，独立したインターロックを構築した．
- ホ．指差呼称で声を出すことは，脳に刺激を与え活性化し，操作の信頼性を向上させる効果がある．
- ヘ．十分に訓練を実施していれば，緊急時の作業量が多くなり操作手順が複雑となっても問題はない．
- ト．ヒューマンエラー対策を実施するうえで，設備対策に加えて人間の特性，盲点のほかに良好なコミュニケーションなど集団としての特性も考慮した．
- チ．誤操作防止のため，計器盤の運転状態表示灯と警報表示などを分離する．
- リ．保安上重要なバルブの誤操作を防止するために，チェックシートを作成し，記録しながら操作する．

※DCS：分散型制御システム…大規模プロセス用

解 説

3.2 節 9) 項参照.
- イ ○ 設問のとおり.
- ロ ○ 設問のとおり.
- ハ × 施錠は緊急操作を阻害するおそれがある. 3.2 節 9) 項参照.
- ニ ○ 設問のとおり.
- ホ ○ 設問のとおり.
- ヘ × 緊急時はパニックになりやすいので，作業量を適正にし，操作は簡素化する必要がある.
- ト ○ 設問のとおり.
- チ ○ 設問のとおり.
- リ ○ 設問のとおり.

問 9 次のイ～ヘの誤操作防止のための措置についての記述のうち，適切なものはどれか.

- イ．エクスパンションループは，伸縮しないようにしっかり固定する.
- ロ．配管や機器は，保冷施工することで外面腐食が発見しにくくなるため，外面が結露する場合であってもできる限り保冷施工しない.
- ハ．安全弁の元弁のハンドルを外すことは，誤操作防止にならない.
- ニ．インターロックシステム，施錠，バルブ・配管の識別表示は，誤操作防止に有効である.
- ホ．運転員は，決められた操作手順書があっても，別の方法で操作ができるのであれば，自分の判断で手順の省略，追加などの変更をしてよい.
- ヘ．誤操作を防止するためには，フェーズ理論における正常レベルであるフェーズⅡあるいはフェーズⅢ状態で作業することが好ましい.

解 説

3.2 節 9) 項参照.
- イ × エクスパンションループは，配管の振動や膨張を吸収させるために固定しない. 3.2 節 10) 項参照.
- ロ × 低温の配管や機器は，結露や着霜を防止するために保冷施工する. 3.2 節 10) 項参照.
- ハ × 安全弁の元弁のハンドルを外すことは有効である.
- ニ ○ 設問のとおり.
- ホ × 決められた手順を守らなければならない.

ヘ☒ 3.6節7)項より,フェーズⅢは望ましいが,フェーズⅡでは,十分な効果は得られない.

問10 次のイ~ホの記述のうち,流動拡散防止装置と障壁について正しいものはどれか.
イ.火災や爆発が起こったとき,その影響の拡大を防止するのが障壁である.
ロ.貯槽内の液化ガスが液体の状態で漏えいした場合,ほかへ流出することを防止するのがスチームカーテンである.
ハ.漏えいした可燃性ガスが火源となる加熱炉へ流入することを防止するのが防液堤である.
ニ.漏えいした可燃性ガスが火気を取り扱う施設に流動することを防止するのが防火壁である.
ホ.一定の条件を満たす防火壁を設置することにより,可燃性ガス製造設備から漏えいしたガスが火気を取り扱う施設に流動することを防止できる.

解 説

3.2節6)項参照.
イ◯ 設問のとおり.
ロ☒ 液体が漏えいした場合,ほかへ流出することを防止する流動拡散防止装置は,防液堤である.
ハ☒ 漏えいした可燃性ガスが火源となる加熱炉へ流入することを防止する装置は,スチームカーテンである.
ニ◯ 設問のとおり.
ホ◯ 設問のとおり.

問11 次のイ~ニの記述のうち,毒性ガスを取り扱う設備について正しいものはどれか.
イ.設備を設置する建屋や部屋を,常時新鮮な空気で陽圧に保持した.
ロ.安全弁の吹出し先を除害装置とした.
ハ.取り扱う毒性ガスに適切な除害装置を複数準備した.
ニ.漏えいに備え,空気呼吸器,防毒マスク,保護衣などの保護具を配備した.

解 説

3.2節8)項参照.

● 3章 保安・防災

- イ ✕ 毒性ガス設備を設置する建屋や部屋は，ガスが漏れても建屋外部に漏えいしにくい構造としなければならない．
- ロ ○ 設問のとおり．
- ハ ○ 設問のとおり．
- ニ ○ 設問のとおり．

問12 次のイ〜チの記述のうち，緊急措置，緊急停止，防災活動などについて正しいものはどれか．

- イ．反応の暴走による緊急停止操作としては，原料などの投入停止のほかにも，反応抑制剤や希釈剤の投入などが考えられる．
- ロ．破損により可燃性ガスの漏えいが発生した場合，その系内の可燃性ガスを緊急に脱圧した後，速やかに空気にて系内をパージする．
- ハ．ガス火災が発生した場合，放射熱による周囲への影響が考えられるので，速やかに消火するべく火点への放水などを実施する．
- ニ．毒性ガスが漏えいした場合，拡散の促進と洗浄が最重要となる．
- ホ．地震が発生した場合，まず身の安全を図り，地震動が終息したのち，製造設備の点検を行う．
- ヘ．火災・爆発などが発生した直後の発災箇所の現場確認は，多人数で念入りに実施をする．
- ト．台風や高潮が予測される場合には，事前に部分停止又は全停止により製造設備を安全な状態にしておく方法がある．
- チ．火災を発見した者は上司に報告するまでは，大声で騒いだり，周りの人に知らせたりしない．

解 説

- イ ○ 設問のとおり．3.1節 2）項参照．
- ロ ✕ 不活性ガスでパージする．3.1節 2）項参照．
- ハ ✕ ガス火災が発生した場合には，ガスの漏えい経路の遮断，系内の残ガスの排出，不活性ガスでのパージ，散水などにより複合的に対応する．3.1節 2）項参照．
   【難問】
- ニ ✕ 毒ガスが漏えいした場合には，拡散抑制と除害の措置を講ずる．3.1節 2）項参照．
- ホ ○ 設問のとおり．3.5節参照．
- ヘ ✕ 少人数でかつ短時間で現場確認を行う．3.5節参照．
- ト ○ 設問のとおり．3.5節参照．
- チ ✕ 周囲の人には大声で知らせ，通報設備などで火災の発生，状況を報告する．3.5節参照．

> **問 13** 次のイ～ヘの記述のうち，用役及び用役設備について適切なものはどれか．

イ．工業用水を各機器の散水設備，ウォーターカーテン，防消火用水などに使用したが，廃水となるので使用後は水質の管理はしなかった．
ロ．計装用空気供給配管系の圧力の脈動緩衝に，エアレシーバを設置した．
ハ．特殊反応設備などの反応器内のガスの緊急置換用に使用する不活性ガスの供給設備の電源に，保安電力を保有しなかった．
ニ．非常用電源として蓄電池を使用し，設備が安全に停止できるように容量を決定した．
ホ．可燃性液化ガス貯槽の加圧用に，作業用空気を使用した．
ヘ．液化アンモニア貯槽のウォーターカーテン用に，工業用水を使用した．

解説

3.4 節参照．
- イ× 使用した水の管理，排水処理をしなければならない．
- ロ○ 設問のとおり．
- ハ× 停電に備え，保安電力を確保する必要がある．
- ニ○ 設問のとおり．3.8 節参照．
- ホ× 可燃性ガス貯槽の加圧には空気などの支燃性ガスは用いない．
- ヘ○ 設問のとおり．

> **問 14** 次のイ～ホの温度計のうち，DCS（分散型制御システム）で温度を表示するために選定するものとして，適切なものはどれか．

イ．放射温度計
ロ．抵抗温度計
ハ．バイメタル式温度計
ニ．熱電温度計
ホ．ガラス管温度計

解説

第 2 編 7.1 節参照．DCS で使用することから，外部への信号出力が必要となる．この中で，信号出力ができないのは，バイメタル式温度計とガラス管温度計である．

イ○ ロ○ ハ× ニ○ ホ×

問15

次のイ〜ホの記述のうち，貯槽に取り付ける逆止弁と緊急遮断弁について正しいものはどれか．

イ．逆止弁にはスイング型があるが，垂直，水平，倒立などの弁を取り付ける姿勢に制限はない．
ロ．緊急遮断弁は，定期的に作動確認及び弁座からの漏えいの有無を確認する必要がある．
ハ．貯槽の外側に設置する緊急遮断弁は，貯槽の元弁の外側のできる限り貯槽に近い位置に設ける．
ニ．緊急遮断弁の遮断操作位置は，貯槽から一定距離以上離れた位置であって，大量流出が発生しても十分安全な場所で，かつ，速やかに操作が行える位置とする．
ホ．毒性ガス貯槽の払出し配管の緊急遮断弁の架台を，貯槽本体と異なる基礎上に設置した．

解説

- イ ✗ スイング型は弁が蝶番取付けのため，弁が開く状態での取付け（倒立）は不適切である．3.1節3）項参照．
- ロ ◯ 設問のとおり．3.1節2）項参照．
- ハ ◯ 設問のとおり．3.1節2）項参照．
- ニ ◯ 設問のとおり．3.1節2）項参照．
- ホ ✗ 同一の基礎に設置しなければならない．3.1節2）項参照．

問16

次のイ〜ヌの記述のうち，安全管理について正しいものはどれか．

イ．人間の信頼性は意識レベルに依存し，この意識レベルをピラミッド型に5段階に分類した考え方をハインリッヒの法則という．
ロ．事故の原因分析の際に，「人」「機械」「媒体又は環境」「管理」の四つの要因を取り扱う手法を4M分析という．
ハ．安全性解析手法の特性要因図は，ANDゲート，ORゲートを使い頂上事象に関係する因果関係をツリー状に表示していく方法である．
ニ．What-ifは，実施者が機器故障，誤操作などの事象の発生を想定し，どのような状態になるかを予測し，それを回避するためにいかなる方策が必要かを発想して解析する手法であり，機器故障など正常状態と異なった事象発生の影響を考えるのに便利である．
ホ．相対危険評価法は，対象設備について取扱い物質の特性，危険物質の保有量などに対して，評価点をつけて危険性を相対的に評価する手法である．

- ヘ．FTA，what-if は，いずれもリスクを定量的に評価できる手法である．
- ト．FMEA は，システムを構成する部品や要素に故障が発生した場合，どの程度の影響が及ぶかを解析する手法である．
- チ．特性要因図は，要因を分類し，担当部門や階層別に対策を考えるのに便利であるが，要因相互の因果関係は明確にはならない．
- リ．HAZOP は，操業条件の変化の原因と結果や，とるべき対策を検討する手法であり，他の手法と比べて網羅性がなく，プラントの潜在危険性を見落とす可能性が大きい．
- ヌ．FTA は，要因相互の因果関係や各要因の事故に対する関与の度合いを知るのに便利である．

解 説

- イ× 3.6 節 1) より，ハインリッヒの法則は，労働災害における経験則として，一つの重大事故の背後には 29 の軽微な事故があり，さらに 300 程度の事故に至らない程度の異常があるという考え方．
- ロ○ 3.6 節 2) 項のとおり．
- ハ× この説明は FTA のもの．特性要因図は，問題点と影響因子を整理して，魚の骨のような図にまとめたものをいう．3.6 節 3) 項参照．
- ニ○ 3.6 節 4) 項参照．
- ホ○ 3.6 節 8) 項参照．
- ヘ× FTA は，因果関係をツリー状に表示していく方法であるのでリスク評価は可能である．一方，What-if は，故障，誤操作などの発生を想定し，それらを回避するための方策を発想して解析する手法であるので，リスクを定量的に評価する方法ではない．
- ト○ 3.6 節 9) 項参照．
- チ○ 特性要因図は，原因（問題点）とその影響因子を整理するもので，原因相互には適用できない．
- リ× HAZOP は，正常からの「ずれ」の原因と，その原因がもたらす「結果」を調べることにより，安全対策を検討する手法である．したがって，前段部は正しい．後段は，「網羅性がある」が正しく，したがって，プラントの潜在危険性を探すのに適している．3.6 節 11) 項参照．
- ヌ○ FTA では，まず，望ましくない事象を上位事象として設定し，AND ゲートや OR ゲートを用い，因果関係をツリー状に表示していく方法であり，要因相互の因果関係や各要因の事故に対する関与の度合いを知るのに便利である．3.6 節 6) 項参照．

問17 次のイ，ロ，ハの災害・事故事例と，その事故要因 a，b，c との組合せはどれか．

［災害・事故事例］
イ．接触改質装置の反応塔の安全弁が作動し，高温の炭化水素ガスが安全弁放出配管に流入したが，放出配管がさびで閉塞していたため破壊してガスが漏えいし，火災が発生した．
ロ．炭酸ガス用圧力調整器を高圧窒素容器に使用し，調整器付属の流量計が破裂して作業員が重傷を負った．
ハ．直射日光下に置いた炭酸ガス容器の溶栓が作動し，ガスが噴出した．

［事故要因］
a．不適切な環境
b．設備の維持管理の不備
c．設備部品の誤使用

解 説

- イ b　放出配管のさびが原因なので，整備の問題である．
- ロ c　流量計が破裂しているので，仕様に対応した適切な部品でなかったと考えられる．
- ハ a　直射日光が原因なので，容器の管理場所に問題がある．

4章 運転・設備管理

4.1 計測器の取扱い

2編7章の温度計，圧力計，流量計，液面計についての解説を参照．

4.2 製造設備の維持管理・検査

1) 日常検査（OSI）

現場検査担当者が設備の運転中に行う．

2) 定期自主検査

設備の運転を停止して1年に1回以上実施する．目視検査，作動検査，そのほか必要な検査を行う．

① **非破壊検査**：2編5.3節2) 項参照．

② **耐圧試験**：原則として実施しない．目視検査や非破壊検査を行う．

※補修や設備の一部取替えなどの場合は耐圧試験を実施する場合がある．耐圧検査は原則として水圧により行うが，やむを得ない場合は危険性のない気体で行う．水の場合は常用の1.5倍，気体の場合は常用の1.25倍の圧力で行う．膨らみ，伸びなどがないことを確認する．5〜20分保持する．

③ **気密試験**：配管・計測器を取り付けた最終段階で危険性のない気体を用い，常用の圧力で行う．圧力の降下量を測定し許容値内であることを確認する方法や石鹸水で調べる方法などがある．10分保持する．

④ **安全弁**：点検は，運転中の動作の有無にかかわらず作動検査をする．

⑤ **ガス漏えい検知警報設備**：定期的に作動検査を行う．

3) 音響検査

テストハンマなどでたたいてその音色によって欠陥を判断する．継目なし容器に充てんするとき，はめ合い部分，ボルト・ナットの緩みなどの日常点検にも用いられる．

4) 保全計画

設備の健全性を保ち，設備管理を適切に行うために定める．

① **予防保全（PM）**：設備の劣化状態を基準に整備・修理時期を決める**状態基準保全（CBM）**，稼働時間を基準に整備・修理時期を決める**時間基準保全**

(TBM) などがある．
② **改良保全**：設備などを改良しながら整備を行う．
③ **計画事後保全**：設備が故障又は性能の低下をきたしてから整備，修理を行うことを前提に，計画的に管理する．
④ **総合生産保全**：設備の生産性向上を目的に，総合的に管理する．

4.3 製造設備の運転

1）運転開始
- 原料の導入：指定された方法により原料の組成を確認し，導入する．
- 運転開始：定められた基準に従い，温度，圧力，流量などを設定する．

2）定常運転
温度，圧力，流量，液面などを設定値に確保するよう，各種操作を行う．

3）運転停止
点検のための計画停止，故障・緊急停止など．
① **ガスの排出**：可燃性ガスはフレアースタック，ベントスタックなどで排出する．毒性ガスは除害処理後，排出する．
② **ガス置換**：作業者が装置内部で以下に示す作業可能な状態になるまで空気などで置換する．
- 可燃性ガス：爆発下限界の 1/4 以下の値
- 毒性ガス：許容濃度（じょ限量）以下の値
- 酸素：22％以下の値
- 空気による再置換：酸素 18 ～ 22％

※酸素濃度測定には，磁気式酸素計を用いる．
※可燃性ガス貯槽などの場合には，まず窒素などの不活性ガスで置換後，空気で置換する．
※アンモニア貯槽などのガス置換の場合には二酸化炭素（炭酸ガス）を用いない．

4）異常現象
振動・騒音，流路閉塞，塔内の飛沫同伴（エントレインメント），フラッディング，加熱炉の異常過熱，ポンプのキャビテーション，霜つき，暴走反応，ホットスポットなどが異常現象としてあげられる．

※ホットスポットが発生するとその部分の強度が低下し，破損するおそれがある．

5) 異常時の対応
① **警報**：音と光により異常を表示（軽重，緊急度など）する．
② **緊急停止**：原料の供給停止，用役の停止，ガスなどの漏えい，反応器の異常，火災・爆発，天災時などの場合に緊急停止する．
※警報などは，異常事態が解消するまで消灯させない．
※遠隔制御する機器であっても，機器にカバー付きなどの停止スイッチを付ける．
※運転員は，必ず運転責任者に異常を報告する．
※緊急措置は，重要度に応じて対応する．
③ **フラッディング**：蒸留塔再蒸発器の熱源を停止する．
④ **ホットスポット**：反応器予熱器を停止する．
⑤ **暴走反応**：原料供給の停止，反応触媒投入の停止，反応抑制剤・希釈剤の投入を行う．

4.4 工事管理

工事には，新設，定期検査，小規模修理などがある．工事の際は製造部門や工事部門など外部の作業員を含むすべての関係部門に対し，事前に工事の目的，内容，工程，安全対策などを明確に示し，安全教育も実施する必要がある．

1) 定期検査の工事管理

- 製造部門は，装置内の可燃物，有害物質などの除去が完了したことを確認し，ほかの装置などから，これらが流入しないよう措置したうえで，着工の許可を出す．
- 工事期間中，毎日ミーティングを行い，当日の作業内容，安全対策など必要事項の伝達を行う．

※製造部門は定期的な工事現場のパトロールに加わる以外では，火気使用工事許可など各種許可，必要な立会いなど工事部門と連携して工事管理を行う．
※工事や工程に変更がある場合は，変更内容を製造部門と工事部門が確認し，関係者に周知・徹底する．
※製造設備の改造工事については，工事関係者の会議などで事前に十分検討してから行う．
※埋設配管などの正確な位置を把握するために事前に試し堀りを行う．

- 工事完了後は，工事部門の責任で所定の検査と結果の評価を行い，製造部門

に引き渡す．製造部門は保安担当者の確認を得て，スタートアップ作業に入る．

2) 火気使用工事
- 事前に火気について確認し，火気使用許可を受ける．
- ※溶接，溶断，裸火，電動工具の電気火花，グラインダ・たがね・ハンマの火花，はんだごて・電熱器など．
- 工事対象設備周辺から可燃物を除去する．
- 消火器を準備する．
- ※火気使用工事は，火災が発生する危険性があるため，連絡体制を確立し，立会いを行う．

3) 塔槽内作業

① 作業上の注意点
- ガス置換：可燃性ガス・毒性ガスを処理し，酸素濃度などを適正に保つ．
- 縁切り：開放する設備の前後配管の弁を閉止し，仕切り板を挿入する．
- 酸素欠乏対策：酸素欠乏危険作業主任者を選任し，監視人を決める．
- 必要に応じ，保護具を着用する．

② 作業前の確認事項
- 撹拌機などの動力源の停止を確認する．
- 可燃性ガスの濃度：爆発限界の 1/4 以下
- 毒性ガスの濃度：許容濃度以下
- 酸素の濃度：18 〜 22vol%

演 習 問 題

問1 次のイ～ヲの計測器の取扱いについての記述のうち,正しいものはどれか.

イ. 放射温度計を用いて,加熱炉の覗き窓から,非接触で炉壁の表面温度を測定した.
ロ. ブルドン管圧力計を往復圧縮機に用いると指針の振れが大きくなるので,現場で測定するとき元弁を微開にし,常時は全閉とした.
ハ. オリフィス流量計のオリフィス板を垂直配管に取り付け,前後に直管部を設けた.
ニ. 平形ガラス液面計は,高圧液化ガス容器の液面計には使用できない.
ホ. オリフィス流量計のオリフィス板を,エルボ管の直後に取り付けた.
ヘ. 面積式流量計(ロータメータ)のテーパ管を,垂直に取り付けた.
ト. ベンチュリ流量計を,スラリー液に用いた.
チ. 腐食性流体の圧力を測定するために,隔膜式ブルドン管圧力計を選定した.
リ. 高粘性流体の流体を測定するために,タービン式流量計を選定した.
ヌ. 小流量から大流量まで精度よく流量を測定するために,容積式流量計を選定した.
ル. 1400℃の温度を測定するために,クロメル-アルメル熱電対を使用した温度計を選定した.
ヲ. 約1000℃の温度測定に,銅-コンスタンタンの熱電対を用いた熱電温度計を使用した.

解 説

- **イ ○** 設問のとおり.放射温度計では,直接接触が困難な高温部などを非接触で温度測定することができる.2編7.1節6)項参照.
- **ロ ×** 往復圧縮機などの脈動が大きい場合は,緩衝装置を取り付ける.元弁は全開にしておく.2編6.1節2)項参照.
- **ハ ○** 設問のとおり.2編7.3節注釈参照.
- **ニ ×** 高圧液化ガス容器の液面計には使用できないのは,丸形ガラス管液面計である.一般高圧ガス保安規則第6条第1項第二十二号参照.
- **ホ ×** オリフィス流量計は直管部に取り付け,さらに前後に十分な直管部を設ける必要がある.2編7.3節注釈参照.
- **ヘ ○** 設問のとおり.2編7.3節2)項参照.
- **ト ○** 設問のとおり.2編7.3節1)項参照.
- **チ ○** 設問のとおり.2編7.2節4)項参照.
- **リ ×** タービン流量計は低粘度の流体に適している.2編7.3節5)項参照.

230

4章 運転・設備管理

- ヌ○ 設問のとおり．2編7.3節4)項参照．
- ル× 銅-コンスタンタンは300℃，クロメル-アルメル熱電対（K型）は，1 000℃程度まで．1400℃まで計測するためには，白金-白金ロジウム熱電対（R型及びS型）を使用しなければならない．2編7.1節4)項参照． 難問
- ヲ× 銅-コンスタンタンの熱電対は，200～300℃が使用範囲．2編7.1節4)項参照． 難問

問2 次のイ～ルの計測器の取扱いについての記述のうち，正しいものはどれか．

- イ．容積式流量計を，高粘度液に用いた．
- ロ．蒸気配管の保温不良箇所を点検するため，赤外線温度計で保温表面温度を測定した．
- ハ．スラリー液の圧力測定に隔膜式圧力計を使用した．
- ニ．高粘度の流量測定に，タービン式流量計を使用した．
- ホ．凝固しやすい液体に，ブルドン管圧力計を使用した．
- ヘ．往復圧縮機のガスの圧力測定に，緩衝装置付きのブルドン管圧力計を使用した．
- ト．酸素配管に「禁油」の表示されたブルドン管圧力計を使用した．
- チ．酸素濃度測定に，磁気式分析計を使用した．
- リ．脈動する液体の圧力を測定するために，衝動装置とともにブルドン管圧力計を取り付けた．
- ヌ．密度が不規則に変化する流体の流量測定に，ロータメータを用いた．
- ル．小型液化ガス貯槽の液面計として，金属管式マグネットゲージを用いた．

解 説

- イ○ 設問のとおり．2編7.3節4)項参照．
- ロ○ 設問のとおり．2編7.1節6)項参照．
- ハ○ 設問のとおり．2編7.2節4)項参照．
- ニ× タービン流量計は低粘度の流量測定に適している．高粘度には容積式が適している．2編7.3節4)，5)項参照．
- ホ× ブルドン管内部や配管が閉塞するおそれがある．
- ヘ○ 設問のとおり．
- ト○ 設問のとおり．酸素配管では油は厳禁である．
- チ○ 設問のとおり．酸素濃度測定には，一般的に磁気式酸素計が用いられる．
- リ○ 設問のとおり．2編6.2節2)項参照．
- ヌ× ローターメータは，密度が不規則に変化する流体の流量測定には不向きである．2編7.3節2)項参照．

|ル|○| 設問のとおり．2編7.4節5）項参照．

問3 次のイ～ニのガス置換及び空気置換の終了の判断基準についての記述のうち，正しいものはどれか．

イ．可燃性ガス設備のガス置換────爆発下限界の値
ロ．毒性ガス設備のガス置換────じょ限量未満の値
ハ．酸素貯蔵設備の空気置換────酸素22％以下の値
ニ．ガス置換後の空気置換────酸素16％

解　説

4.3節3）項参照．
|イ|×| 可燃性ガスは爆発下限界の1/4以下の値にしなければならない．
|ロ|○| 設問のとおり．
|ハ|○| 設問のとおり．
|ニ|×| 酸素濃度18～22％にしなければならない．

問4 次のイ～ニの記述のうち，ガス置換などについて適切なものはどれか．

イ．アンモニア貯槽のガス置換を，最初に炭酸ガスで行った．
ロ．可燃性ガス貯槽のガス置換を，最初に空気で行った．
ハ．不活性ガス貯槽の槽内作業にあたり，空気置換後の槽内の酸素濃度が18vol％以上であることを確認した．
ニ．バルブにより縁切りする際に，配管に設置されたバルブを二重に閉め，その間のブロー弁（ブリード弁）を全開とし，それぞれを施錠した．

解　説

4.3節3）項参照．
|イ|×| アンモニアは炭酸ガス以外の不活性ガスで置換する．
|ロ|×| 可燃性ガスは，最初に，必ず窒素などの不活性ガスで置換する．
|ハ|○| 設問のとおり．
|ニ|○| 設問のとおり．

問5 次のイ～ニに解答せよ．

イ．次の（1）～（4）の非破壊試験のうち，オーステナイト系ステンレス鋼製圧力

容器の内部欠陥を検出するのに適しているのはどれか．
　(1) 浸透探傷試験
　(2) 超音波探傷試験
　(3) 放射線透過試験
ロ．次の（1）～（3）の非破壊検査のうち，18-8ステンレス鋼製圧力容器の開放検査時の表面欠陥の検査に適しているものはどれか．
　(1) 浸透探傷試験
　(2) 磁粉探傷試験
　(3) アコースティック・エミッション試験
ハ．次の（1）～（4）の非破壊試験のうち，材料内部の深い位置にある欠陥を検査するのに適しているのはどれか．
　(1) 磁粉探傷試験
　(2) 放射線透過試験
　(3) 超音波探傷試験
　(4) 浸透探傷試験
ニ．次の（1）～（4）の非破壊試験のうち，炭素鋼配管溶接後の外表面にある欠陥を検出するものに適しているものはどれか．
　(1) 浸透探傷試験
　(2) 超音波探傷試験
　(3) 放射線透過試験
　(4) 磁粉探傷試験

解説

イ．2編5.3節2）項参照．
[(1)×]　浸透探傷試験は表面欠陥のみを調べる方法である．
[(2)○]　適している．
[(3)○]　適している．
ロ．2編5.3節2）項参照．
[(1)○]　適している．
[(2)×]　磁粉探傷試験は，18-8ステンレス鋼のような非磁性材料には適さない．
[(3)×]　アコースティック・エミッション試験は材料が外力を受けている状態で調べる．
ハ．2編5.3節2）項参照．
[(1)×]　磁粉探傷試験は，表面又は表面付近の欠陥を調べる方法である．
[(2)○]　適している．
[(3)○]　適している．
[(4)×]　浸透探傷試験は，表面の欠陥を調べる方法である．
　※表面波を用いて表面欠陥を検出する方法もあるが，適しているとは言い切れない．

ニ．2編5.3節2）項参照．
(1) ◯ 適している．
(2) ✗ 超音波探傷試験は内部欠陥を調べる方法である．
(3) ✗ 放射線透過試験は内部欠陥を調べる方法である．
(4) ◯ 適している．

> **問6** 次のイ〜ヲの非破壊検査についての記述のうち，正しいものはどれか．
> イ．浸透探傷試験には蛍光浸透探傷試験と染色浸透探傷試験があり，蛍光浸透探傷試験は材料内部の欠陥の検出に適用される．
> ロ．磁粉探傷試験は，強磁性体表面に塗布した磁粉の凝集度合いにより表面又は表面近くの欠陥を検出する試験法であり，18-8ステンレス鋼の表面欠陥の検出には適用できない．
> ハ．超音波探傷試験は被検査物に超音波を入射したときに，欠陥によって超音波の一部が反射する性質を利用した試験法である．
> ニ．超音波探傷試験は，欠陥部により反射した超音波により，欠陥の有無や形状を調べる方法で，材料内部に存在する欠陥の検出に適用できる．
> ホ．放射線透過試験は，材料にX線を透過させ，欠陥を検出する方法であるが，18-8ステンレス鋼の欠陥の検出に適用できない．
> ヘ．蛍光浸透探傷試験は，表面欠陥だけでなく，表面近傍の内部欠陥の検出に適している．
> ト．アコースティック・エミッション試験（AE試験）は，進行中の欠陥を検出する方法である．
> チ．溶接部の非破壊試験は，溶接完了後すぐに行うのではなく，低温割れなどの発生を考慮して所定時間経過後に行う．
> リ．放射線透過試験は，X線の反射時間を利用して材料の厚さを測定できる．
> ヌ．染色浸透探傷試験は，表面に開口した欠陥の検出に適している．
> ル．アコースティック・エミッション試験は，金属材料の内部深くにある球状欠陥の検出に適している．
> ヲ．渦流探傷試験は，欠陥により変化する渦電流を調べる方法で，線，棒などの表面の傷やチューブの割れなどを検出するのに使用される．

解 説

イ ✗ 浸透探傷試験は表面欠陥のみを調べる方法である．
ロ ◯ 設問のとおり．2編5.3節2）項参照．
ハ ◯ 設問のとおり．2編5.3節2）項参照．
ニ ◯ 設問のとおり．2編5.3節2）項参照．

- ホ☒ 特に18-8ステンレス鋼に対する制約はない．2編5.3節2）項参照．
  ※磁粉探傷試験は，18-8ステンレス鋼には適さない．
- ヘ☒ 浸透探傷試験は表面欠陥のみに適する．2編5.3節2）項参照．
- ト○ 設問のとおり．2編5.3節2）項参照．
- チ○ 設問のとおり．2編5.3節3）項参照．
- リ☒ 放射線探傷試験は，X線の透過を利用する．2編5.3節2）項参照．
- ヌ○ 設問のとおり．2編5.3節2）項参照．
- ル☒ アコースティック・エミッション試験は，材料が外力を受ける状態で，進行中の欠陥から放出される超音波を調べる．2編5.3節2）項参照．
- ヲ○ 設問のとおり．2編5.3節2）項参照．

問7 次のイ～トの気密試験についての記述のうち，正しいものはどれか．

イ．強度に関する部分を溶接補修したので，気密試験で漏れがないことを確認した後耐圧試験を実施した．
ロ．配管，計器類が取り付けられた後に，最終段階の検査として気密試験を行った．
ハ．耐圧試験は，原則として水などの液圧により行い，膨らみ，伸び，漏えいなどの異常がないとき合格とする．
ニ．耐圧試験は，主として漏れを調べるために実施するものである．
ホ．気密試験には，試験圧力を加えたのち一定時間放置して，圧力の降下量を測定する方法もある．
ヘ．耐圧試験及び気密試験は，規定の圧力で行うが，その保持時間は任意である．
ト．気密試験は，原則として空気その他の危険性のない気体の気圧により行い，漏えいなどの異常がないとき合格とする．

解説

- イ☒ 通常の定期検査では耐圧試験は実施しないが，補修や一部の設備の取替えなどの場合は耐圧試験を実施した後，気密試験を行わなければならない．4.2節2）項参照．
- ロ○ 設問のとおり．4.2節2）項参照．
- ハ○ 設問のとおり．水を使用することが不適当な場合に限り危険性のない気体で行う．4.2節2）項参照．
- ニ☒ 耐圧試験では膨らみや伸びがないことを確認する．4.2節2）項参照．
- ホ○ 設問のとおり．4.2節2）項参照．
- ヘ☒ 耐圧試験では5～20分程度，気密試験では10分程度放置する．4.2節2）項参照．
- ト○ 設問のとおり．4.2節2）項参照．

問8　次のイ～チの高圧ガス製造装置の定期検査工事時の工事管理についての記述のうち，適切なものはどれか．

イ．製造部門は，装置内の可燃物，有害物質などの除去が完了したことを確認し，他の装置などから，これらが流入しないよう措置したうえで，着工の許可を出す．

ロ．工事期間中，製造部門は定期的な工事現場のパトロールに加わる以外，装置の管理に関与しない．

ハ．製造設備の改造工事については，操作性などの面から必要な場合，運転員が工事作業者に直接変更指示する．

ニ．工事完了後は，工事部門の責任で所定の検査と結果の評価を行い，製造部門に引き渡す．製造部門は保安担当者の確認を得て，スタートアップ作業に入る．

ホ．定期検査工事において，内容物が残留した槽の縁切りが完了したので，製造設備全体の管理を製造部門から工事部門に引き渡した．

ヘ．定期検査工事において，製造設備の変更工事の内容について，現場の操作性に改善すべき点があったので，運転員が直接施工業者に変更を指示した．

ト．工事期間中の始業時ミーティングでは，当日の工事計画，工事状況，危険想定事象の確認，及び必要事項の伝達などを行う．

チ．電気器具の使用時に生じるショートの火花，工具使用時の衝撃火花，摩擦火花などの火花は，裸火とは異なり火気工事としての管理対象ではないので，消火器の設置の必要はない．

解説

4.4節参照．

- イ〇　設問のとおり．
- ロ×　そのほか，製造部門は火気使用工事許可などの各種許可，必要な立会いなどについて工事部門と連携して工事管理を行う．
- ハ×　製造設備の改造工事については，工事関係者の会議などで検討し，その後行う．4.4節参照．
- ニ〇　設問のとおり．
- ホ×　製造部門は，装置内を含む作業環境の安全確認をしてから工事部門へ引き渡す必要がある．難問
- ヘ×　変更工事の内容を製造部門と工事部門が確認してから，施工業者に指示する．また，関係者にも周知する．難問
- ト〇　設問のとおり．
- チ×　ショートの火花，工具使用時の衝撃火花，摩擦火花も発火源になり得る．

問9 次のイ～ヌの工事上の管理事項についての記述のうち，適切なものはどれか．

イ．火気使用工事の管理対象を，溶接の火炎と電動工具の電気火花，グラインダの火花に限定した．
ロ．事前に図面を調査し，埋設配管，埋設ケーブルの位置を確認したので，試し掘りを省き，機械掘りを行った．
ハ．塔槽内作業にあたり，開放時に運転，保全の両担当者が立ち会い，酸素欠乏危険作業主任者を選任し，監視人を配置した．
ニ．可燃物が付着した酸素ガスの配管を急激に加圧すると，断熱圧縮により，着火することがある．
ホ．短時間の火気使用工事なので，立会いを省略して専門業者に一任した．
ヘ．塔槽内作業の縁切りのため，塔槽につながる配管の弁をダブルロックしてブリーダ弁を開き施錠した．
ト．定期修理工事などで入構する社外の作業員に対して，設備の危険性，構内安全ルール，緊急時の措置などの安全教育を実施した．
チ．火気使用工事としての管理対象を，ガス溶接，ガス溶断など火炎が発生するものに限定した．
リ．ベリリウム銅製のハンマを用い，火花の発生を抑制した．
ヌ．工事期間中は，毎朝ミーティングを実施し，当日の作業内容，危険想定事象，安全対策，その他必要事項の伝達を行った．

解 説

- **イ ×** そのほか，たがね・ハンマによる火花，はんだごて，電熱器なども対象にする必要がある．4.4節参照．
- **ロ ×** 試し掘りをして位置を確認してから機械掘りをしなければならない．4.4節参照．
- **ハ ○** 設問のとおり．4.4節参照．
- **ニ ○** 設問のとおり．断熱圧縮はガスの温度を上昇させ，着火の原因となる．2編6.1節2）項参照．
- **ホ ×** 火気使用工事は，火災が発生する危険性があるため，連絡体制を確立し，立会いを行う．4.4節参照．
- **ヘ ○** 設問のとおり．4.4節参照．
- **ト ○** 設問のとおり．4.4節参照．
- **チ ×** すべての火気使用工事を対象にする必要がある．4.4節2）項参照．
- **リ ○** 設問のとおり．
- **ヌ ○** 設問のとおり．

| 問 10 | 次のイ～への記述のうち，毒性かつ可燃性のガスを取り扱う設備の塔槽内作業前の確認作業について正しいものはどれか．|

- イ．撹拌機などの動力源が遮断済みであることを確認した．
- ロ．槽内を不活性ガスで置換し，可燃性ガス濃度が爆発下限界以下であることを確認した．
- ハ．毒性ガス濃度が許容濃度以下であることを確認した．
- ニ．酸素濃度が 22vol%を超えていることを確認した．
- ホ．運転中の装置と解放する槽との縁切りを，保全班のみで実施した．
- ヘ．前日に引き続き槽内作業をするので，酸素濃度の確認を省略した．

解 説

4.4 節 3) 項参照．
- イ○　設問のとおり．
- ロ×　可燃性ガス濃度が爆発下限界の 1/4 以下でなければならない．
- ハ○　設問のとおり．
- ニ×　酸素濃度は，18～22vol%でなければならない．
- ホ×　運転中の装置との縁切りなので，運転担当と保全班の両方で実施する．
- ヘ×　作業前には必ず酸素濃度を確認すること．

| 問 11 | 次のイ～ニの記述のうち，運転操作として適切なものはどれか．|

- イ．貯槽の安全弁の元弁を，全開の状態で施錠した．
- ロ．防液堤の水抜き弁を，常時開とした．
- ハ．保安上重要な弁の開閉状態を，標示板により明確にした．
- ニ．ドレン弁のハンドルが固かったので，パイプレンチを使用して操作した．

解 説

- イ○　設問のとおり．
- ロ×　防液堤の水抜き弁は，常時閉としなければならない．
- ハ○　設問のとおり．
- ニ×　ドレン弁の開閉は，原則，手で行う．

| 問 12 | 次のイ～チの記述のうち，異常時の運転管理について正しいものはどれか．|

- イ．遠隔制御する装置の異常状態の警報灯は，措置を実施後も異常状態が解消しな

い限り消灯させない．
ロ．遠隔制御する圧縮機の緊急停止ボタンは，誤停止を防止するため現場には設置しない．
ハ．運転員が異常を発見したときは，必ず運転責任者（直長など）に報告する．
ニ．二つ以上の異常状態警報灯が点灯したときは，重要度にかかわらず発生した順に対応する．
ホ．蒸留塔でフラッディングが起きたので，蒸留塔再蒸発器の熱源を停止させた．
ヘ．反応器内でホットスポットが生じたので，反応器予熱器の熱源を停止した．
ト．高圧設備内で暴走反応が起こったので，反応触媒を投入した．
チ．蒸留塔内の蒸気速度が増加するとフラッディング現象が起こり，塔底液の抜出し量が増加して運転が困難となる．

解説

4.3 節 4），5）項参照．

- イ◯　設問のとおり．
- ロ×　緊急措置用として，カバー付きスイッチなどを現場に設置する．
- ハ◯　設問のとおり．
- ニ×　重要度に応じて対応する．
- ホ◯　設問のとおり．処理量や流速を低減させることによりフラッディングは収まる．3.2 節 10）項参照．
- ヘ◯　設問のとおり．
- ト×　原料の供給や反応触媒の投入を停止しなければならない．反応抑制剤や希釈剤の投入も効果的である．
- チ×　前段は正しい．後段について，フラッディングでは液が蒸気に同伴し上昇するので，塔底液が減少する．3.2 節 10）項参照．

問13　次のイ～リの製造設備の維持管理のための検査についての記述のうち，正しいものはどれか．

イ．重要機器の日常検査を，設備管理部門の検査担当者が検査用機器を用いて，運転中に行った．
ロ．製造設備のスタートアップ時に，配管のボルトナットの緩みを，テストハンマにより音響検査した．
ハ．定期検査時に，運転中に作動した安全弁のみ作動検査を実施した．
ニ．状態基準保全（CBM）は，近年の検出技術や設備診断技術などにより，設備の劣化傾向を把握して設備の寿命を予測し，それに合わせて次の整備，修理の時期を決める方式である．

ホ．時間基準保全（TBM）は，設備の性能や健全性，保全性などを向上させることを目的とし，設備や補修内容を改善しながら整備を行う方式である．

ヘ．改良保全は，設備が故障又は性能の低下をきたしてから整備，修理を行うことを前提に，計画的に管理する方式である．

ト．年1回の定期検査時に，可燃性ガス漏えい検知警報設備のうち運転中に作動したもののみを対象に，作動検査を実施することにした．

チ．年1回の定期検査時に，塩素の除害設備の目視検査及び作動検査を実施することにした．

リ．流体が高流速で流れる保温された炭素鋼配管の肉厚測定を，運転開始1年後に実施したが肉厚は減少していなかったので，それ以降の定期検査項目から外すことにした．

解　説

- イ◯ 設問のとおり．4.2節1）項参照．
- ロ◯ 設問のとおり．4.2節3）項参照．
- ハ× 安全弁は運転中の作動の有無にかかわらず，作動検査する必要がある．4.2節2）項参照．
- ニ◯ 設問のとおり．4.2節4）項参照．
- ホ× 時間基準保全は，稼働時間を基準に整備・修理時期を決める方式である．4.2節4）項参照．
- ヘ× 設備などを改良しながら整備を行う方式である．4.2節4）項参照．
- ト× すべてのガス漏えい検知警報設備を検査しなければならない．4.2節参照．
- チ◯ 設問のとおり．4.2節参照．
- リ× 毎年実施しなければならない．4.2節参照．

5章 材料と防食

材料及び防食については，2編で個別に解説した．本章では，保安管理技術に関連する例題に取り組む．

演習問題

問1 次のイ，ロ，ハ，ニの記述のうち，金属材料の選定について正しいものはどれか．

- イ．アセチレンガスの配管に銅を用いた．
- ロ．液体窒素の貯槽にアルミニウム合金を用いた．
- ハ．アンモニアを冷媒とする熱交換器に銅合金を用いた．
- ニ．海水を冷媒とする熱交換器にチタンを用いた．

解説

- イ ✕　アセチレンは，銅や銀及びそれらの塩と接触すると反応性が高い金属アセチリドを生成し，分解爆発を起こす危険性が高い．2編4章5）項参照．
- ロ ◯　設問のとおり．アルミニウム合金は低温での脆性がない．2編5.2節5）項参照．
- ハ ✕　アンモニアは銅や銅合金に対して激しい腐食性を示す．2編4章8）項参照．
- ニ ◯　設問のとおり．チタンは，海水に優れた耐食性を示す．2編5.2節6）項参照．

問2 次のイ，ロ，ハの記述のうち，炭素鋼を腐食するものはどれか．

- イ．常温高圧の水素
- ロ．高温大気圧の水素
- ハ．高温高圧の一酸化炭素

解説

- イ ✕　炭素鋼を腐食させるためには高温でなければならない．2編4章1）項参照．
- ロ ◯　設問のとおり．2編4章1）項参照．
- ハ ◯　設問のとおり．2編4章7）項参照．

問3 次のイ〜ルの記述のうち，腐食と防食について正しいものはどれか．

イ．オーステナイト系ステンレス鋼 SUS304 は，約 100℃の塩素イオンを含む環境中で引張応力が加わっても，応力腐食割れを起こすことはない．
ロ．水中に設置された炭素鋼と亜鉛を接続すると，炭素鋼の腐食は軽減される．
ハ．電気防食法として用いられる流電陽極法は，直流電源を用いて防食を行う方法である．
ニ．エロージョン・コロージョンは，材料が腐食と同時に乱流やスラリーの衝撃などにより機械的損傷を受ける現象である．材料表面の保護性の被膜が除去されることで腐食が促進される．
ホ．炭素鋼の亜鉛めっきは，湿食に対する防食には効果がない．
ヘ．炭素鋼にクロムやケイ素を加えると，耐酸化性が向上する．
ト．炭素鋼の電気防食の犠牲陽極として，亜鉛，マグネシウムなどが使用される．
チ．金属の結晶粒界が選択的に浸食される腐食を粒界腐食といい，SUS304 のようなステンレス鋼の溶接の熱影響部が腐食環境にさらされた場合にみられる．
リ．腐食環境内で，材料が腐食と同時に乱流やスラリーの衝突などによる機械的損傷を受ける現象を，腐食疲労という．
ヌ．電気防食のうち，防食対象金属より電位の低い金属を取り付けて防食する方法を流電陽極法という．
ル．ステンレス鋼は，炭素鋼と異なり浸炭も脱炭も生じない．

解説

イ× オーステナイト系ステンレス鋼 SUS304 は，Cl⁻を含む環境下で応力腐食割れを生ずる．2編 5.4節 1) 項参照．

ロ○ 設問のとおり．2編 5.4節 3) 項参照．

ハ× 流電陽極法は，アノードを犠牲にしてカソードを防食する．直流電流を用いるのは外部電源法である．2編 5.4節 3) 項参照．

ニ○ 設問のとおり．2編 5.4節 1) 項参照．

ホ× 湿食は電池の原理で進行する．したがって，亜鉛めっきは溶け出し，電気防食法と同様の原理で炭素鋼が防食される．2編 5.4節 1) 項，3) 項参照．　難問

ヘ○ 設問のとおり．2編 5.2節 1) 項参照．

ト○ 設問のとおり．2編 5.4節 3) 項参照．

チ○ 設問のとおり．2編 5.4節 1) 項参照．

リ× 腐食環境内で，材料が腐食と同時に乱流やスラリーの衝突などによる機械的損傷を受ける現象は，エロージョン・コロージョンである．腐食疲労は，繰返し応力による疲労と腐食の同時進行のこと．2編 5.4節 1) 項参照．

ヌ○ 設問のとおり．2編 5.4節 3) 項参照．

ル× 炭素鋼だけでなく，ステンレス鋼も浸炭や脱炭を生ずる．2編 5.4節 2) 項参照．

4編 模擬試験

　本編では，実際の試験の出題形式に準じ，法令20問，学識15問，保安管理技術15問の合計50問に取り組む．1編から3編までの演習問題を何度も繰り返した後，総仕上げとして，模擬試験で習熟度を測る．70点以上（35問以上正解）を目標に頑張ろう．

1章 法令

次の各問について，高圧ガス保安法に係る法令上正しいと思われる最も適切な答えをその問の下に掲げてある (1), (2), (3), (4), (5) の選択肢の中から1個選びなさい．なお，経済産業大臣が危険のおそれのないと認めた場合等における規定は適用しない．

問1 次のイ，ロ，ハの記述のうち，正しいものはどれか．

イ．高圧ガス保安法は，高圧ガスによる災害を防止して公共の安全を確保する目的のために，高圧ガスの製造，貯蔵，販売，移動その他の取扱い及び消費並びに容器の製造及び取扱いについて規制するとともに，民間事業者及び高圧ガス保安協会による高圧ガスの保安に関する自主的な活動を促進し，もって公共の安全を確保することを目的としている．

ロ．圧力が0.2メガパスカルとなる場合の温度が35度以下である液化ガスであって，現在の圧力が0.1メガパスカルであるものは高圧ガスである．

ハ．温度15度において圧力が0.2メガパスカルとなる圧縮アセチレンガスは高圧ガスである．

(1) イ　　(2) ロ　　(3) イ，ロ　　(4) ロ，ハ　　(5) イ，ロ，ハ

問2 次のイ，ロ，ハの記述のうち，正しいものはどれか．

イ．第一種製造者は，製造のための施設の位置，構造若しくは設備の変更の工事をしようとするときは，その旨を都道府県知事に届け出なければならない．

ロ．アルゴンに係る高圧ガスの製造をしようとする者が，事業所ごとに，都道府県知事の許可を受けなければならない場合の処理することができるガスの容積の最小の値は，1日100立方メートルである．

ハ．質量3 000キログラムの液化アンモニアを貯蔵して消費する者は，事業所ごとに，消費開始の日の20日前までに，その旨を都道府県知事に届け出なければならない．

(1) ロ　　(2) ハ　　(3) イ，ロ　　(4) ロ，ハ　　(5) イ，ロ，ハ

問3 次のイ，ロ，ハの記述のうち，正しいものはどれか．

イ．第一種製造者は，高圧ガスの製造のための施設又は第一種貯蔵所の設置の工事を完成したときは，製造のための施設又は第一種貯蔵所につき，都道府県知事が行う完成検査又は指定機関が行う完成検査を受け，これらが技術上の基準に適合していると認められた後でなければ，これを使用してはならない．

ロ．圧縮モノシラン，圧縮ジボラン，液化アルシンを消費する者は，事業所ごとに，消費開始の日の20日前までに，消費する特定高圧ガスの種類，消費のための施設の位置，構造及び設備並びに消費の方法を都道府県知事に届けなければならないが，液化酸素を消費する者はその必要はない．

ハ．第一種製造者が製造した高圧ガスをその事業所にて販売する場合を除き，高圧ガスの販売の事業を営もうとする者は，販売所ごとに，事業開始の日の20日前までに都道府県知事に届け出なければならない．

(1) イ　　(2) ハ　　(3) イ, ハ　　(4) ロ, ハ　　(5) イ, ロ, ハ

問4 次のイ，ロ，ハの記述のうち，正しいものはどれか．

イ．第一種製造者がその事業所において指定する場所では，何人も火気を取り扱ってはならない．また，何人も，その第一種製造者の承諾を得ないで，発火しやすいものを携帯してその場所に立ち入ってはならない．

ロ．第二種製造者（冷凍のため高圧ガスの製造をする者を除く）には，「高圧ガスの製造施設が危険な状態になったときは，直ちに，応急の措置を行うとともに，製造の作業を中止し，製造設備内のガスを安全な場所に移し，又は大気中に安全に放出し，この作業に特に必要な作業員のほかは退避させること」の定めは適用されない．

ハ．第一種製造者は，経済産業省令で定める事項について記載した危害予防規程を定め，経済産業省令で定めるところにより，都道府県知事に届け出なければならないが，これを変更したときは，届け出る必要はない．

(1) イ　　(2) ロ　　(3) イ, ロ　　(4) ロ, ハ　　(5) イ, ロ, ハ

問5 次のイ，ロ，ハの記述のうち，正しいものはどれか．

イ．第一種製造者は，高圧ガス製造保安責任者免状を有し，高圧ガス製造に関する経験を有する者のうちから高圧ガス製造保安技術管理者を選任しなけれならないが，高圧ガス製造保安係員は，高圧ガス製造保安責任者免状は必要ない．

ロ．バルブ等の容器の附属品で，経済産業省令で定めるものの製造又は輸入をした者は，充てんする高圧ガスの圧力を示して附属品検査を受け，合格した刻印がされていれば，これを使用することができる．

ハ．液化アンモニアガスを充てんする容器に表示すべき事項の一つに，「その容器の外面の見やすい箇所に，その表面積の2分の1以上について白色の塗色をすること」がある．

(1) イ　　(2) ロ　　(3) ハ　　(4) ロ, ハ　　(5) イ, ロ, ハ

問6 次のイ，ロ，ハの記述のうち，正しいものはどれか．

イ．溶接容器，超低温容器及びろう付け容器の容器再検査の期間は，製造した後の経過年数20年未満のものは5年，経過年数20年以上のものは2年と定められている．

ロ．附属品検査に合格したバルブに刻印すべき事項の一つに，「気密試験における圧力（記号FP，単位メガパスカル）及びM」がある．

ハ．容器の表示が滅失したとき，その容器の所有者が表示をし直すことは禁じられている．

(1) イ　　(2) ロ　　(3) ハ　　(4) イ, ハ　　(5) ロ, ハ

問7 次のイ，ロ，ハの記述のうち，製造設備が液化石油ガススタンドである製造施設を有する第一種製造者の事業所について液化石油ガス保安規則上正しいものはどれか．

イ．充てんする液化石油ガスは，空気中の混入比率が容量で100分の1である場合において感知できるような「におい」がするものを充てんしなければならない．
ロ．ディスペンサーは，その本体の外面から公道の道路境界線に対し5メートル以上の距離を有すること．
ハ．充てんを受ける車両は，槽と車両との間にガードレール等の防護措置を設置しない場合は，地盤面上に設置した貯槽の外面から3メートル以上離れて停止させるための措置を講じなければならない．

(1) イ　　(2) ロ　　(3) ハ　　(4) ロ，ハ　　(5) イ，ロ，ハ

問8から問13までの問題は，次の例による事業所に関するものである．

専らナフサを分解して，エチレン，プロピレン等を製造し，これらの高圧ガスを導管により他のコンビナート製造事業所に送り出すために，次に掲げる高圧ガスの製造施設（定置式製造設備であるもの）を有する事業所であって，コンビナート地域内にあるもの．
この事業者は認定完成検査実施者及び認定保安検査実施者である．
事業所全体の処理能力　　　　　：100 000 000 立方メートル毎日
　（うち可燃性ガス　　　　　　：99 500 000 立方メートル毎日）
　貯槽の貯蔵能力　液化エチレン　：3 000 トン　3 基
　　　　　　　　　液化プロピレン：3 000 トン　3 基
　　　　　　　　　液化ブタジエン：2 000 トン　2 基
　導　　管　　　　　　　　　　　：エチレン，プロピレン及びブタジエン
　　　　　　　　　　　　　　　　　をそれぞれ送り出すもの

問8 次のイ，ロ，ハの記述のうち，この事業者について正しいものはどれか．

イ．危害予防規程を変更したときは，変更の明細を記載した書面を添えて都道府県知事に届け出なければならない．
ロ．これまで保安企画推進員に選任されたことがない者を，この事業所の保安企画推進員に新たに選任したので，その者にその選任した年度の翌年度の開始の日から1年後に高圧ガス保安協会が行う高圧ガスによる災害の防止に関する講習を受けさせた．
ハ．保安係員，保安主任者，保安企画推進員に，第1回の講習を受けさせた日の属する年度の翌年度の開始の日から5年以内に，それぞれ第2回の講習を受けさせた．

(1) ハ　　(2) イ，ロ　　(3) イ，ハ　　(4) ロ，ハ　　(5) イ，ロ，ハ

1章 法　　令

問9 次のイ, ロ, ハの記述のうち, この事業者について正しいものはどれか.
イ. 保安技術管理者の代理者の選任又は解任については, 都道府県知事に届け出る必要はない.
ロ. 製造施設について, 経済産業省令で定めるところにより, 保安のための自主検査を行わなければならないが, その検査記録を保存する必要はない.
ハ. この事業所に選任している保安技術管理者の定められた職務は, 保安統括者を補佐して, 高圧ガスの製造に係る保安に関する技術的な事項を管理することである.
　　(1) イ　　(2) ロ　　(3) ハ　　(4) イ, ハ　　(5) イ, ロ, ハ

問10 次のイ, ロ, ハの記述のうち, この事業者について正しいものはどれか.
イ. この事業所に選任している保安係員の定められた職務の一つに, 危害予防規程の立案及び整備並びに保安教育計画の立案及び推進がある.
ロ. 保安技術管理者, 保安係員, 保安主任者及び保安企画推進員には, 所定の期間内に, 高圧ガス保安協会又は指定講習機関が行う高圧ガスによる災害の防止に関する講習を受けさせなければならない.
ハ. 保安統括者を選任及び解任したときは, 遅滞なく, その旨を都道府県知事に届け出なければならないが, その代理者を選任及び解任したときも同様に, 遅滞なく, その旨を都道府県知事に届け出なければならない.
　　(1) イ　　(2) ロ　　(3) ハ　　(4) イ, ハ　　(5) ロ, ハ

問11 次のイ, ロ, ハの記述のうち, この事業者について正しいものはどれか.
イ. エチレン, プロピレン, ブタジエンの製造施設に係る計器室においても, 特に定められた場合を除き, 外部からのガスの侵入を防ぐための措置を講じなければならない.
ロ. 特殊反応設備に設けた内部反応監視装置のうち, 異常な温度又は圧力の上昇その他の異常な事態の発生を最も早期に検知することができるものであって, かつ, 自動的に警報を発することができるものは, その計測結果を自動的に記録することができるものである必要はない.
ハ. コンビナート製造事業所間のエチレンの導管には, 主要河川を横断するものに限り, 所定の緊急遮断装置又はこれと同等以上の効果のある装置を設けなければならない.
　　(1) イ　　(2) ロ　　(3) ハ　　(4) イ, ハ　　(5) ロ, ハ

問12 次のイ, ロ, ハの記述のうち, この事業者について正しいものはどれか.
イ. 認定完成検査実施者であるので, 認定を受けた製造施設の特定変更工事については, 工事を完成したときに都道府県知事が行う完成検査を受けてはならないと定められている.

ロ．定期に保安のための自主検査を行わなければならない製造のための施設として、すべてのガス設備に対し、ガスの種類に関係なく30m³以上が対象となる。
ハ．保安統括者、保安企画推進員、保安技術管理者、保安主任者及び保安係員について、これらの代理者を選任又は解任した場合、遅滞なく、その旨を都道府県知事に届け出なければならない旨の定めがあるのは、保安統括者の代理者を選任又は解任した場合のみである。
　　(1) イ　　(2) ロ　　(3) ハ　　(4) ロ，ハ　　(5) イ，ロ，ハ

問13　次のイ，ロ，ハの記述のうち、この事業所に適用される技術上の基準について正しいものはどれか。
イ．貯蔵能力2 000トンのブタジエンの貯槽は、その外面から、貯蔵能力3 000トンのエチレンの貯槽又は酸素の貯槽に対し、1メートル又はこれらの貯槽の最大直径の和の4分の1のいずれか大なるものに等しい距離以上の距離を有しなければならない。
ロ．エチレンの製造施設のある保安区画内に、新たに高圧ガス設備である反応器を設置しようとする場合に、隣接する保安区画内にある高圧ガス設備（特に定めるものに限る）に対して有すべき距離は、その反応器の燃焼熱量に応じて算定しなければならない。
ハ．ブタジエンの製造設備に係る計器室の構造は、その製造設備において発生するおそれのある危険の程度及びその製造設備からの距離に応じ安全なものとし、その扉及び窓は、耐火性のものとしなければならない。
　　(1) イ　　(2) イ，ロ　　(3) イ，ハ　　(4) ロ，ハ　　(5) イ，ロ，ハ

問14から問20（及び補足問題）までの問題は、次の例による事業所に関するものである。

　液化アンモニアを貯槽に貯蔵し、専らポンプにより容器に充てんするため、並びに液化酸素及び液化窒素を貯槽に貯蔵し、専らポンプにより加圧し蒸発器で気化したガスを容器に充てんし、アセチレンを発生させ、専ら圧縮機により容器に充てんするため、次に掲げる高圧ガスの製造施設を有する事業所であって、コンビナート地域外にあるもの
　　事業所全体の処理能力　　　　　：620 000立方メートル毎日
　　（内訳）アンモニア　　　　　　：200 000立方メートル毎日
　　　　　　酸素　　　　　　　　　：200 000立方メートル毎日
　　　　　　窒素　　　　　　　　　：200 000立方メートル毎日
　　　　　　アセチレン　　　　　　：20 000立方メートル毎日
　　貯槽の貯蔵能力　液化アンモニア：30トン　1基
　　　　　　　　　　液化酸素　　　：20トン　1基
　　　　　　　　　　液化窒素　　　：20トン　1基

ポンプ 液化アンモニア　　　　　：定置式　1基
　　　　液化酸素　　　　　　　　：定置式　1基
　　　　液化窒素　　　　　　　　：定置式　1基
容器置場（貯蔵設備でないもの）　：面積1 000平方メートル（液化アンモニア，圧縮酸素，圧縮窒素に係るもの）

問14　次のイ，ロ，ハの記述のうち，この事業所に適用される技術上の基準について正しいものはどれか.

イ．アンモニアと酸素の容器置場には，その規模に応じて適切な消火設備を適切な箇所に設けなければならない．

ロ．液化アンモニアのポンプは，その外面から酸素の製造設備の高圧ガス設備に対し10メートル以上の距離を有さなければならないが，液化窒素のポンプに対し所定の距離を有すべき定めはない．

ハ．液化アンモニアの貯槽の支柱及び液化酸素の貯槽の支柱は，それぞれ同一の基礎に緊結しなければならないが，液化窒素の貯槽の支柱は，同一の基礎に緊結しなくてよい．

　　（1）イ　　（2）イ，ロ　　（3）イ，ハ　　（4）ロ，ハ　　（5）イ，ロ，ハ

問15　次のイ，ロ，ハの記述のうち，この事業所に適用される技術上の基準について正しいものはどれか.

イ．液化アンモニア，圧縮酸素，圧縮窒素の充てん容器等は，常に温度40度以下に保たなければならない．

ロ．液化酸素を貯槽に充てんするときは，その液化酸素の容量がその貯槽の常用の温度においてその内容積の90パーセントを超えないように充てんしなければならない．また，その内容積の90パーセントを超えることを自動的に検知し，かつ，警報するための措置を講じなければならない．

ハ．圧縮窒素の充てん容器と残ガス容器は，それぞれ区分して容器置場に置く必要はない．

　　（1）イ　　（2）ロ　　（3）ハ　　（4）ロ，ハ　　（5）イ，ロ，ハ

問16　次のイ，ロ，ハの記述のうち，この事業所に適用される技術上の基準について正しいものはどれか.

イ．アンモニアの製造施設には，他の製造施設と区分して，その外部から毒性ガスの製造施設である旨を容易に識別することができるような措置を講じ，ポンプ，バルブ及び継手その他アンモニアが漏えいするおそれのある箇所には，その旨の危険標識を掲げなければならない．

ロ．アンモニアの製造設備は，その外面から酸素の製造設備の高圧ガス設備に対し8メートル以上の距離を有さなければならない．

ハ．すべての貯槽はその内容積が5 000リットル以上のため，すべての貯槽に取り付けた配管（その液化ガスを送り出し，又は受け入れるために用いられるものに限る）には，その液化ガスが漏えいしたときに安全に，かつ，速やかに遮断するための措置を講じることと定められている．
　　　　(1) イ　　(2) ロ　　(3) ハ　　(4) イ，ハ　　(5) イ，ロ，ハ

問17　次のイ，ロ，ハの記述のうち，この事業所に適用される技術上の基準について正しいものはどれか．

イ．液化アンモニア，アセチレン，液化酸素及び液化窒素のガス設備に使用する材料のうち，その材料が「ガスの種類，性状，温度，圧力等に応じ，その設備の材料に及ぼす化学的影響及び物理的影響に対し，安全な化学的成分及び機械的性質を有するものであること」と定められているのは，これらすべての製造施設の高圧ガス設備に使用するものに限られている．
ロ．アセチレンの高圧ガス設備である圧縮機の外面から10メートル以上の距離を有しなければならない旨の定めがある他の製造設備の高圧ガス設備は，酸素の製造設備の高圧ガス設備（酸素の通る部分に限る）のみである．
ハ．圧縮アセチレンガスを容器に充てんする場所及びそのガスの充てん容器に係る容器置場には，火災等の原因により容器が破裂することを防止するための措置を講じた．
　　　　(1) イ　　(2) ロ　　(3) ハ　　(4) イ，ハ　　(5) ロ，ハ

問18　次のイ，ロ，ハの記述のうち，この事業所に適用される技術上の基準について正しいものはどれか．

イ．液化アンモニアの貯槽の周辺に可燃性物質を取り扱う設備がなかったが，この貯槽及びその支柱には，温度の上昇を防止するための措置を講じた．
ロ．液化酸素の貯槽に液化酸素を充てんするときは，その液化ガスの容量が貯槽の常用の温度において，その内容積の90パーセントを超えないように充てんし，90パーセントを超えることを自動的に検知し，かつ，警報するための措置を講じなければならない．
ハ．高圧ガス設備である配管の取替え工事後の完成検査における気密試験の圧力を常用の圧力の1.2倍の圧力とした．
　　　　(1) イ　　(2) ロ　　(3) ハ　　(4) イ，ハ　　(5) ロ，ハ

問19　次のイ，ロ，ハの記述のうち，この事業所に適用される技術上の基準について正しいものはどれか．

イ．液化窒素のポンプについて，その修理が終了したときや開放して清掃した場合は，そのポンプが正常に作動することを確認した後でなければ高圧ガスの製造をしてはならない．

ロ．液化アンモニアの処理施設を開放して修理等をするときは，開放する部分に他の部分からガスが漏えいすることを防止するための措置を講じなければならない．
ハ．容器置場の周囲2メートル以内においては，火気の使用を禁じ，かつ，引火性又は発火性の物を置かないこと．ただし，容器と火気又は引火性若しくは発火性の物の間を有効に遮る措置を講じた場合は，この限りではない．
　　(1) イ　　(2) ロ　　(3) ハ　　(4) イ，ハ　　(5) イ，ロ，ハ

問20 次のイ，ロ，ハの記述のうち，この事業所に適用される技術上の基準について正しいものはどれか．

イ．液化アンモニアの貯槽は，その外面から他の可燃性ガス又は酸素の貯槽に対し，1メートル又は当該貯槽及び他の可燃性ガス若しくは酸素の貯槽の最大直径の和の4分の1のいずれか大なるものに等しい距離以上の距離を有すること．
ロ．液化アンモニア貯槽は，耐震設計の基準により地震の影響に対して安全な構造としなければならないが，液化窒素の貯槽については，その必要はない．
ハ．アセチレンは，アセトン又はジメチルホルムアミドを浸潤させた多孔質物を内蔵する容器であって適切なものに充てんすること．
　　(1) イ　　(2) ロ　　(3) ハ　　(4) イ，ハ　　(5) イ，ロ，ハ

〈問14～20の補足問題〉

問 次のイ，ロ，ハの記述のうち，この事業所に適用される技術上の基準について正しいものはどれか．

イ．これらの製造施設のうち，ガス設備の修理又は清掃をするときに，あらかじめ，その修理又は清掃の作業計画及びその作業の責任者を定めなければならないのは，アンモニアのガス設備及び酸素のガス設備を修理又は清掃するときに限られている．
ロ．液化アンモニア，液化酸素，液化窒素の貯槽に設けたバルブには，作業員がそのバルブを適切に操作することができるような措置を講じた．
ハ．高圧ガス設備である配管の耐圧試験を行うときは，常用の圧力の1.25倍以上の水その他の安全な液体を使用し，行うと定められている．液体を使用することが困難な場合は，常用の圧力の1.5倍以上の空気，窒素等の気体を使用し，行うことができる．
　　(1) イ　　(2) ロ　　(3) ハ　　(4) イ，ハ　　(5) イ，ロ，ハ

解答・解説

問1 (5)
- イ〇 高圧ガス保安法第1条のとおり．
- ロ〇 高圧ガス保安法第2条第三号のとおり．
- ハ〇 高圧ガス保安法第2条第二号のとおり．

問2 (2)
- イ× 高圧ガス保安法第14条より，都道府県知事の許可を得なければならない．
- ロ× 高圧ガス保安法施行令第3条より，アルゴンは第一種ガスであるので，300立方メートル以上の製造が都道府県知事の許可の対象になる．
- ハ〇 高圧ガス保安法第24条の2第1項のとおり．液化アンモニアは高圧ガス保安法施行令第7条の表に定めるガスであり，3 000キログラム以上が届出の対象になる．

問3 (3)
- イ〇 高圧ガス保安法第20条のとおり．
- ロ× 高圧ガス保安法第24条の2より，液化酸素も届出の対象である．
- ハ〇 高圧ガス保安法第20条の4のとおり．

問4 (1)
- イ〇 高圧ガス保安法第37条のとおり．
- ロ× 高圧ガス保安法第36条は，第一種製造者，第二種製造者ともに適用される．
- ハ× 高圧ガス保安法第26条第1項より，危害予防規程を変更したときにも届け出なければならない．

問5 (3)
- イ× 高圧ガス保安法第27条の2第3項，第4項より，高圧ガス製造保安技術管理者，高圧ガス製造保安係員とも高圧ガス製造保安責任者免状の交付を受けている者の中から選任しなければならない．
- ロ× 高圧ガス保安法第49条の2より，高圧ガスの圧力だけでなく「種類」も示さなければならない．
- ハ〇 容器保安規則第10条第1項第一号の表のとおり．

問6 (1)
- イ〇 容器保安規則第24条第1項のとおり．
- ロ× 容器保安規則第18条第1項より，気密試験ではなく，耐圧試験における圧力

(記号 TP,　単位メガパスカル) 及び M を刻印しなければならない.
ハ☒ 高圧ガス保安法第46条第1項より, 容器の表示が滅失したときは, その容器の所有者は表示し直さなければならない.

問7 (4)
イ☒ 液化石油ガス保安規則第8条第2項第二号ロより, 空気中の混入比率が容量で1 000分の1である場合において感知できるようなにおいがするものを充てんすることと定められている.
ロ○ 液化石油ガス保安規則第8条第1項第二号のとおり.
ハ○ 液化石油ガス保安規則第8条第1項第四号のとおり.

問8 (3)
イ○ 高圧ガス保安法第26条第1項のとおり.
ロ☒ コンビナート等保安規則第27条第1項より, 6か月以内に講習を受けさせなければならない.
ハ○ コンビナート等保安規則第27条第2項のとおり.

問9 (3)
イ☒ 高圧ガス保安法第27条の2第6項及び同第33条, 34条より届出が必要.
ロ☒ 高圧ガス保安法第35条の2より, 自主検査の検査記録を保存しなければならない.
ハ○ 高圧ガス保安法第32条第2項のとおり.

問10 (3)
イ☒ 高圧ガス保安法第32条第3項より, 保安係員の職務は, 製造のための施設の維持, 製造の方法の監視その他高圧ガスの製造に係る保安に関する技術的な事項で経済産業省令で定めるものを管理することである. 危害予防規程の立案, 整備, 及び保安教育計画の立案, 推進は, 保安企画推進員の職務.
ロ☒ コンビナート等保安規則第27条第1項より, 保安係員, 保安主任者, 保安企画推進員は講習を受けなければならないが, 保安技術管理者についての規定はない.
ハ○ 高圧ガス保安法第27の2条第5項のとおり.

問11 (1)
イ○ コンビナート等保安規則第5条第1項第六十一号ハのとおり.
ロ☒ コンビナート等保安規則第5条第1項第二十五号より,「計測結果を自動的に記録することができるものであること」と定められている.
ハ☒ コンビナート等保安規則第10条第三十号より, 主要河川だけでなく, 市街地, 湖沼等を横断する導管には, 緊急遮断装置又はこれと同等以上の効果のある装置を設けることと定められている.

【問12】(4)
- イ✗ 高圧ガス保安法第20条第3項より，都道府県知事の完成検査を受けなくてもよいが，受けてはならない訳ではない．
- ロ○ コンビナート等保安規則第38条第1項，第2項のとおり．
- ハ○ 高圧ガス保安法第33条第3項のとおり．

【問13】(3)
- イ○ コンビナート等保安規則第5条第1項第十三号のとおり．
- ロ✗ コンビナート等保安規則第5条第1項第十号より，保安区画内の高圧ガス設備は，隣接する保安区画内にある高圧ガス設備に対し30メートル以上の距離を有することと定められている．
- ハ○ コンビナート等保安規則第5条第1項第六十一号ロのとおり．

【問14】(2)
- イ○ 一般高圧ガス保安規則第6条第1項第四十二号ヌのとおり．
- ロ○ 一般高圧ガス保安規則第6条第1項第四号より，可燃性ガスに対して5メートル，特定圧縮水素スタンドに対して6メートル，酸素に対して10メートルの距離を有さなければならないが，液化窒素については定められていない．
- ハ✗ 一般高圧ガス保安規則第6条第1項第十五号より，高圧ガス設備の基礎は，不同沈下等により高圧ガス設備に有害なひずみが生じないようなものであること．この場合において，貯槽（貯蔵能力が100立方メートル又は1トン以上のものに限る）の支柱は，同一の基礎に緊結することと定められている．

【問15】(1)
- イ○ 一般高圧ガス保安規則第6条第2項第八号ホのとおり．
- ロ✗ 一般高圧ガス保安規則第6条第2項第二号イより，「毒性ガス」の液化ガスの貯槽については，当該90パーセントを超えることを自動的に検知し，かつ，警報するための措置を講ずることと定められている．本事業所では，液化アンモニアが自動検知・警報の対象となる．
- ハ✗ 一般高圧ガス保安規則第6条第2項第八号イより，充てん容器等は，充てん容器及び残ガス容器にそれぞれ区分して容器置場に置くことと定められている．

【問16】(1)
- イ○ 一般高圧ガス保安規則第6条第1項第三十三号より，毒性ガスについての措置として正しい．
- ロ✗ 一般高圧ガス保安規則第6条第1項第四号より，10メートル以上の距離を有さなければならない．

1章 法　　令

ハ☒　一般高圧ガス保安規則第6第1項第二十五号より，可燃性ガス，毒性ガス，酸素には必要な措置だが，窒素には不必要．

問17 (5)

イ☒　一般高圧ガス保安規則第6条第1項第十四号より，液化アンモニア，アセチレン，液化酸素については高圧ガスだけでなく，ガス設備すべてが対象となる．
ロ○　一般高圧ガス保安規則第6条第1項第四号より，10メートル以上の距離が必要な高圧ガス設備は酸素のみとなる．
ハ○　一般高圧ガス保安規則第6条第1項第二十八号のとおり．

問18 (4)

イ○　一般高圧ガス保安規則第6条第1項第三十二号のとおり．
ロ☒　一般高圧ガス保安規則第6条第2項第二号イより，90パーセントを超えることを自動的に検知し，かつ，警報するための措置を講じなければならないのは毒性ガスの液化ガスの貯槽のみである．
ハ○　一般高圧ガス保安規則第6条第1項第十二号より，常用の圧力以上の圧力で行う気密試験を行えばよい．

問19 (5)

イ○　一般高圧ガス保安規則第6条第2項第五号ホのとおり．
ロ○　一般高圧ガス保安規則第6条第2項第五号ニのとおり．
ハ○　一般高圧ガス保安規則第6条第2項第八号ニのとおり．

問20 (4)

イ○　一般高圧ガス保安規則第6条第1項第五号のとおり．
ロ☒　一般高圧ガス保安規則第6条第1項第十七号より，すべての貯槽に適用される．
ハ○　一般高圧ガス保安規則第6条第2項第三号イのとおり．

〈補足問題〉

問 (2)

イ☒　一般高圧ガス保安規則第6条第2項第五号イより，アンモニアや酸素だけでなく，すべてのガス設備について，修理等をするときは，修理等の作業計画及び当該作業の責任者を定め，修理等は，当該作業計画に従い，かつ，当該責任者の監視の下に行うこと又は異常があったときに直ちにその旨を当該責任者に通報するための措置を講じて行うことと定められている．
ロ○　一般高圧ガス保安規則第6条第1項第四十一号のとおり．
ハ☒　一般高圧ガス保安規則第6条第1項第十一号より，水圧の場合は1.5倍以上，空気の場合は1.25倍以上となる．

2章 学識

次の各問について，正しいと思われる最も適切な答えをその問の下に掲げてある(1), (2), (3), (4), (5)の選択肢の中から1個選びなさい．

問1 次のイ，ロ，ハ，ニの記述のうち，SI単位や気体の性質の記述について正しいものはどれか．ただし，圧力は絶対圧力とする．

イ．理想気体を1.5 MPaの圧力で封じた容器の内面には，1 cm²あたり150Nの力が働く．

ロ．1ニュートン〔N〕の力で，物体を1メートル〔m〕動かす仕事が，1ワット〔W〕である．

ハ．メタン3.2kgが温度27℃，圧力3.2 MPaで占める体積は，およそ0.156 m³である．

ニ．酸素のモル分率が0.21である空気の全圧が230 kPaであるとき，酸素の分圧は48.3 kPaである．

  (1) イ，ロ (2) ロ，ハ (3) ハ，ニ (4) イ，ロ，ハ (5) イ，ハ，ニ

問2 次のイ，ロ，ハ，ニの記述のうち，気体の性質や，熱と仕事について正しいものはどれか．

イ．定圧比熱容量1.2kJ/(kg·K)の気体0.7kgを圧力一定で300Kから370Kまで加熱昇温するときの必要熱量は，100kJである．

ロ．理想気体の定圧変化では，加えられた熱量はエンタルピー変化となる．

ハ．理想気体の断熱変化では，気体に加える仕事は，気体の内部エネルギーの増加に等しく，変化の前後でエントロピーは増減する．

ニ．体積1m³の理想気体を0.1m³に断熱圧縮するとき，比熱比の大きな気体のほうが高温になる．

  (1) イ，ロ (2) ロ，ハ (3) ロ，ニ (4) イ，ロ，ハ (5) イ，ハ，ニ

問3 次のイ，ロ，ハ，ニの記述のうち，気体の性質や，熱と仕事について正しいものはどれか．

イ．定容変化で気体を加熱すると，絶対温度は絶対圧力に反比例し，加えた熱量は，気体のエンタルピーの増加に等しい．

ロ．圧力一定で気体を加熱すると，絶対温度は体積に比例し，気体のエンタルピーは増加する．

ハ．熱量を仕事に変換する熱機関では，熱効率 η は，高温熱源からもらう熱量 Q_1 と低温熱源に捨てる熱量 Q_2 を用いて，$\eta = 1 - (Q_2/Q_1)$ と表すことができる．

ニ．圧力 P 一定で気体を加熱した際に気体の体積が V_1 から V_2 に変化した場合の仕事

W は，$W = P \times (V_2 - V_1)$ で求められる．
(1) イ, ロ　　(2) ロ, ハ　　(3) ロ, ニ　　(4) イ, ロ, ハ　　(5) ロ, ハ, ニ

問4 次のイ，ロ，ハ，ニの記述のうち正しいものはどれか．

イ．モノシランガスは常温空気中で自然発火性があり，燃焼すると微粉の酸化ケイ素と水蒸気を生ずる．
ロ．メタンは空気よりも軽く，常温で圧縮しても液化しないが，プロパンは空気よりも重く，常温で圧縮すると液化する．
ハ．1molのメタンCH_4を完全燃焼させるには酸素O_2は理論上2mol必要であり，1molのブタンC_4H_{10}を完全燃焼させるには酸素O_2は理論上6mol必要である．
ニ．断熱火炎温度とは，熱損失がないと仮定し，燃料の燃焼熱，燃焼ガスの熱容量などから計算される火炎温度であり，燃焼前の温度・圧力に影響を受けない．
(1) イ, ロ　　(2) ロ, ハ　　(3) ロ, ニ　　(4) イ, ロ, ハ　　(5) ロ, ハ, ニ

問5 次のイ，ロ，ハ，ニの記述のうち，円管内の流動について正しいものはどれか．

イ．面積式流量計は，テーパ管内に置かれたフロートの流量に応じた動きを検出し，オリフィス流量計と同じ原理で流量を計測する．
ロ．レイノルズ数は無次元量であり，流体の平均流速に比例し，動粘性係数に反比例する．
ハ．管内流が乱流の場合，摩擦損失は平均流速に比例する．
ニ．流れが層流の場合，圧力損失は管径の2乗に比例する．
(1) イ, ロ　　(2) ロ, ハ　　(3) ロ, ニ　　(4) イ, ロ, ハ　　(5) ロ, ハ, ニ

問6 次のイ，ロ，ハ，ニの記述のうち，伝熱について正しいものはどれか．

イ．固体壁を隔てた高温流体から低温流体への伝熱を，熱貫流（熱通過も同意）という．
ロ．真空中は熱伝導や熱伝達が生じないので，断熱効果が高い．
ハ．放射での伝熱量は温度の4乗に比例することから，低温になるほど，また，放射率が高いほど放射伝熱が支配的になる．
ニ．伝導伝熱では，熱伝導率の大きな物質ほど，また，壁材など熱が伝わる距離が長くなるほど伝熱量が大きくなる．
(1) イ, ロ　　(2) ロ, ハ　　(3) ロ, ニ　　(4) イ, ロ, ハ　　(5) ロ, ハ, ニ

問7 次のイ，ロ，ハ，ニの記述のうち，金属材料について正しいものはどれか．

イ．低炭素鋼以外の多くの材料では，明瞭な降伏点が現れないので，永久ひずみがある値となる限界の応力をクリープといい，降伏点の代わりに用いる．

ロ．鉄鋼材料は多くの場合，温度が低下すると引張強さ，降伏点，硬さは減少し，伸び，絞り，衝撃吸収エネルギーは増加する．
ハ．18-8ステンレス鋼は，耐熱性及び耐食性に優れており，水素侵食を起こさない．
ニ．海水中の炭素鋼は，電流が水没部の全表面から海水中へ流出するので，電気防食法では防食できない．
　　　　(1) イ　　(2) ロ　　(3) ハ　　(4) ニ　　(5) ロ，ハ

問8 次のイ，ロ，ハ，ニの記述のうち，材料の選定，強度設計などについて正しいものはどれか．
イ．材料の疲労試験によって得られる $S-N$ 曲線の傾斜部は右下がりであり，応力振幅が低下すると寿命が延びることを表している．
ロ．低温脆性は，炭素鋼，ステンレス鋼，アルミニウム合金などのほとんどの金属材料において顕著に生じる．
ハ．基準強さとしては，降伏強さ，引張強さ，疲労限度，クリープ限度などのうち最も大きい値を採用する．
ニ．安全率は，荷重，使用環境，応力解析の精度などのさまざまな因子を考慮して決定され，0～1の間の値である．
　　　　(1) イ　　(2) ロ　　(3) ハ　　(4) ニ　　(5) ロ，ハ

問9 次のイ，ロ，ハ，ニの記述のうち，高圧装置について正しいものはどれか．
イ．蒸留塔は，上部から高温流体を流下させ，下部から低温ガスを上昇させ，内部のトレイや充てん物により気液接触を効率よく行うことにより，沸点の差を利用して特定成分を分離する装置である．
ロ．蒸気圧縮式冷凍サイクルでは，熱駆動により冷凍・空調をすることができるので，廃熱などの有効利用が可能である．
ハ．加熱器に使用される熱交換器の炭素鋼チューブを同寸法のオーステナイト系ステンレス鋼チューブへ替えると，伝熱量は増加する．
ニ．炭化水素混合物を蒸留塔で分離すると，主に低沸点成分は塔頂から，高沸点成分は塔底から取り出される．
　　　　(1) イ　　(2) ロ　　(3) ハ　　(4) ニ　　(5) イ，ロ

問10 次のイ，ロ，ハ，ニの記述のうち溶接について正しいものはどれか．
イ．TIG（ティグ）溶接のタングステン電極棒は，発生するアークのために溶加棒ほどではないが激しく消耗する．
ロ．被覆アーク溶接棒に塗布された被覆剤には，アークと被溶接部をガスで遮断して空気の侵入を防ぐためのガス発生剤が含まれている．
ハ．最後に凝固する部分のクレータ割れは，溶接残留応力が高くなって発生する低温割れである．

ニ．TIG（ティグ）溶接では，溶加棒に母材とほぼ同じ成分の裸線を用いる．
　　（1）イ，ロ　　（2）イ，ハ　　（3）ロ，ハ　　（4）ロ，ニ　　（5）ロ，ハ，ニ

問11 次のイ，ロ，ハ，ニの記述のうち，計測器について正しいものはどれか．
イ．オリフィス流量計は，差圧式流量計であり，オリフィス板前後に生じる差圧を測定するもので，液体のみに適用できる．
ロ．面積式流量計（ロータメータ）は，流れによって生じる差圧とフロートの見かけ重量とが釣り合う面積式流量計であり，浮力を用いるため密度が変化する流体の測定には不向きである．
ハ．ガラス管式温度計及び液体充満圧力式温度計は封入した液体の膨張を利用し，放射温度計は熱放射センサを利用した温度計である．前者は測定対象に接触しなければならないが，後者は非接触で温度計測ができる．
ニ．空気配管の圧力を U 字管圧力計で測定し液柱の差が h〔m〕であるとき，圧力差 ΔP〔Pa〕は，$\Delta P = \rho g h$〔Pa〕で表すことができる（ρ：液密度〔kg/m³〕，g：重力加速度〔m/s²〕）．
　　（1）イ，ロ　　（2）ロ，ハ　　（3）ロ，ニ　　（4）イ，ロ，ハ　　（5）ロ，ハ，ニ

問12 次のイ，ロ，ハ，ニの記述のうち，高圧装置用材料について正しいものはどれか．
イ．焼きなましは，鋼を高温に加熱した後，大気中で強制空冷し冷却速度を高める処理であり，結晶粒の微細化で降伏点と引張強さを主体とした機械的性質が改善される．
ロ．液体窒素の容器には，クロムモリブデン鋼よりもアルミニウム合金が適している．
ハ．オーステナイト系ステンレス鋼の粒界腐食を改善するため，炭素量を低減した．
ニ．振動する配管や急激な温度変化のあるところの継手には，突合せ溶接式でなく差込み溶接式を使用する．
　　（1）イ，ロ　　（2）ロ，ハ　　（3）ロ，ニ　　（4）ハ，ニ　　（5）イ，ロ，ハ

問13 次のイ，ロ，ハ，ニの記述のうち，圧縮機について正しいものはどれか．
イ．往復圧縮機の理論軸動力は，一段圧縮の場合より各段の理論軸動力を合計した多段圧縮の場合のほうが小さい．
ロ．比熱比 1.30 の炭酸ガス用往復圧縮機を，比熱比 1.40 空気用に転用する場合，駆動電動機が過負荷（オーバロード）になる心配はない．
ハ．ねじ圧縮機の軸動力は回転数にほぼ比例し，遠心圧縮機の軸動力は回転数のほぼ3乗に比例する．
ニ．0.1MPa（絶対圧力）の大気を吸引し，1.0MPa（ゲージ圧力）に昇圧する空気圧縮機の圧力比は 10 である．

　　　　(1) イ, ハ　　(2) ロ, ハ　　(3) ロ, ニ　　(4) イ, ロ, ハ　　(5) ロ, ハ, ニ

問14　次のイ, ロ, ハ, ニの記述のうち, ポンプの性能について正しいものはどれか.
イ. 遠心ポンプの揚程は, 取扱い液の密度にほぼ比例する.
ロ. 往復ポンプの吐出し圧力は, ポンプの回転数に比例する.
ハ. 往復ポンプの流量と軸動力は, 回転数に比例する。
ニ. 遠心ポンプを2台直列運転する目的は, 1台のポンプでは不可能な大きな流量を確保するためである.
　　　　(1) イ　　(2) ロ　　(3) ハ　　(4) ニ　　(5) イ, ハ, ニ

問15　次のイ, ロ, ハ, ニの記述のうち, 高圧装置について正しいものはどれか.
イ. プレート式熱交換器は, 多管円筒形熱交換器に比べ圧力損失が小さく, 高粘度で固体成分を含んでいる流体に適している.
ロ. 低温液化ガスの貯蔵に使用する二重殻式平底円筒形貯槽は, 内槽と外槽の間に断熱材が充てんされ, 内槽の材料には炭素鋼が使用される.
ハ. ポンプの吐出し部直近のブルドン管圧力計の指示値は, 吐出し実揚程のほかに吐出し側の諸損失も含んでいることに注意しなければならない.
ニ. ポンプの回転数を上げ流量を増やすと,「利用しうるNPSH」は大きくなる.
　　　　(1) イ　　(2) ロ　　(3) ハ　　(4) ニ　　(5) イ, ハ, ニ

解答・解説

問1 (5)

- イ◯ 1.5MPa = 1 500 000Pa = 1 500 000N/m² = 1 500 000N/10 000cm² = 150N/cm²
- ロ✕ 仕事：J = N·m であり，1ニュートン〔N〕の力で，物体を1メートル〔m〕動かす仕事は，1N·m = 1ジュール〔J〕となる．※ 1W = 1J/s である．
- ハ◯ メタン CH_4 の分子量は $12 + 1 \times 4 = 16$ である．したがって，メタン 3.2kg = 3 200g のモル数 $n = 3\,200/16 = 200$mol，温度 $T = 27℃ = 27 + 273 = 300$K であるから

    容積 $V = nRT/p = 200 \times 8.3145 \times 300/(3.2 \times 10^6) = 0.156$m³

  となる．
- ニ◯ $P_x = P_0 \times X = 230 \times 0.21 = 48.3$kPa となる．

問2 (3)

- イ✕ 2編 2.1節 7) 項の式 (3) より，$Q = m \cdot C \cdot \Delta T = 0.7 \times 1.2 \times (370 - 300) = 58.8$kJ となる．
- ロ◯ 2編 2.3節 4) 項のとおり．なお，定容変化では，容積が変化しないので，加えられた熱量はすべて内部エネルギーの変化になる．
- ハ✕ 2編 2.3節 4) 項より，断熱変化（$\Delta Q = 0$），すなわち状態変化の前後で外部との熱の授受がなければ，「気体に加える仕事は，気体の内部エネルギーの増加に等しい」の前段は正しい．しかし，後段はエントロピーは変わらないとなる．
- ニ◯ 2編 2.3節 4) 項の式 (17) より，断熱圧縮では

    $P_2 = P_1 \cdot (V_1/V_2)^\kappa$

  であり，比熱比 κ が大きいほど，圧縮後の圧力 P_2 は高くなる．さらに，2編 2.1節 1) 項の式 (2) より，圧力が高いほど温度が高くなる．

問3 (5)

- イ✕ 2編 2.3節 4) 項の式 (16) より，絶対温度は絶対圧力に比例する．また，定容変化では，加えた熱量は，気体の内部エネルギーの増加と等しい．

    定容変化： $\dfrac{P_1}{T_1} = \dfrac{P_2}{T_2}$

- ロ◯ 2編 2.3節 4) 項の式 (15) より，圧力一定で気体を加熱すると，絶対温度は体積に比例する．また，定圧変化で加熱すると，気体のエンタルピーは増加する．

    定圧変化： $\dfrac{V_1}{T_1} = \dfrac{V_2}{T_2}$

- ハ◯ 2編 2.3節 5) 項の式 (21) より，熱効率は以下の式となる．

    熱効率 $\eta = W/Q_1 = (Q_1 - Q_2)/Q_1 = 1 - (Q_2/Q_1)$

二〇 2編2.3節4）項の式（20）より，仕事は次の式で求められる．ここで，定圧変化では，圧力 P が一定のため

$$W = \int_{V_2}^{V_1} P \cdot dV = P \cdot (V_2 - V_1)$$

となる．

問4 (1)

イ〇 設問のとおり．2編4章14）項参照．なお，モノシランはシランと同じ．

ロ〇 メタンは空気より軽い（2編4章2）項参照）．プロパンは空気より重い．また，2編2.2節表2.3より，プロパンの臨界温度は96.8℃で，これより低い常温で圧縮すると液化する．

ハ✕ $CH_4 + 2O_2 \rightarrow CO_2 + 2H_2O$ より，メタン1molを完全燃焼させるためには2molの酸素が必要となる．$2C_4H_{10} + 13O_2 \rightarrow 8CO_2 + 10H_2O$ より，ブタン1molを完全燃焼させるためには $13/2 = 6.5$ molの酸素が必要となる．

二✕ 2編3.2節の注釈より，断熱火炎温度は，燃焼前の温度・圧力に影響を受ける．

問5 (1)

イ〇 設問のとおり．2編7.3節2）項参照．

ロ〇 設問のとおり．2編8.1節2）項参照．

$$Re = \frac{D \cdot u \cdot \rho}{\mu} = \frac{D \cdot u}{\nu}$$

ハ✕ 2編8.1節3）項の式（42）より，管内流が乱流の場合は，ファニングの式により，圧力損失を求めることができる．

$$\Delta P = f \cdot \frac{L}{D} \cdot \rho \cdot \frac{u^2}{2}$$

したがって，摩擦損失は平均流速の2乗に比例する．

二✕ 2編8.1節3）項の式（43）より，管内流が層流の場合は

$$\Delta P = 32 \cdot \mu \cdot L \cdot \frac{u}{D^2}$$

となり，管径の2乗に反比例する．

問6 (1)

イ〇 2編8.2節2）項参照．

ロ〇 2編8.2節4）項参照．

ハ✕ 2編8.2節3）項より，伝熱量は温度の4乗に比例するから，「高温」になるほど放射伝熱が支配的になる．．

二✕ 2編8.2節1）項及び式（44）より，「熱が伝わる距離が短くなるほど」伝熱量が大きくなる．

● 2章 学　　識 ●

問7 (3)
- イ× 2編5.1節3）項参照．永久ひずみがある値となる限界の応力を「耐力」と呼ぶ．
- ロ× 2編5.2節2）項より，低温で引張強さ，降伏点，硬さは増加し，伸び，絞り，衝撃吸収エネルギーは減少する低温脆性を示す．
- ハ○ 2編5.2節2）項参照．
- ニ× 2編5.4節3）項より，電気防食法は，海水中の炭素鋼の防食に適している．

問8 (1)
- イ○ 設問のとおり．2編5.1節4）項参照．
- ロ× 2編5.2節2）項表2.7より，低温脆性はステンレス鋼，アルミニウム合金などでは発生しない．
- ハ× 2編5.1節8）項より，基準強さを見積もるときには，より安全になるよう，降伏強さ，引張強さ，疲労限度，クリープ限度の指標のうち，もっとも小さいものを用いる．
- ニ× 2編5.1節8）項より，安全率＞1となる．

問9 (4)
- イ× 2編6.3節2）項より，蒸留塔は上部から低温流体を流下させ，下部から高温ガスを上昇させる．
- ロ× 2編6.7節参照．廃熱駆動可能なものは吸収冷凍サイクルである．
- ハ× 2編8.2節1）項表2.9より，炭素鋼の熱伝導率＝50W/(m·K)，オーステナイト系ステンレス鋼の熱伝導率＝15W/(m·K) であるので，伝熱量は減少する．
- ニ○ 2編6.3節2）項より，蒸留塔は，上部から低温流体を流下させ，下部から高温ガスを上昇させるため，沸点の高い成分ほど早く，すなわち塔下部で凝縮する．

問10 (4)
- イ× 2編5.3節1）項より，タングステン電極はほとんど消耗しない．
- ロ○ 2編5.3節1）項参照．
- ハ× 2編5.3節1）項より，クレータ割れは溶接直後に発生する高温割れのこと．
- ニ○ 2編5.3節1）項参照．

問11 (5)
- イ× 2編7.3節1）項より，ほとんどの気体や液体に使用できる．
- ロ○ 2編7.3節2）項参照．
- ハ○ 2編7.1節1）〜6）項参照．
- ニ○ 2編7.2節1）項参照．

問12 (2)
- イ✗ 2編5.2節1)項より，焼きなましは，加熱後炉内でゆっくり冷やすことにより，材料を軟化させる熱処理である．説明は，焼きならしのもの．
- ロ◯ 2編5.2節2)項のとおり．液体窒素のような低温にはアルミニウム合金が適している．クロムモリブデン鋼は高温用材料．
- ハ◯ 2編5.4節1)項参照．
- ニ✗ 2編6.8節1)項より，振動する配管や急激な温度変化のあるところの継手には，突合せ溶接式を使用する．

問13 (1)
- イ◯ 2編6.1節2)項参照．
- ロ✗ 2編2.3節4)項の式（17）より，圧縮する気体の比熱比が大きいほど，圧縮後の圧力が高くなるので，オーバーロードになりやすい．
- ハ◯ 2編6.1節1)，2)項参照．
- ニ✗ 2編1章の表2.1脚注より，絶対圧力＝ゲージ圧力＋大気圧であるから，昇圧後の圧力＝1＋0.101＝1.101MPaより，圧力比＝1.101/0.1＝11となる．

問14 (3)
- イ✗ 2編6.2節1)項より，遠心ポンプでは，液体の密度が変わっても揚程はほとんど変化しない．
- ロ✗ 2編6.2節2)項より，往復ポンプの「吐出し量」が回転数に比例する．
- ハ◯ 2編6.2節2)項のとおり．
- ニ✗ 2編6.2節1)項より，直列運転では揚程が増大する．流量を増加させるのは並列運転．

問15 (3)
- イ✗ 2編6.5節3)項より，プレート式熱交換器は単位容積当たりの伝熱面積が大きい利点はあるものの，圧力損失が大きい欠点もある．
- ロ✗ 2編6.4節4)項より，内槽にはアルミキルド鋼やアルミニウム合金，ニッケル鋼，ステンレス鋼，外槽には炭素鋼が使用されている．
- ハ◯ 設問のとおり．
- ニ✗ 流量が増えると，吸込みの際の負圧が増大するので，利用しうるNPSHは小さくなる．

3章 保安管理技術

次の各問について，正しいと思われる最も適切な答えをその問の下に掲げてある(1)，(2)，(3)，(4)，(5)の選択肢の中から1個選びなさい．

問1 イ，ロ，ハ，ニの記述のうち，ガスの燃焼・爆発・反応について正しいものはどれか．

イ．爆発下限界付近の可燃性混合ガスは，化学量論組成の場合よりも最小発火エネルギーは低下する．

ロ．火炎が細いすきまに入ると，燃焼を維持できなくなる．このすきまのことを消炎距離という．爆発火炎を対象にした場合はさらに小さなすきまでなければ消炎できない．そのすきまのことを最小安全すきまという．

ハ．プロピレンは，種々の付加反応を起こし，水素化するとプロパンになる．

ニ．100％の酸化エチレンは，酸素の混入がなければ爆発しない．

(1) イ　　(2) ロ　　(3) ハ　　(4) ニ　　(5) イ，ニ

問2 次のイ，ロ，ハ，ニの記述のうち，高圧ガス設備用材料について正しいものはどれか．

イ．ガラスライニングを施した配管に対しては，急激な加熱と冷却が生じないように温度管理をする必要はない．

ロ．アンモニアガスの冷却を行う熱交換器チューブに，熱伝導率の高い銅合金を採用した．

ハ．オーステナイト系ステンレス鋼での粒界腐食を低減するためには，チタンなどを添加する方法がある．

ニ．コンクリート構造物を貫通する炭素鋼鋼管が鉄筋と接触していると，配管外面に腐食が生じやすい．

(1) イ，ロ　　(2) イ，ハ　　(3) ロ，ハ　　(4) ロ，ニ　　(5) ハ，ニ

問3 次のイ，ロ，ハ，ニの記述のうち，高圧ガス設備について正しいものはどれか．

イ．低圧配管のフランジ式管継手においては，一般的にガスケットには非石綿ジョイントシートが，中高圧配管には渦巻き形ガスケットが選定される．

ロ．球形貯槽は，プロパン，ブタンなどの液化ガスを高圧で貯蔵するのに適した貯槽形式であり，天然ガスなどの圧縮ガスには使用できない．

ハ．空冷式熱交換器は冷媒側に空気を使用するため，通常は伝熱管外側にフィンを設けて空気の熱伝導率及び比熱の低さを補っている．

ニ．配管系の熱伸縮の対策として使われるコールドスプリングとは，配管組立て時に故

意に配管系に熱変位と同じ向きの変形を与えておき，最高運転温度における最大変位を軽減させる方法である．
　　　(1) イ, ロ　　(2) イ, ハ　　(3) ロ, ハ　　(4) イ, ロ, ハ
　　　(5) イ, ロ, ニ

問4　次のイ，ロ，ハ，ニの記述のうち，計測器について正しいものはどれか．
イ．毒性の強い液の加圧ドラムの液面計に，金属管式マグネットゲージを用いた．
ロ．超音波式流量計は，流束変化により生ずる超音波の伝播速度の変化を利用して流量を測定する．
ハ．圧力が正圧から負圧の間を変動する貯槽に，ブルドン管圧力計を使用した．
ニ．半導体式ガス漏えい検知警報設備は，可燃性ガスの検知に使用できるが毒性ガスの検知には使用できない．
　　　(1) イ, ロ　　(2) ロ, ハ　　(3) ハ, ニ　　(4) イ, ロ, ハ
　　　(5) イ, ロ, ニ

問5　次のイ，ロ，ハ，ニの記述のうち，圧縮機について正しいものはどれか．
イ．遠心圧縮機は，羽根車と主軸で構成されたロータの危険速度付近での連続運転は避けるべきであるが，危険速度を超えた回転数で運転することは構わない．
ロ．多段往復圧縮機の2段吐出し温度が異常上昇したとき，1段ガス冷却器を点検する必要がある．
ハ．遠心圧縮機の容量調整方法の一つである案内羽根角度を調整する方法は，往復圧縮機にも有効である．
ニ．容量調整方法のうち速度（回転数）制御方式とバイパスコントロール方式は，遠心圧縮機，往復圧縮機ともに用いられる．
　　　(1) イ, ロ　　(2) ロ, ハ　　(3) ハ, ニ　　(4) イ, ロ, ハ
　　　(5) イ, ロ, ニ

問6　次のイ，ロ，ハ，ニの記述のうち，流体の漏えい防止，腐食・防食，検査について正しいものはどれか．
イ．配管のピンホールの径が同じであれば流体の漏れ量は，内部圧力が高いほど，流体の密度が小さいほど，粘度が小さいほど多くなる．
ロ．配管のデッドエンド部（行止り配管）は内部流体がほとんど流れないため，腐食減肉の検査対象から除外した．
ハ．腐食性流体の配管のエルボ及びティーのように流れの方向が急に変化する箇所は，エロージョン・コロージョンが生じやすいので，局部減肉検査の対象とした．
ニ．定期検査における気密試験は設備本体の漏えいの有無を検査することが目的であり，配管，計器を取り付ける前に行う．
　　　(1) イ, ロ　　(2) ロ, ハ　　(3) イ, ハ　　(4) イ, ハ, ニ

(5) ロ, ハ, ニ

問7 次のイ, ロ, ハ, ニの記述のうち, 安全設計・管理について正しいものはどれか.
イ. 可燃性ガスの製造設備の計器室内圧力を, 大気圧より低い圧力で管理している.
ロ. 指差呼称は, 対象を指で差し, 声を出して確認する行動により, 意識レベルをフェーズ理論のフェーズⅢに切り替え, 誤操作を防止する手法である.
ハ. 建物の換気で利用されている機械換気は, 室内外の温度差による浮力を利用する方法であり, 常に一定の換気量が保たれる
ニ. リスクアセスメントとは, 危険な事象の起こりやすさと, 危険な事象が発生した場合の影響度から決められるリスクを定量化し, 許容範囲にあるかどうかを評価することである.

(1) イ, ロ　(2) イ, ハ　(3) ロ, ハ　(4) ロ, ニ　(5) イ, ロ, ニ

問8 次のイ, ロ, ハ, ニの記述のうち, 高圧ガス設備における電気設備について正しいものはどれか.
イ. 電気機器は, 設置場所の危険に応じた防爆レベルの仕様が必要であるが, 主に高電圧の電動機が対象であり, 低電圧の計装機器などは含まれない.
ロ. 電気機器の付属部品の取付けの工事においても, 電気機器の防爆レベルと同様の工事仕様が必要である.
ハ. 瞬時の停電も許容されない制御装置などの非常用電源として用いられる無停電電源装置 (UPS) は, 通常時には常用電源と接続せず, 切り離しておく.
ニ. ボンディングとは, 大地と高圧ガス設備 (導体) を電気的に接続することである.

(1) イ　(2) ロ　(3) ハ　(4) ニ　(5) イ, ニ

問9 次のイ, ロ, ハ, ニの記述のうち, 安全装置について正しいものはどれか.
イ. 毒性ガスを取り扱う装置には, 安全弁の出口以外からガスを外部に放出させない構造の密閉型安全弁を用いた.
ロ. 破裂板は高粘性の流体に適しており, その吹出し抵抗はばね式安全弁より大きい.
ハ. 低温の液化エチレン貯槽の内圧が大気圧以下になった場合に, 貯槽の保護のため大気を吸引する真空安全弁を設置した.
ニ. 液化ガスの貯槽の安全弁の時間当たりの所要吹出し量は, 貯槽の時間当たりの最大受入れ量のみを考慮すればよい

(1) イ　(2) ロ　(3) ハ　(4) ニ　(5) イ, ニ

問10 次のイ, ロ, ハ, ニの記述のうち, 防災について正しいものはどれか.
イ. フレアースタックのパイロットバーナは, 点火時に使用し, 点火後は消火して待機させておく.

ロ．エレベーテッドフレアースタックのスチーム吹込み用ノズルに，騒音防止対策としてマフラを取り付けた．
ハ．放射熱による周辺設備の損傷を防ぐため，フレアースタックを海上部に設置した．
ニ．エレベーテッドフレアースタックで放出ガス量が通常より増大したので，黒煙発生を防止するために，スチーム吹込み量を通常よりも少なくした．
　　　　(1) イ，ロ　　(2) ロ，ハ　　(3) ハ，ニ　　(4) イ，ニ　　(5) ハ，ニ

問11　次のイ，ロ，ハ，ニの記述のうち，防災設備について正しいものはどれか．
イ．本質安全防爆構造には，短絡などの故障時であっても，回路から流出するエネルギーを爆発性ガスの最小発火エネルギー以上にならないように抑制するための安全保持回路が付加されている．
ロ．亜硫酸ガスを放出させるための除害設備として，カセイソーダ水溶液吸収塔を設置した．
ハ．硫化水素の除害設備として，炭酸ソーダ水溶液を用いた．
ニ．耐圧防爆構造においては，爆発性ガスと触れる容器の外表面温度がそのガスの発火温度以上になっても安全である．
　　　　(1) イ，ロ　　(2) イ，ハ　　(3) ロ，ハ　　(4) イ，ニ　　(5) イ，ロ，ハ

問12　次のイ，ロ，ハ，ニの記述のうち，製造設備の運転管理や安全確保について正しいものはどれか．
イ．製造設備の運転開始前に，運転員2人以上で，安全弁元弁「開」での施錠，仕切り板の取外しなどの現場状況をチェックした．
ロ．蒸留塔において，処理量を増加させると，上昇する蒸気流速が増えるため，本来流下するべき液が上段に運ばれる飛沫同伴（エントレインメント）が発生する．
ハ．KYTとは，潜在的な危険を予知することにより，予防的に安全を確保する手法である．
ニ．ヒヤリ・ハット活動は，整理，整頓，清掃，清潔，躾（習慣）を組み込んだ安全活動である．
　　　　(1) イ，ロ　　(2) イ，ハ　　(3) ロ，ハ　　(4) イ，ニ　　(5) イ，ロ，ハ

問13　次のイ，ロ，ハ，ニの記述のうち，計測や検査について正しいものはどれか．
イ．浸透探傷試験は，ほかの非破壊試験法に比べて簡便なので適用範囲が広く，金属に限らず，プラスチックス，ガラス，セラミックスにも適用できる．
ロ．アコースティック・エミッション（AE）試験は，センサを多数配置することによって大型設備の使用中の異常，劣化の兆候の検出に適用できる．
ハ．接触燃焼式ガス漏えい検知警報設備は，触媒毒となる物質が存在する使用環境であっても感度は維持される．
ニ．定電位電解式ガス漏えい検知警報設備は，一酸化炭素，硫化水素の検知に使用でき

る．
(1) イ，ロ　(2) イ，ハ　(3) ロ，ハ　(4) イ，ロ，ハ
(5) イ，ロ，ニ

問14 次のイ，ロ，ハ，ニの記述のうち，工事管理及び定期検査について正しいものはどれか．

イ．可燃性ガス貯槽の内部作業をするため，次の順序で準備作業をした．
槽内可燃性ガスの排出→可燃性ガスの空気置換→酸素濃度の測定→作業許可→作業実施

ロ．作業中に発生する酸素欠乏症の防止には，空気流通スペースをとって十分に換気を行い，酸素濃度が18～22%の範囲にあることを定期的に確認することが必要である．

ハ．定期検査だけでは運転中の経時的変化を把握しにくいので，日常検査（OSI）はそれを補う役割がある．

ニ．定期検査では，減肉，劣化損傷，そのほかの異常がないことを目視検査と非破壊検査で確認した後，耐圧試験をしなければならない．

(1) イ，ロ　(2) イ，ハ　(3) ロ，ハ　(4) イ，ニ　(5) イ，ロ，ハ

問15 次のイ，ロ，ハ，ニの記述のうち，ガスの性質について正しいものはどれか．

イ．アセチレンは銅と接触すると銅アセチリドが生成し，それが極めて容易に分解して爆発を引き起こす危険性が高い．

ロ．人にとっては，酸素が過剰又は純酸素の場合にも有害となることがある．

ハ．セレン化水素は，特殊高圧ガスで，半導体製造などに使用される極めて強い毒性ガスであるが，可燃性はない．

ニ．クロロフルオロカーボンはオゾン層破壊の懸念から規制対象となり，現在では塩素を含まないハイドロフルオロカーボンが使用されるようになっている．

(1) イ，ロ　(2) イ，ハ　(3) ロ，ハ　(4) イ，ロ，ハ
(5) イ，ロ，ニ

解答・解説

問1 (3)
- イ✗ 2編3.2節より，爆発下限付近のほうが最小発火エネルギーは大きくなる．
- ロ✗ 2編3.2節3)項より，前段は正しい．後段部「最大安全すきま」が正しい．
- ハ○ 2編4章20)項のとおり．
- ニ✗ 酸化エチレンは分解爆発を起こす．2編3.2節2)項参照．

問2 (5)
- イ✗ 2編5.2節8)項より，急激な加熱と冷却は避けなければならない．
- ロ✗ 2編5.2節4)項より，アンモニアは銅合金を激しく腐食する．
- ハ○ 2編5.4節1)項参照．そのほかに炭素量を低減させる方法もある．
- ニ○ 2編5.4節1)項参照．炭素鋼はコンクリートとの間で腐食を起こし，さらに鉄筋との間でも腐食を生ずる．

問3 (2)
- イ○ 2編6.8節2)項のとおり．なお，毒性ガスや水素ガスでは，低圧でも渦巻き形が使用されることがある．
- ロ✗ 2編6.4節1)項より，球形貯槽は，プロパン，ブタンなどの液化ガスを高圧で貯蔵するのに適した貯槽形式であるが，天然ガスなどの圧縮ガスにも使用できる．
- ハ○ 2編6.5節4)項のとおり．エアコンの室内機や室外機などがその例である．
- ニ✗ コールドスプリングは，配管組立て時に故意に熱変位方向とは逆向きの変形を配管系に与えておき，運転温度に達したときの変位を軽減させる熱伸縮対策の一つである．3編2.1節1)項参照．

問4 (4)
- イ○ 設問のとおり．2編7.4節5)項参照．
- ロ○ 設問のとおり．2編7.3節7)項参照．
- ハ○ 設問のとおり，連成計がある．2編7.2節2)項参照．
- ニ✗ 半導体式は酸化性，還元性を問わず，ほとんどの可燃性ガス，毒性ガスに使用できる．

問5 (5)
- イ○ 設問のとおり．3編1.1節1)項参照．基本的に危険速度を超えて運転してもよい．この場合，危険速度域を速やかに通り過ぎるようにすること．
- ロ○ 設問のとおり．3編1.1節2)項参照．
- ハ✗ 3編1.1節1)項より，案内羽根の角度を調整するベーンコントロールは遠心圧

3章 保安管理技術

縮機固有のものである．
ニ〇 設問のとおり．

問6 (3)
イ〇 設問のとおり．
ロ× デッドエンドは，堆積物が生じやすく腐食が発生しやすい．
ハ〇 設問のとおり．
ニ× 気密試験は，配管，計器を取り付け，高圧設備全体で行う．

問7 (4)
イ× 1編7.2節2）項及び，コンビナート保安規則第5条第1項第六十一号より，外部から計器室内へのガスの侵入を防ぐため，大気圧より高く保たなければならない．
ロ〇 設問のとおり．3編3.6節7）項参照．
ハ× 3編3.7節より，「室内外の温度差による浮力を利用する方法」は自然換気の方法．後半部分は正しい．
ニ〇 3編3.9節参照．

問8 (2)
イ× 低電圧でも対象となる．
ロ〇 付属部品も同様である．
ハ× 常時，常用電源と接続しておかなければならない．3編3.8節注釈参照．
ニ× ボンディングは導体どうしを電気的に接続すること．大地と高圧ガス設備（導体）を電気的に接続することは接地である．3.3節3）項参照．

問9 (1)
イ〇 密閉型は毒ガスや可燃性ガスに適している．
ロ× 前段部は正しいが，後段部，破裂板の吹出し抵抗は小さい．
ハ× 可燃性ガスの場合には，貯槽内に空気（酸素）を吸い込むと危険であるため，使用できない．
ニ× 液化ガスの蒸発量以上の吹出し量となるようにする．3編2.4節注釈参照．

問10 (2)
イ× 3編3.2節7）項より，ガスの流出に備え，常に点火しておく必要がある．
ロ〇 3編3.2節7）項のとおり．
ハ〇 設問のとおり．
ニ× 3編3.2節7）項より，スチーム吹込み量を増やさなければならない．

問 11 (5)

- イ〇 3編 3.3節 2) 項のとおり.
- ロ〇 3編 3.2節 8) 項のとおり.
- ハ〇 3編 3.2節 8) 項のとおり.
- ニ× 発火温度以上になると発火するおそれがある.

問 12 (2)

- イ〇 設問のとおり.
- ロ× 説明はフラッディングのもの.飛沫同伴は,液滴が上昇する蒸気に同伴する程度.3編 3.2節 10) 項参照.
- ハ〇 設問のとおり.3編 3.10節 4) 項参照.
- ニ× 説明は5S活動のもの.ヒヤリ・ハット活動は,業務の中で「ひやり」や「はっと」した経験を共有することにより注意を促すもの.

問 13 (5)

- イ〇 設問のとおり.
- ロ〇 設問のとおり.
- ハ× 3.2節 5) 項より,原理上,触媒毒があると感度が低下する.
- ニ〇 設問のとおり.3編 3.2節 5) 項参照.

問 14 (3)

- イ× 可燃性ガスであるので,空気ではなく窒素などで置換する.3編 4.3節 3) 項,3編 4.4節 3) 項参照.
- ロ〇 設問のとおり.3編 4.3節,3編 4.4節参照.
- ハ〇 設問のとおり.3編 4.2節参照.
- ニ× 定期検査では耐圧試験は実施しない.3編 4.2節参照.

問 15 (5)

- イ〇 設問のとおり.2編 4章 5) 項参照.
- ロ〇 設問のとおり.
- ハ× 可燃性である.2編 4章 26) 項参照.
- ニ〇 設問のとおり.

5編
重要な法規

　本編では，高圧ガス関連法規である高圧ガス保安法，高圧ガス保安法施行令，一般高圧ガス保安規則，液化石油ガス保安規則，コンビナート等保安規則，容器保安規則の中から，過去の試験に出題された内容にかかわる重要な条項を抜粋している．難解な表現もあるが，法令独特の言い回しにも慣れておこう．

1章 高圧ガス保安法

🔸第1条（目的）この法律は，高圧ガスによる災害を防止するため，高圧ガスの製造，貯蔵，販売，移動その他の取扱い及び消費並びに容器の製造及び取扱いを規制するとともに，民間事業者及び高圧ガス保安協会による高圧ガスの保安に関する自主的な活動を促進し，もって公共の安全を確保することを目的とする．

🔸第2条（定義）この法律で「高圧ガス」とは次の各号のいずれかに該当するものをいう．

一　常用の温度において圧力が1メガパスカル以上となる圧縮ガスであって現にその圧力が1メガパスカル以上であるもの又は温度35度において圧力が1メガパスカル以上となる圧縮ガス（圧縮アセチレンガスを除く）

二　常用の温度において圧力が0.2メガパスカル以上となる圧縮アセチレンガスであって現にその圧力が0.2メガパスカル以上であるもの又は温度15度において圧力が0.2メガパスカル以上となる圧縮アセチレンガス

三　常用の温度において圧力が0.2メガパスカル以上となる液化ガスであって現にその圧力が0.2メガパスカル以上であるもの又は圧力が0.2メガパスカルとなる場合の温度が35度以下である液化ガス

四　前号に掲げるものを除くほか，温度35度において圧力0パスカルを越える液化ガスのうち，液化シアン化水素，液化ブロムメチル又はその他の液化ガスであつて，政令で定めるもの

🔸第5条（製造の許可等）次の各号の一に該当する者は，事業所ごとに，都道府県知事の許可を受けなければならない．

一　圧縮，液化その他の方法で処理することができるガスの容積が一日 **100立方メートル以上**である設備を使用して高圧ガスの製造をしようとする者：
第一種製造者

【注】第一種ガスは 300 立方メートル
　　　第一種ガス：ヘリウム，ネオン，アルゴン，クリプトン，キセノン，ラドン，窒素，二酸化炭素，フルオロカーボン（可燃性のものを除く.），空気

🔸第8条（許可の基準）都道府県知事は，第5条第1項の許可の申請があった場合には，その申請を審査し，次の各号のいずれにも適合していると認めたときは，許可を与えなければならない．

一　製造のための施設の位置，構造及び設備が経済産業省令で定める技術上の基準に適合するものであること．

二　製造の方法が経済産業省令で定める技術上の基準に適合するものであること．

🔸第14条（製造のための施設等の変更）第一種製造者は，製造のための施設の位置，構造若しくは設備の変更の工事をし，又は製造をする高圧ガスの種類若しくは製造の方法を変更しようとするときは，都道府県知事の許可を受けなければならない．ただし，製造のための施設の位置，構造又は設備について経済産業省令で定める軽微な工事をしようとするときは，この限りではない．

2 第一種製造者は，前項ただし書の軽微な変更の工事をしたときは，その完成後遅滞なく，その旨を都道府県知事に届けなければならない．

第16条（貯蔵所） 容積300立方メートル（当該ガスが政令で定めるガスの種類に該当するものである場合にあっては，当該政令で定めるガスの種類ごとに300立方メートルを超える政令で定める値）以上の高圧ガスを貯蔵するときは，あらかじめ都道府県知事の許可を受けて設置する貯蔵所（第一種貯蔵所）においてしなければならない．ただし，第一種製造者が第5条第1項の許可を受けたところに従って高圧ガスを貯蔵するとき，又は液化石油ガス法第6条の液化石油ガス販売事業者が液化石油ガス法第2条第4項の供給設備若しくは液化石油ガス法第3条第2項第三号の貯蔵施設において液化石油ガス法第2条第1項の液化石油ガスを貯蔵するときは，この限りでない．

3 第1項の場合において，貯蔵する高圧ガスが液化ガス又は液化ガス及び圧縮ガスであるときは，液化ガス10キログラムをもって容積1立方メートルとみなして，同項の規定を適用する．

第17条の2 容積300立方メートル以上の高圧ガスを貯蔵するとき（第16条第1項本文に規定するときを除く．）は，あらかじめ，都道府県知事に届け出て設置する貯蔵所（以下「第二種貯蔵所」という．）においてしなければならない．ただし，第一種製造者が第5条第1項の許可を受けたところに従って高圧ガスを貯蔵するとき，又は液化石油ガス法第6条の液化石油ガス販売事業者が液化石油ガス法第2条第4項の供給設備若しくは液化石油ガス法第3条第2項第三号の貯蔵施設において液化石油ガス法第2条第1項の液化石油ガスを貯蔵するときは，この限りでない．

第20条（完成検査） 製造及び貯蔵の許可を受けた者は，高圧ガスの製造のための施設又は第一種貯蔵所の設置の工事を完成したときは，製造のための施設又は第一種貯蔵所につき，都道府県知事が行う完成検査を受け，これらが技術上の基準に適合していると認められた後でなければ，これを使用してはならない．ただし，高圧ガスの製造のための施設又は経済産業大臣が指定する者が行う完成検査を受け，これらが技術上の基準に適合していると認められ，その旨を都道府県知事に届け出た場合は，この限りではない．

2 第一種製造者からその製造のための施設の全部又は一部の引渡しを受け，製造の許可を受けた者は，その第一種製造者が当該製造のための施設につき既に完成検査を受け，技術上の基準に適合していると認められ，又は検査の記録の届出をした場合にあっては，当該施設を使用することができる．

3 第14条第1項の許可を受けた者は，高圧ガスの製造のための施設又は第一種貯蔵所の位置，構造，若しくは設備の変更の工事（特定変更工事）を完成させたときは，都道府県知事が行う完成検査を受け，これが第8条第一号又は第16条第2項の技術上の基準に適合していると認められた後でなければ，これを使用してはならない．ただし，次に掲げる場合は，この限りでない．

一 高圧ガスの製造のための施設又は第一種貯蔵所につき，経済産業省令で定

めるところにより協会又は指定完成検査機関が行う完成検査を受け，これらが第8条第一号又は第16条第2項の技術上の基準に適合していると認められ，その旨を都道府県知事に届け出た場合

二　自ら特定変更工事に係る完成検査を行うことができる者として経済産業大臣の認定を受けている者（以下「認定完成検査実施者」という。）が，第39条の11第1項の規定により検査の記録を都道府県知事に届け出た場合

第20条の3　第5条第1項又は第14条第1項の許可を受けた者は，第56条の7第2項の認定を受けた設備であって，第56条の8第1項の指定設備認定証によりその旨の確認をすることができるものに係る製造のための施設につき，第20条第1項又は第3項の都道府県知事，協会又は指定完成検査機関が行う完成検査を受けるときは，当該設備については，同条第1項又は第3項の完成検査を受けることを要しない．

第20条の4（販売事業の届出）高圧ガスの販売の事業を営もうとする者は，販売所ごとに，事業開始の日の20日前までに，販売をする高圧ガスの種類を記載した書面その他経済産業省令で定める書類を添えて，その旨を都道府県知事に届け出なければならない．ただし，次に掲げる場合は，この限りでない．

一　第一種製造者であって，第5第1項第一号に規定する者がその製造をした高圧ガスをその事業所において販売するとき．

第20条の5（周知させる義務等）販売業者等は，経済産業省令で定めるところにより，その販売する高圧ガスであって経済産業省令で定めるものを購入する者に対し，当該高圧ガスによる災害の発生の防止に関し必要な事項であって経済産業省令で定めるものを周知させなければならない．

第20条の6　販売業者等は，経済産業省令で定める技術上の基準に従って高圧ガスの販売をしなければならない．

第21条（製造等の廃止等の届出）第一種製造者は，高圧ガスの製造を開始し，又は廃止したときは，遅滞なく，その旨を都道府県知事に届け出なければならない．

第22条（輸入検査）高圧ガスの輸入をした者は，輸入をした高圧ガス及びその容器につき，都道府県知事が行う輸入検査を受け，これらが経済産業省令で定める技術上の基準に適合していると認められた後でなければ，これを移動してはならない．ただし，次に掲げる場合には，この限りでない．

一　輸入した高圧ガス及びその容器につき，経済産業省令で定めるところにより協会又は経済産業大臣が指定する者が行う輸入検査を受け，これらが輸入検査基準に適合していると認められ，その旨を都道府県知事に届け出た場合

二　船舶から導管により陸揚げして高圧ガスの輸入をする場合

三　経済産業省令で定める緩衝装置内における高圧ガスの輸入をする場合

第23条（移動）高圧ガスを移動するには，経済産業省令で定める保安上必要な措置を講じなければならない．

2　車両により高圧ガスを移動するときは，その積載方法及び移動方法について経済産業省令で定める技術上の基準に従ってしなければならない．

3 導管により高圧ガスを輸送するには，経済産業省令で定める技術上の基準に従ってその導管を設置し，及び維持しなければならない．

第24条の2（消費） 圧縮モノシラン，圧縮ジボラン，液化アルシンその他の高圧ガスであってその消費に際し災害の発生を防止するため特別の注意を要するものとして政令で定める種類のもの又は液化酸素その他の高圧ガスであって当該ガスを相当程度貯蔵して消費する際に公共の安全を維持し，又は災害の発生を防止するために特別の注意を要するものとして政令で定める種類の高圧ガス（以下「**特定高圧ガス**」と総称する．）を消費する者は，事業所ごとに，消費開始の日の20日前までに，消費する特定高圧ガスの種類，消費のための施設の位置，構造及び設備並びに消費の方法を記載した書面を添えて，その旨を都道府県知事に届けなければならない．

第25条（廃棄） 経済産業省令で定める高圧ガスの廃棄は，廃棄の場所，数量その他廃棄の方法について経済産業省令で定める技術上の基準に従ってしなければならない．

第26条（危害予防規程） 第一種製造者は，経済産業省令で定める事項について記載した危害予防規程を定め，経済産業省令で定めるところにより，都道府県知事に届け出なければならない．これを変更したときも，同様とする．

2 都道府県知事は，公共の安全の維持又は災害の発生の防止のために必要があると認めるときは，危害予防規程の変更を命ずることができる．

3 第一種製造者及びその従業員は，危害予防規程を守らなければならない．

第27条（保安教育） 第一種製造者は，その従業員に対する保安教育計画を定めなければならない．

3 第一種製造者は，保安教育計画を忠実に実行しなければならない．

第27条の2（保安統括者，保安技術管理者及び保安係員） 次に掲げる者は，事業所ごとに，経済産業省令で定めるところにより，<u>高圧ガス製造保安統括者</u>を<u>選任</u>し，第32条第1項に規定する職務を行わせなければならない．

一 第一種製造者であって，第5条第1項第一号に規定するもの

3 第1項第一号又は第二号に掲げる者は，事業所ごとに，経済産業省令で定めるところにより，<u>高圧ガス製造保安責任者免状の交付を受けている者であって，高圧ガス製造に関する経験を有する者</u>のうちから，<u>高圧ガス製造保安技術管理者</u>を選任し，第32条第2項に規定する職務を行わせなければならない．

4 第1項第一号又は第二号に掲げる者は，事業所ごとに，経済産業省令で定める製造のための施設の区分ごとに，経済産業省令で定めるところにより，<u>高圧ガス製造保安責任者免状の交付を受けている者であって，高圧ガス製造に関する経験を有する者</u>のうちから，<u>高圧ガス製造保安係員</u>を選任し，第32条第3項に規定する職務を行わせなければならない．

5 第1項第一号又は第二号に掲げる者は，同項の規定により保安統括者を選任したときは，遅滞なく，経済産業省令で定めるところにより，その旨を<u>都道府県知事に届け出</u>なければならない．これを解任した時も同様とする．

6 第1項第一号又は第二号に掲げる者は，第3項又は第4項の規定による保安

技術管理者又は保安係員の選任又はその解任について，経済産業省令で定めるところにより，その旨を都道府県知事に届け出なければならない．

7　第1項第一号又は第二号に掲げる者は，経済産業省令で定めるところにより，保安係員に協会又は指定講習機関が行う高圧ガスによる災害の防止に関する講習を受けさせなければならない．

第27条の3（保安主任者及び保安企画推進員）　第一種製造者のうち1日に製造をする高圧ガスの容積が経済産業省令で定めるガスの種類ごとに経済産業省令で定める容積以上である者は，経済産業省令で定める製造のための施設の区分ごとに，経済産業省令で定めるところにより，製造保安責任者免状の交付を受けている者であって，経済産業省令で定める高圧ガスの製造に関する経験を有する者のうちから，高圧ガス製造保安主任者を選任し，第32条第4項に規定する職務を行わせなければならない．

2　前項に規定する第一種製造者は，事業所ごとに，経済産業省令で定める高圧ガスの製造に係る保安に関する知識経験を有する者のうちから，高圧ガス製造保安企画推進員を選任し，第32条第5項に規定する職務を行わせなければならない．

第28条（販売主任者及び取扱主任者）

2　特定高圧ガス消費者は，事業所ごとに，経済産業省令で定めるところにより，特定高圧ガス取扱主任者を選任し，第32条第8項に規定する職務を行わせなければならない．

第32条（保安統括者等の職務等）　保安統括者は，高圧ガスの製造に係る保安に関する業務を統括管理する．

2　保安技術管理者は，保安統括者を補佐して，高圧ガスの製造に係る保安に関する技術的な事項を管理する．

3　保安係員は，製造のための施設の維持，製造の方法の監視その他高圧ガスの製造に係る保安に関する技術的な事項で経済産業省令で定めるものを管理する．

4　保安主任者は，保安技術管理者を補佐して，保安係員を指揮する．

5　保安企画推進員は，危害予防規程の立案及び整備，保安教育計画の立案及び推進その他高圧ガスの製造に係る保安に関する業務で経済産業省令で定めるものに関し，保安統括者を補佐する．

第33条（保安統括者等の代理者）　第27条の2第1項第一号若しくは第二号又は第27条の4第1項第一号若しくは第二号に掲げる者は，経済産業省令で定めるところにより，あらかじめ，保安統括者，保安技術管理者，保安係員，保安主任者若しくは保安企画推進委員又は冷凍保安責任者の代理人を選任し，保安統括者等が旅行，疾病その他の事故によってその職務を行うことができない場合に，その職務を代行させなければならない．この場合において，保安技術管理者，保安係員，保安主任者又は冷凍保安責任者の代理人については経済産業省令で定めるところにより高圧ガス製造保安責任者免状の交付を受けている者であって，高圧ガス製造に関する経験を有する者のうちから選任しなければならない．

第35条（保安検査）　第一種製造者は，高圧ガスの爆発その他危害が発生するおそれがある製造のための施設（特定施設）について，経済産業省令で定めるところにより，定期的に，都道府県知事が行う保安検査を受けなければならない．

ただし，次に掲げる場合は，この限りではない．
　一　特定施設のうち経済産業省令で定めるものについて，経済産業省令で定めるところにより協会又は経済産業大臣の指定する者（以下「指定保安検査機関」という．）が行う保安検査を受け，その旨を都道府県知事に届け出た場合
　二　自ら特定施設に係る保安検査を行うことができる者として経済産業大臣の認定を受けている者が，その認定に係る特定施設について，第39条の11第2項の規定により検査の記録を都道府県知事に届け出た場合
2　前項の保安検査は，特定施設が第8条第一号の技術上の基準に適合しているかどうかについて行う．

第35の2（定期自主検査） 第一種製造者（省略）は，製造又は消費のための施設であって経済産業省令で定めるものについて，経済産業省令で定めるところにより，保安のための自主検査を行い，その検査記録を作成し，これを保存しなければならない．

第36条（危険時の措置及び届出） 高圧ガスの製造のための施設，貯蔵所，販売のための施設，特定高圧ガスの消費のための施設又は高圧ガスを充てんした容器が危険な状態となったときは，高圧ガスの製造のための施設，貯蔵所，販売のための施設，特定高圧ガスの消費のための施設又は高圧ガスを充てんした容器の所有者又は占有者は，直ちに，経済産業省令で定める災害の発生の防止のための応急措置を講じなければならない．
2　前項の事態を発見した者は，直ちに，その旨を都道府県知事又は警察官，消防吏員若しくは消防団員若しくは海上保安官に届け出なければならない．

第37条（火気等の制限） 何人も，第一種製造者，第二種製造者，第一種貯蔵所若しくは第二種貯蔵所の所有者若しくは占有者，販売者若しくは特定高圧ガス消費者又は液化石油ガス法第6条の液化石油ガス販売事業者が指定する場所で火気を取り扱ってはならない．
2　何人も，第一種製造者，第二種製造者，第一種貯蔵者若しくは第二種貯蔵者の所有者若しくは占有者，販売者若しくは特定高圧ガス消費者又は液化石油ガス法第6条の液化石油ガス販売事業者の承認を得ないで，発火しやすい物を携帯して，前項に規定する場所に立ち入ってはならない．

第41条（製造の方法） 高圧ガスを充てんするための容器の製造事業を行うものは，経済産業省令で定める技術上の基準に従って容器の製造をしなければならない．

第44条（容器検査） 容器の製造又は輸入をした者は，経済産業大臣，協会又は経済産業大臣が指定する者が経済産業省令で定める方法により行う容器検査を受け，これに合格したものとして次項第1項の刻印又は同条第2項の標章の掲示がされているものでなければ，当該容器を譲渡し，又は引き渡してはならない．

第45条（刻印等） 経済産業大臣，協会又は指定容器検査機関は，容器が容器検査に合格した場合において，その容器が刻印をすることが困難なものとして経済産業省令で定める容器以外のものであるときは，速やかに，経済産業省令で定めるところにより，その容器に，刻印をしなければならない．

第46条（表示） 容器の所有者は，次に

掲げるときは，遅滞なく，経済産業省令で定めるところにより，その容器に，表示をしなければならない．その表示が滅失したときも，同様とする．
　一　容器に刻印等がされたとき．

🐙**第 48 条（充てん）**　高圧ガスを容器に充てんする場合は，その容器は，次の各号のいずれかに該当するものでなければならない．
　一　刻印等又は自主検査刻印等がされているものであること．
　三　バルブを装置してあること．
　五　容器検査若しくは容器再検査を受けた後又は自主検査刻印等がされた後経済産業省令で定める期間を経過した容器又は損傷を受けた容器にあっては，容器再検査を受け，これに合格し，かつ，次条第 3 項の刻印又は同条第 4 項の標章の掲示がされているものであること．

4　容器に充てんする高圧ガスは，次の各号のいずれにも該当するものでなければならない．
　一　刻印等又は自主検査刻印等において示された種類の高圧ガスであり，かつ，圧縮ガスにあってはその刻印等又は自主検査刻印等において示された圧力以下のものであり，液化ガスにあっては経済産業省令で定める方法によりその刻印等又は自主検査刻印等において示された内容積に応じて計算した質量以下のものであること．

🐙**第 49 条（容器再検査）**　容器再検査は，経済産業大臣，協会，指定容器検査機関又は経済産業大臣が行う容器検査所の登録を受けた者が経済産業省令で定める方法により行う．

2　容器再検査においては，その容器が経済産業省令で定める高圧ガスの種類及び圧力の大きさ別の規格に適合しているときは，これを合格とする．

3　経済産業大臣，協会，指定容器検査機関又は容器検査所の登録を受けた者は，容器が容器再検査に合格した場合において，その容器が第 45 条第 1 項の経済産業省令で定める容器以外のものであるときは，速やかに，経済産業省令で定めるところにより，その容器に，刻印をしなければならない．

🐙**第 49 条の 2（付属品検査）**　バルブその他の容器の附属品で，経済産業省令で定めるもの製造又は輸入をした者は，経済産業大臣，協会又は指定容器検査機関が経済産業省令で定める方法により行う附属品検査を受け，これに合格したものとして次条第 1 項の刻印がされているものでなければ，当該附属品を譲渡し，又は引き渡してはならない．

2　前項の附属品検査を受けようとする者は，その附属品が装置される容器に充てんされるべき高圧ガスの種類及び圧力を明らかにしなければならない．

3　再充てん禁止容器に装置する附属品について，第 1 項の附属品検査を受けようとする者は，その附属品が再充てん禁止容器に装置するものである旨を明らかにしなければならない．

4　第 1 項の附属品検査においては，その附属品が経済産業省令で定める高圧ガスの種類及び圧力の大きさ別の附属品の規格に適合するときは，これを合格とする．

🐙**第 49 条の 3（刻印）**　経済産業大臣，協会又は指定容器検査機関は，附属品が附属品検査に合格したときは，速やかに，経済産業省令で定めるところにより，その

附属品に，刻印をしなければならない．

第56条（くず化その他の処分）経済産業大臣は，容器検査に合格しなかった容器がこれに充てんする高圧ガスの種類又は圧力を変更しても第44条の規格に合格しないと認めるときは，その所有者に対し，これをくず化し，その他容器として使用することができないように処分すべきことを命ずることができる．

3　容器の所有者は，容器再検査に合格しなかった容器について3月以内に第54条第2項の規定による刻印等がされなかったときは，遅滞なく，これをくず化し，その他容器として使用することができないように処分しなければならない．

第59条の2（目的）（高圧ガス保安）協会は，高圧ガスによる災害の防止に資するため，高圧ガスの保安に関する調査，研究及び指導，高圧ガスの保安に関する検査等の業務を行うことを目的とする．

第59条の28（業務の範囲）協会は，第59条の2の目的を達成するため，次の業務を行う．

一　高圧ガスの保安に関する調査，研究及び指導並びに情報の収集及び提供を行うこと．

二　高圧ガスの保安に関する技術的な事項について経済産業大臣に意見を申し出ること．

六　高圧ガスの保安に関する教育を行うこと．

第60条（帳簿）第一種製造者，第一種貯蔵所又は第二種貯蔵所の所有者又は占有者，販売業者，容器製造業者及び容器検査所の登録を受けた者は，経済産業省令で定めるところにより，帳簿を備え，高圧ガス若しくは容器の製造，販売若しくは出納又は容器再検査若しくは附属品再検査について，経済産業省令で定める事項を記載し，これを保存しなければならない．

2　指定試験機関，指定完成検査機関，指定輸入検査機関，指定保安検査機関，指定容器検査機関，指定特定設備検査機関，指定設備認定機関及び検査組織等調査機関は，経済産業省令で定めるところにより，帳簿を備え，完成検査，輸入検査，試験事務，保安検査，検査組織等調査，容器検査等，特定設備検査又は指定設備の認定について，経済産業省令で定める事項を記載し，これを保存しなければならない．

第62条（立入検査）経済産業大臣又は都道府県知事は，公共の安全の維持又は災害の発生の防止のため必要があると認めるときは，その職員に，高圧ガスの製造をする者，第一種貯蔵所若しくは第二種貯蔵所の所有者若しくは占有者，販売業者，高圧ガスを貯蔵し，若しくは消費するもの，高圧ガスの輸入をした者，液化石油ガス法第6条の液化石油ガス販売事業者，容器の製造をする者，容器の輸入をした者又は容器検査所の登録を受けた者の事務所，営業所，工場，事業場，高圧ガス若しくは容器の保管場所又は容器検査所に立ち入り，その者の帳簿書類その他必要な物件を検査させ，関係者に質問させ，又は試験のため必要な最小限度の容器に限り高圧ガスを収去させることができる．

第63条（事故届）第一種製造者，第二種製造者，販売業者，液化石油ガス販売事業者，高圧ガスを貯蔵し，又は消費する者，容器製造業者，容器の輸入をした者その他高圧ガス又は容器を取り扱う者は，次に掲げる場合には，遅滞なく，そ

の旨を都道府県知事又は警察官に届け出なければならない．
一　その所有し，又は占有する高圧ガスについて災害が発生したとき
二　その所有し，又は占有する高圧ガス又は容器を喪失し，又は盗まれたとき

2章 高圧ガス保安法施行令

第1条 高圧ガス保安法（以下「法」という．）第2条第四号の政令で定める液化ガスは，次のとおりとする．
一 液化シアン化水素
二 液化ブロムメチル
三 液化酸化エチレン

第2条（適用除外）
3 法第3条第1項第八号の政令で定める高圧ガスは，次のとおりとする．
一 圧縮装置（空気分離装置に用いられるものを除く．）内における圧縮空気であって，温度35度において圧力5メガパスカル以下のもの
五 オートクレーブ内における高圧ガス（水素，アセチレン，及び塩化ビニルを除く．）

第3条（政令で定めるガスの種類等）
法第5条第1項第一号の政令で定めるガスの種類は，一の事業所において次の表の上欄に掲げるガスに係る高圧ガスの製造をしようとする場合における同欄に掲げるガスとし，同号の政令で定める値は，同欄に掲げるガスの種類に応じ，それぞれ同表の下欄に掲げるとおりとする．

ガスの種類	値
一 ヘリウム，ネオン，アルゴン，クリプトン，キセノン，ラドン，窒素，二酸化炭素，フルオロカーボン（可燃性のものを除く．）又は空気（以下「第一種ガス」という．）	300立方メートル
二 第一種ガス及びそれ以外のガス	100立方メートルを超え300立方メートル以下の範囲内において経済産業省令で定める値

第5条 法第16条第1項の政令で定めるガスの種類は，一の貯蔵所において次の表の上欄に掲げるガスを貯蔵しようとする場合における同欄に掲げるガスとし，同項の政令で定める値は，同欄に掲げるガスの種類に応じ，それぞれ同表の下欄に掲げるとおりとする．

ガスの種類	値
一 第一種ガス	3000立方メートル
二 第一種ガス以外のガス（経済産業省令で定めるガス（以下この表において「第三種ガス」という．）を除く．以下この表において「第二種ガス」という．）	1000立方メートル
三 第一種ガス及び第二種ガス	1000立方メートルを超え3000立方メートル以下の範囲内において経済産業省令で定める値

第7条　法第24条の2の高圧ガスであって，その消費に際し災害の発生を防止するため特別の注意を要するものとして政令で定める種類のものは，次に掲げるガスの圧縮ガス及び液化ガスとする．

　モノシラン，ホスフィン，アルシン，ジボラン，セレン化水素，モノゲルマン，ジシラン

2　法第24条の2の高圧ガスであって，当該ガスを相当程度貯蔵して消費する際に公共の安全を維持し，又は災害の発生を防止するために特別の注意を要するもの．

高圧ガス保安法施行令第7条の表

高圧ガスの種類	数　量
圧縮水素	容積300立方メートル
圧縮天然ガス	容積300立方メートル
液化酸素	質量3 000キログラム
液化アンモニア	質量3 000キログラム
液化石油ガス	質量3 000キログラム
液化塩素	質量1 000キログラム

3章 一般高圧ガス保安規則

🐙 **第2条**（用語の定義）
一　可燃性ガス：<u>アセチレン</u>，<u>アンモニア</u>，<u>エチレン</u>，<u>水素</u>，ブタン，プロパン，<u>プロピレン</u>，メタン，酸化エチレン，エタン，一酸化炭素，アクリロニトリル，アルシン，セレン化水素，ジシラン，ジボラン，ベンゼン，ホスフィン，モノゲルマン，モノシラン，硫化水素など．

二　毒性ガス：<u>アンモニア</u>，<u>塩素</u>，酸化エチレン，一酸化炭素，アクリロニトリル，アルシン，セレン化水素，ジシラン，ジボラン，ベンゼン，ホスフィン，モノゲルマン，モノシラン，硫化水素など．また，じょ限量が100万分の2百以下（200ppm以下）のもの

【注】じょ限量：一般の人が有毒ガスを含む環境下で中程度の作業を1日8時間行い，かつ長時間継続しても健康に障害を及ぼさない限界

三　特殊高圧ガス：アルシン，ジシラン，ジボラン，セレン化水素，ホスフィン，モノゲルマン，モノシラン

四　**不活性ガス**：ヘリウム，ネオン，アルゴン，クリプトン，キセノン，ラドン，窒素，二酸化炭素，フルオロカーボン（可燃性のものを除く．）

十九　**第一種設備距離**：貯蔵能力又は処理能力に対応する距離であって，可燃性ガス及び毒性ガスの貯蔵設備，処理設備及び減圧設備，酸素，その他のもの別に表されるもの

二十一　**第一種置場距離**：容器置場の面積に対応する距離に対し表されるもの

二十二　**第二種置場距離**：容器置場の面積に対応する距離に対し表されるもの

★以下は高圧ガス保安法第8条で定める技術上の基準（抜粋）である．

🐙 **第6条**（定置式製造設備に係る技術上の基準）製造設備が定置式製造設備である製造施設における法第8条第一号の経済産業省令で定める技術上の基準は，次の各号に掲げるものとする．

二　製造施設は，その貯蔵設備及び処理設備の外面から，第一種保安物件に対し第一種設備距離以上，第二種保安物件に対し第二種設備距離以上の距離を有すること．

三　**可燃性ガスの製造設備**は，その外面から火気を取り扱う施設に対し**8メートル以上**の距離を有し，又は当該製造設備から漏えいしたガスが当該火気を取り扱う施設に流動することを防止するための措置若しくは可燃性ガスが漏えいしたときに連動装置により直ちに使用中の火気を消すための措置を講ずること．

四　可燃性ガスの製造設備の高圧ガス設備は，その外面から当該製造設備以外の可燃性ガスの製造設備の高圧ガス設備に対し**5メートル以上**，圧縮水素スタンドの処理設備及び貯蔵設備に対し**6メートル以上**，酸素の製造設備の高圧ガス設備に対し**10メートル以上**の距離を有すること．

五　可燃性ガスの貯槽は，その外面から他の可燃性ガス又は酸素の貯槽に対し，1メートル又は当該貯槽及び他の可燃性ガス若しくは酸素の貯槽の最大直径の和の4分の1のいずれか大な

るものに等しい距離以上の距離を有すること．
六　可燃性ガスの貯槽には，可燃性ガスの貯槽であることが容易に識別することができるような措置を講ずること．
七　可燃性ガス，毒性ガス又は酸素の液化ガスの貯槽（可燃性ガス又は酸素の液化ガスの貯槽にあっては貯蔵能力が1 000トン以上のもの，毒性ガスの液化ガスの貯槽にあっては貯蔵能力が5トン以上のものに限る．）の周囲には，液状の当該ガスが漏えいした場合にその流出を防止するための措置を講ずること．
八　前号に規定する措置のうち，防液堤を設置する場合は，その内側及びその外面から10メートル（毒性ガスの液化ガスの貯槽に係るものにあっては，毒性ガスの種類及び貯蔵能力に応じて経済産業大臣が定める距離）以内には，当該貯槽の付属設備その他の設備又は施設であって経済産業大臣が定めるもの以外のものを設けないこと．
九　可燃性ガスの製造設備を設置する室は，当該ガスが漏えいしたとき滞留しないような構造とすること．
十　可燃性ガス，毒性ガス及び酸素のガス設備（高圧ガス設備及び空気取入口を除く．）は，気密な構造とすること．
十一　高圧ガス設備は，常用の圧力の1.5倍以上の圧力で水その他の安全な液体を使用して行う耐圧試験（液体を使用することが困難であると認められるときは，常用の圧力の1.25倍以上（第二種特定設備にあっては，常用の圧力の1.1倍以上）の圧力で空気，窒素等の気体を使用して行う耐圧試験）又は経済産業大臣がこれらと同等以上のものと認める試験に合格するものであること．
十二　高圧ガス設備は，常用の圧力以上の圧力で行う気密試験又は経済産業大臣がこれらと同等以上のものと認める試験に合格すること．
十三　高圧ガス設備は，常用の圧力又は常用の温度において発生する最大の応力に対し，当該設備の形状，寸法，常用の圧力若しくは常用の温度における材料の許容応力，溶接継手の効率等に応じ，十分な強度を有するものであること．
十四　ガス設備（可燃性ガス，毒性ガス及び酸素以外のガスにあっては高圧ガス設備に限る．）に使用する材料は，ガスの種類，性状，温度，圧力等に応じ，当該設備の材料に及ぼす化学的影響及び物理的影響に対し，安全な化学的成分及び機械的性質を有するものであること．
十五　高圧ガス設備の基礎は，不同沈下等により当該高圧ガス設備に有害なひずみが生じないようなものであること．この場合において，貯槽（貯蔵能力が100立方メートル又は1トン以上のものに限る．）の支柱は，同一の基礎に緊結すること．
十六　貯槽は，その沈下状況を測定するための措置を講じ，経済産業大臣が定めるところにより沈下状況を測定すること．この測定の結果，沈下していたものにあっては，その沈下の程度に応じ適切な措置を講ずること．
十七　塔，貯槽及び配管並びにこれらの支持構造物及び基礎は，耐震設計構造物の設計のための地震動，設計地震動による耐震設計構造物の耐震上重要な

部分に生じる応力等の計算方法，耐震設計構造物の部材の耐震設計用許容応力その他の経済産業大臣が定める耐震設計の基準により，地震の影響に対して安全な構造とすること．
十九　高圧ガス設備には，経済産業大臣が定めるところにより，圧力計を設け，かつ，当該設備内の圧力が許容圧力を超えた場合に直ちにその圧力を許容圧力以下に戻すことができる安全装置を設けること．
二十　前号の規定により設けた安全装置（不活性ガス又は空気に係る高圧ガス設備に設けたものを除く．）のうち安全弁又は破裂板には，放出管を設けること．この場合において，放出管の開口部の位置は，放出するガスの性質に応じた適切な位置であること．
二十二　液化ガスの貯槽には，液面計（酸素又は不活性ガスの超低温貯槽以外の貯槽にあっては，丸形ガラス管液面計以外の液面計に限る．）を設けること．この場合において，ガラス液面計を使用するときは，当該ガラス液面計にはその破損を防止するための措置を講じ，貯槽（可燃性ガス及び毒性ガスのものに限る．）とガラス液面計とを接続する配管には，当該ガラス液面計の破損による液化ガスの漏えいを防止するための措置を講ずること．
二十五　可燃性ガス，毒性ガス又は酸素の液化ガスの貯槽に取り付けた配管には，当該液化ガスが漏えいしたときに安全に，かつ，速やかに遮断するための措置を講ずること．
二十六　可燃性ガスの高圧ガス設備に係る電気設備は，その設置場所及び当該ガスの種類に応じた防爆性能を有する構造のものであること．
二十八　圧縮アセチレンガスを容器に充てんする場所及び第四十二号に規定する当該ガスの充てん容器に係る容器置場には，火災等の原因により容器が破裂することを防止するための措置を講ずること．
二十九　圧縮機と圧縮アセチレンガスを容器に充てんする場所又は第四十二号に規定する当該ガスの充てん容器に係る容器置場との間及び当該ガスを容器に充てんする場所と第四十二号に規定する当該ガスの充てん容器に係る容器置場との間には，それぞれ厚さ**12センチメートル以上の鉄筋コンクリート造り又はこれと同等以上の強度を有する構造の障壁**を設けること．
三十　圧縮機と圧力が10メガパスカル以上の圧縮ガスを容器に充てんする場所又は第四十二号に規定する当該ガスの充てん容器に係る容器置場との間には，厚さ12センチメートル以上の鉄筋コンクリート造り又はこれと同等以上の強度を有する構造の障壁を設けること．
三十一　可燃性ガス又は経済産業大臣が定める毒性ガスの製造施設には，当該製造施設から漏えいするガスが滞留するおそれのある場所に，当該ガスの漏えいを検知し，かつ，警報するための設備を設けること．
三十二　可燃性ガス若しくは毒性ガスの貯槽又はこれらの貯槽以外の貯槽であって可燃性ガスの貯槽の周辺若しくは可燃性物質を取り扱う設備の周辺にあるもの及びこれらの支柱には，温度の上昇を防止するための措置を講ずること．

三十三　毒性ガスの製造施設には，他の製造施設と区分して，その外部から毒性ガスの製造施設である旨を容易に識別することができるような措置を講ずること．この場合において，ポンプ，バルブ及び継手その他毒性ガスが漏えいするおそれのある箇所には，その旨の危険標識を掲げること．

三十五　毒性ガスのガス設備に係る配管，管継手及びバルブの接合は，溶接により行うこと．ただし，溶接によることが適当でない場合は，保安上必要な強度を有するフランジ接合又はねじ接合継手による接合をもって代えることができる．

三十七　特殊高圧ガス，五フッ化ヒ素等，亜硫酸ガス，アンモニア，塩素，クロルメチル，酸化エチレン，シアン化水素，ホスゲン又は硫化水素の製造設備には，当該ガスが漏えいしたときに安全に，かつ，速やかに除害するための措置を講ずること．

三十八　可燃性ガスの製造設備には，当該製造設備に生ずる静電気を除去する措置を講ずること．

三十九　可燃性ガス及び酸素の製造施設には，その規模に応じ，適切な防消火設備を適切な箇所に設けること．

四十　事業所には，事業所の規模及び製造施設の態様に応じ，事業所内で緊急時に必要な通報を速やかに行うための措置を講ずること．

四十一　製造設備に設けたバルブ又はコック（操作ボタン等により当該バルブ又はコックを開閉する場合にあっては，当該操作ボタン等．以下同じ．）には，作業員が当該バルブ又はコックを適切に操作することができるような措置を講ずること．

四十二　容器置場並びに充てん容器及び残ガス容器は，次に掲げる基準に適合すること．

　イ　容器置場は，明示され，かつ，その外部から見やすいように警戒標を掲げたものであること．

　ロ　可燃性ガス及び酸素の容器置場は，1階建とする．ただし，圧縮水素（充てん圧力が20メガパスカルを超える充てん容器等を除く．）のみ又は酸素のみを貯蔵する容器置場（不活性ガスを同時に貯蔵するものを含む．）にあっては，2階建以下とする．

　ハ　容器置場（貯蔵設備であるものを除く．）であつて，次の表（省略）に掲げるもの以外のものは，その外面から，第一種保安物件に対し第一種置場距離以上の距離を，第二種保安物件に対し第二種置場距離以上の距離を有すること．

　ホ　充てん容器等（断熱材で被覆してあるものを除く．）に係る容器置場（可燃性ガス及び酸素のものに限る．）には，直射日光を遮るための措置（当該ガスが漏えいし，爆発したときに発生する爆風が上方向に解放されることを妨げないものに限る．）を講ずること．ただし，充てん容器をシリンダーキャビネットに収納した場合は，この限りでない．

　ヘ　可燃性ガスの容器置場は，当該ガスが漏えいしたとき滞留しないような構造とすること．

　ト　ジシラン，ホスフィン又はモノシランの容器置場は，当該ガスが漏えいし，自然発火したときに安全なも

のであること．
　チ　特殊高圧ガス，五フッ化ヒ素等，亜硫酸ガス，アンモニア，塩素，クロルメチル，酸化エチレン，シアン化水素，ホスゲン又は硫化水素の容器置場には，当該ガスが漏えいしたときに安全に，かつ，速やかに除害するための措置を講ずること．
　リ　ロただし書の2階建の容器置場は，ニ，ホ（2階部分に限る．）及びヘに掲げるもののほか，当該容器置場に貯蔵するガスの種類に応じて，経済産業大臣が定める構造とすること．
　ヌ　可燃性ガス及び酸素の容器置場には，その規模に応じ，適切な消火設備を適切な箇所に設けること．
2　製造設備が定置式製造設備である製造施設における法第8条第二号の経済産業省令で定める技術上の基準は，次の各号に掲げるものとする．
一（省略）
　イ　安全弁又は逃し弁に付帯して設けた止め弁は，常に全開しておくこと．ただし，安全弁又は逃し弁の修理又は清掃のため特に必要な場合は，この限りでない．
二　高圧ガスの製造は，その充てんにおいて，次に掲げる基準によることにより保安上支障のない状態で行うこと．
　イ　貯槽に液化ガスを充てんするときは，当該液化ガスの容量が当該貯槽の常用の温度においてその内容積の90パーセントを超えないように充てんすること．この場合において，毒性ガスの液化ガスの貯槽については，当該90パーセントを超えることを自動的に検知し，かつ，警報するための措置を講ずること．
　ロ　圧縮ガス及び液化ガスを継目なし容器に充てんするときは，あらかじめ，その容器について音響検査を行い，音響不良のものについては内部を検査し，内部に腐食，異物等があるときは，当該容器を使用しないこと．
　ハ　車両に固定した容器（内容積が4 000リットル以上のものに限る．）に高圧ガスを送り出し，又は当該容器から高圧ガスを受け入れるときは，車止めを設けること等により当該車両を固定すること．
　ニ　アセチレンを容器に充てんするときは，充てん中の圧力が，2.5メガパスカル以下でし，かつ，充てん後の圧力が温度15度において1.5メガパスカル以下になるような措置を講ずること．
　ヘ　酸素を容器に充てんするときは，あらかじめ，バルブ，容器及び充てん用配管とバルブとの接触部に付着した石油類，油脂類又は汚れ等の付着物を除去し，かつ，容器とバルブとの間には，可燃性のパッキンを使用しないこと．
三　高圧ガスの充てんは，次に掲げる基準によることにより充てんした後に当該高圧ガスが漏えい又は爆発しないような措置を講じてすること．
　イ　アセチレンは，アセトン又はジメチルホルムアミドを浸潤させた多孔質物を内蔵する容器であって適切なものに充てんすること．
四　高圧ガスの製造は，製造設備の使用開始時及び使用終了時に当該製造設備の属する製造施設の異常の有無を点検

するほか，1日に1回以上製造をする高圧ガスの種類及び製造設備の態様に応じ頻繁に製造設備の作動状況について点検し，異常のあるときは，当該設備の補修その他の危険を防止する措置を講じてすること．

五　ガス設備の修理又は清掃（以下この号において「修理等」という．）及びその後の製造は，次に掲げる基準によることにより保安上支障のない状態で行うこと．

　　イ　修理等をするときは，あらかじめ，修理等の作業計画及び当該作業の責任者を定め，修理等は，当該作業計画に従い，かつ，当該責任者の監視の下に行うこと又は異常があったときに直ちにその旨を当該責任者に通報するための措置を講じて行うこと．

　　ロ　可燃性ガス，毒性ガス又は酸素のガス設備の修理等をするときは，危険を防止するための措置を講ずること．

　　ハ　修理等のため作業員がガス設備を開放し，又はガス設備内に入るときは，危険を防止するための措置を講ずること．

　　ニ　ガス設備を開放して修理等をするときは，<u>当該ガス設備のうち開放する部分に他の部分からガスが漏えいすることを防止する</u>ための措置を講ずること．

　　ホ　修理等が終了したときは，当該ガス設備が正常に作動することを確認した後でなければ製造をしないこと．

八　容器置場及び充てん容器等は，次に掲げる基準に適合すること．

　　イ　充てん容器等は，充てん容器及び残ガス容器にそれぞれ区分して容器置場に置くこと．

　　ロ　可燃性ガス，毒性ガス及び酸素の充てん容器等は，それぞれ区分して容器置場に置くこと．

　　ハ　容器置場には，計量器等作業に必要な物以外の物を置かないこと．

　　ニ　容器置場（不活性ガス及び空気のものを除く．）の周囲2メートル以内においては，火気の使用を禁じ，かつ，引火性又は発火性の物を置かないこと．ただし，容器と火気又は引火性若しくは発火性の物の間を有効に遮る措置を講じた場合は，この限りではない．

　　ホ　充てん容器等は，常に**温度40度以下**に保つこと．

　　ヘ　充てん容器等には，転落，転倒等による衝撃及びバルブの損傷を防止する措置を講じ，かつ，粗暴な取扱いをしないこと．

　　ト　可燃性ガスの容器置場には，携帯電燈以外の燈火を携えて立ち入らないこと．

第7条（圧縮天然ガススタンドに係る技術上の基準）　製造設備が<u>圧縮天然ガススタンドである製造施設における法第8条第一号の経済産業省令で定める技術上</u>の基準は，次の各号に掲げるものとする．

二　ディスペンサーは，ディスペンサー本体の外面から公道の道路境界線に対し5メートル以上の距離を有すること．

三　ディスペンサーの上部に屋根を設けるときは，<u>不燃性又は難燃性の材料</u>を用いるとともに，圧縮天然ガスが漏え

いしたときに滞留しないような構造とすること．
四　充てんを受ける車両は，地盤面上に設置した貯槽の外面から3メートル以上離れて停止させるための措置を講ずること．ただし，貯槽と車両との間にガードレール等の防護措置を講じた場合は，この限りでない．
五　圧縮天然ガスを燃料として使用する車両に固定した容器に当該圧縮天然ガスを充てんするときは，充てん設備に過充てん防止のための措置を講ずること．
六　圧縮天然ガススタンドは，その外面から火気を取り扱う施設に対し8メートル以上の距離を有し，又は流動防止措置若しくは圧縮天然ガスが漏えいしたときに連動装置により直ちに使用中の火気を消すための措置を講ずること．
七　圧縮天然ガススタンドの処理設備及び貯蔵設備は，その外面から当該圧縮天然ガススタンド以外の可燃性ガスの製造設備に対し5メートル以上，酸素の製造設備の高圧ガス設備（酸素の通る部分に限る）に対し10メートル以上の距離を有すること．
八　圧縮天然ガススタンドの処理設備及び貯蔵設備は，その外面から圧縮水素スタンドの処理設備及び貯蔵設備に対し6メートル以上の距離を有し，又はこれと同等以上の措置を講ずること．
2　製造設備が製造施設の外部から圧縮天然ガスの供給を受ける圧縮天然ガススタンドである製造施設に係る前項ただし書の基準は，次の各号に掲げるものとする．
二　高圧ガス設備は，その外面から当該事業所の敷地境界に対し6メートル以上の距離を有し，又はこれと同等以上の措置を講ずること．
三　地盤面下に高圧ガス設備を設置する室の上部は，十分な強度を有し，かつ，当該室の構造に応じ漏えいしたガスの滞留を防止するための措置を講ずること．
四　ディスペンサーは，その本体の外面から公道の道路境界線に対し5メートル以上の距離を有すること．
五　圧縮天然ガススタンドの周囲には，高圧ガス設備と敷地境界との間に，高さ2メートル以上の防火壁を設けること．
六　当該製造施設の外部から供給される圧縮天然ガスを受け入れる配管には，緊急時に圧縮天然ガスの供給を遮断するための措置を講ずること．
七　圧縮天然ガスを製造する圧縮機には，爆発，漏えい，損傷等を防止するための措置を講ずること．
八　圧縮天然ガスの貯槽に取り付けた配管には，圧縮天然ガスを送り出し，又は受け入れるとき以外は自動的に閉止することができる遮断措置を講ずること．
九　ディスペンサーには，充てん車両に固定した容器の最高充てん圧力以下の圧力で自動的に圧縮天然ガスを遮断する装置を設け，かつ，漏えいを防止するための措置を講ずること．
十　配管には，次に掲げる措置を講ずること．
　イ　外部からの衝撃により損傷を受けるおそれのない場所に設置すること．
　ロ　トレンチ内に設置する場合は，ト

レンチの蓋を通気性のよいものにすること．ただし，次号に規定する設備を設けた場合は，この限りでない．
十一　製造施設には，当該施設から漏えいする圧縮天然ガスが滞留するおそれのある場所に，当該ガスの漏えいを検知し，警報し，かつ，<u>製造設備の運転を自動的に停止するための装置</u>を設置すること．
十二　製造施設には，施設が損傷するおそれのある地盤の振動を的確に検知し，警報し，かつ，製造設備の運転を自動的に停止する感震装置を設けること．
十三　前二号の製造設備の運転を自動的に停止する装置には，手動で操作できる起動装置を設け，当該起動装置は火災又はその他緊急のときに速やかに操作できる位置及びディスペンサーに設置すること．
十四　前三号の規定により，製造設備の運転を停止する場合は，圧縮機の運転を自動的に停止し，かつ，第六号，第八号及び第九号で規定する遮断措置に遮断弁を用いる場合は，遮断弁を自動的に閉止し，閉止を検知し，並びに閉止状態に異常が生じた場合に警報を発する措置を講ずること．
十五　ガス設備は，車両が衝突するおそれがない場所に設置すること．ただし，車両の衝突を防止する措置を講じた場合は，この限りでない．
十六　ディスペンサーの上部に屋根を設けるときは，不燃性又は難燃性の材料を用いるとともに，圧縮天然ガスが漏えいしたときに滞留しないような構造とすること．
十七　充てんを受ける車両は，地盤面上に設置した貯槽の外面から3メートル以上離れて停止させるための措置を講ずること．ただし，貯槽と車両との間にガードレール等の防護措置を講じた場合は，この限りでない．
十八　圧縮天然ガススタンドは，その外面から火気（当該圧縮天然ガススタンド内のものを除く．）を取り扱う施設に対し4メートル以上の距離を有し，又は流動防止措置若しくは圧縮天然ガスが漏えいしたときに連動装置により直ちに使用中の火気を消すための措置を講ずること．
十九　圧縮天然ガスを燃料として使用する車両に固定した容器に当該圧縮天然ガスを充てんするときは，充てん設備に過充てん防止のための措置を講ずること．
二十　圧縮天然ガススタンドの処理設備及び貯蔵設備は，その外面から当該圧縮天然ガススタンド以外の可燃性ガスの製造設備に対し5メートル以上，酸素の製造設備の高圧ガス設備（酸素の通る部分に限る）に対し10メートル以上の距離を有すること．
二十の二　圧縮天然ガススタンドの処理設備及び貯蔵設備は，その外面から圧縮水素スタンドの処理設備及び貯蔵設備に対し6メートル以上の距離を有し，又はこれと同等以上の措置を講ずること．
二十一　圧縮天然ガススタンドには，その規模に応じ，適切な消火設備を適切な箇所に設けること．
3　製造設備が圧縮天然ガススタンドである製造施設における法第8条第二号の経済産業省令で定める技術上の基準は，

次の各号に掲げるものとする．
二 圧縮天然ガスの充てんは，次に掲げる基準によることにより，充てんした後に圧縮天然ガスが漏えいし，又は爆発しないような措置を講じてすること．
　イ 容器とディスペンサーとの接続部分を外してから車両を発車させること．
　ロ 空気中の混入比率が容量で <u>1 000 分の1である場合において感知できるようなにおいがするものを充てんすること</u>．
三 圧縮天然ガスを容器に充てんするときは，容器に有害となる量の水分及び硫化物を含まないものとすること．

第38条（周知の義務） 法第20条の5第1項の規定により，販売業者は，<u>販売契約を締結したとき及び本条による周知をしてから1年以上経過して高圧ガスを引き渡したときごとに</u>，次条第2項に規定する事項を記載した書面をその販売する高圧ガスを購入して消費する者に配布し，同項に規定する事項を周知させなければならない．

第39条（周知させるべき高圧ガスの指定等） 法第20条の5第1項の高圧ガスであって経済産業省令で定めるものは，次の各号に掲げるものとする．
一 溶接又は熱切断用のアセチレン，天然ガス又は酸素
二 在宅酸素療法用の液化酸素
三 スクーバダイビング等呼吸用の空気
2 法第20条の5第1項の高圧ガスによる災害の発生の防止に関し必要な事項であって経済産業省令で定めるものは，次の各号に掲げるものとする．
一 使用する消費設備のその販売する高圧ガスに対する適応性に関する基本的事項
二 消費設備の操作，管理及び点検に関し注意すべき基本的な事項
三 消費設備を使用する場所の環境に関する基本的な事項
四 消費設備の変更に関し注意すべき基本的な事項
五 ガス漏れを感知した場合その他高圧ガスによる災害が発生し，又は発生するおそれがある場合に消費者がとるべき緊急の措置及び販売事業者等に対する連絡に関する基本的な事項
六 前各号に掲げるもののほか，高圧ガスによる災害の発生防止に関し必要な事項

第49条（車両に固定した容器による移動に係る技術上の基準等） 車両に固定した容器により高圧ガスを移動する場合における法第23条第1項の経済産業省令で定める保安上必要な措置及び同条第2項の経済産業省令で定める技術上の基準は，次の各号に掲げるものとする．
一 車両の見やすい箇所に警戒標を掲げること．
四 充てん容器等は，その温度（ガスの温度を計測できる充てん容器等にあっては，ガスの温度）を常に40度以下に保つこと．この場合において，液化ガスの充てん容器等にあっては，温度計又は温度を適切に検知することができる装置を設けること．
十一 液化ガスのうち，可燃性ガス，毒性ガス又は酸素の充てん容器等には，ガラス等損傷しやすい材料を用いた液面計を使用しないこと．
十四 可燃性ガス，酸素又は三フッ化窒素を移動するときは，消火設備並びに

災害発生防止のための応急措置に必要な資材及び工具等を携行すること.
十七 次に掲げる高圧ガスを移動するときは,甲種化学責任者免状,乙種化学責任者免状,丙種化学責任者免状,甲種機械責任者免状若しくは乙種機械責任者免状の交付を受けている者又は協会が行う高圧ガスの移動についての講習を受け,当該講習の検定に合格した者(移動監視者)に当該高圧ガスの移動について監視させること.
　イ　圧縮ガスのうち次に掲げるもの
　　(イ)　容積300立方メートル以上の可燃性ガス及び酸素
　　(ロ)　容積100立方メートル以上の毒性ガス
　ロ　液化ガスのうち次に掲げるもの
　　(イ)　質量3 000キログラム以上の可燃性ガス及び酸素
　　(ロ)　質量1 000キログラム以上の毒性ガス
　ハ　特殊高圧ガス
十九 第十七号に掲げる高圧ガスを移動するときは,あらかじめ,当該高圧ガスの移動中充てん容器等が危険な状態となった場合又は当該充てん容器等に係る事故が発生した場合における次に掲げる措置を講じてすること.
　イ　荷送人へ確実に連絡するための措置
　ロ　事故等が発生した際に共同して対応するための組織又は荷送人若しくは移動経路の近辺に所在する第一種製造者,販売業者その他高圧ガスを取り扱う者から応援を受けるための措置
　ハ　その他災害の発生又は拡大の防止のために必要な措置

二十 第十七号に掲げる高圧ガスを移動する者は,次に掲げる措置を講じてすること.
　イ　移動するときは,繁華街又は人ごみを避けること.ただし,著しく回り道となる場合その他やむを得ない場合には,この限りでない.
　ロ　運搬の経路,交通事情,自然条件その他の条件から判断して次の各号のいずれかに該当して移動する場合は,交替して運転させるため,容器を固定した車両1台について運転者2人を充てること.
　　(イ)　一の運転者による連続運転時間が,4時間を超える場合
　　(ロ)　一の運転者による運転時間が,1日当たり9時間を超える場合
二十一 可燃性ガス,毒性ガス又は酸素の高圧ガスを移動するときは,当該高圧ガスの名称,性状及び移動中の災害防止のために必要な注意事項を記載した書面を運転者に交付し,移動中携帯させ,これを遵守させること.

第50条（その他の場合における移動に係る技術上の基準等）

一　充てん容器を車両に積載して移動するときは,当該車両の見やすい箇所に警戒標を掲げること.
二　充てん容器等は,その温度を常に40度以下に保つこと.
四　充てん容器等（内容量が5リットル以下のものを除く.）には,転落,転倒等による衝撃及びバルブの損傷を防止する措置を講じ,かつ,粗暴な取扱いをしないこと.
六　可燃性ガスの充てん容器等と酸素の充てん容器等とを同一の車両に積載し

て移動するときは，こららの充てん容器等のバルブが相互に向き合わないようにすること．

七　毒性ガスの充てん容器等には，木枠又はパッキンを施すこと．

八　可燃性ガス又は酸素の充てん容器等を車両に積載して移動するときは，消火設備並びに災害発生防止のための応急措置に必要な資材及び工具等を携行すること．ただし，容器の内容積が20リットル以下である充てん容器等のみを積載した車両であって，当該積載容器の内容積の合計が40リットル以下である場合にあっては，この限りではない．

九　毒性ガスの充てん容器等を車両に積載して移動するときは，当該毒性ガスの種類に応じた防毒マスク，手袋その他保護具並びに災害発生防止のための応急措置に必要な資材，薬剤及び工具等を携行すること．

十二　前条第1項第十七号に掲げる高圧ガスを移動するとき（当該ガスの充てん容器等を車両に積載して移動するときに限る．）は，同項第十七号から第二十号までの基準を準用する．

第59条（その他消費に係る技術上の基準に従うべき高圧ガスの指定） 法第24条の5の消費の技術上の基準に従うべき高圧ガスは，可燃性ガス，毒性ガス，酸素及び空気とする．

第61条（廃棄に係る技術上の基準に従うべき高圧ガスの指定） 法第25条の経済産業省令で定める高圧ガスは，可燃性ガス，毒性ガス，及び酸素とする．

第62条（廃棄に係る技術上の基準）

一　廃棄は，容器とともに行わないこと．

二　可燃性ガスの廃棄は，火気を取り扱う場所又は引火性若しくは発火性の物をたい積した場所及びその付近を避け，かつ，大気中に放出して廃棄するときは，通風の良い場所で少量ずつすること．

三　毒性ガスを大気中に放出して廃棄するときは，危険又は損害を他に及ぼすおそれのない場所で少量ずつすること．

四　可燃性ガス又は毒性ガスを継続かつ反復して廃棄するときは，当該ガスの滞留を検知するための措置を講じてすること．

六　廃棄した後は，バルブを閉じ，容器の転倒及びバルブの損傷を防止する措置を講ずること．

七　充てん容器のバルブは，静かに開閉すること．

第63条（危害予防規程の届出等） 第一種製造者は，危害予防規程届書に危害予防規程を添えて，事業所の所在地を管轄する都道府県知事に提出しなければならない．

2　高圧ガス保安法第26条第1項の経済産業省令で定める事項は，次の各号に掲げる事項の細目とする．

一　経済産業省令で定める技術上の基準に関すること．

二　保安管理体制並びに保安統括者，保安技術管理者，保安係員，保安主任者及び保安企画推進員の行うべき職務の範囲に関すること．

三　製造設備の安全な運転及び操作に関すること．

四　製造施設の保安に係る巡視及び点検に関すること．

五　製造施設の新増設に係る工事及び修

理作業の管理に関すること．
六　製造施設が危険な状態となったときの措置及びその訓練方法に関すること．
七　協力会社の作業の管理に関すること．
八　業者に対する当該危害予防規程の周知方法及び当該危害予防規程に違反した者に対する措置に関すること．
九　保安に係る記録に関すること．
十　危害予防規程の作成及び変更の手続に関すること．

第66条（保安係員の選任等）

2　法第27条の2第4項の規定により，第一種製造者等は製造施設区分ごとに，甲種化学責任者免状，乙種化学責任者免状，丙種化学責任者免状，甲種機械責任者免状又は乙種機械責任者免状の交付を受けている者であって，高圧ガスの製造に関する経験を有する者のうちから，保安係員を選任しなければならない．この場合において，同一の製造施設区分に属する一の製造施設が同一の計器室で制御されない二以上の系列に形成されているとき又は一の製造施設につき従業員の交替制をとっているときは，当該製造施設については，当該系列ごとに，又は当該交替制のために編成された従業員の単位ごとに，保安係員を選任しなければならない．

第67条（保安統括者等の選任等の届出）

2　法第27条の2第6項の規定により届出をしようとする第一種製造者等は，その年の前年の8月1日からその年の7月31日までの期間内にした保安技術管理者又は保安係員の選任若しくは解任について，当該期間終了後遅滞なく，高圧ガス保安技術管理者等届書に，当該保安技術管理者又は保安係員が交付を受けた製造保安責任者免状の写しを添えて，事業所の所在地を管轄する都道府県知事に提出しなければならない．

第68条（保安係員等の講習）

第一種製造者は，保安係員，保安主任者若しくは保安企画推進員に，それらの者が製造保安責任者免状の交付を受けた日の属する年度の翌年度の開始の日から3年以内に，保安企画推進員にあってはその者が選任された日から6月以内に，それぞれ第1回の講習を受けさせなければならない．

第76条（保安係員の職務）

法第32条第3項の経済産業省令で定めるものは，次の各号に掲げるものとする．
一　製造施設の位置，構造及び設備が経済産業省令で定める技術上の基準に適合するように監督すること．
二　製造の方法が経済産業省令で定める技術上の基準に適合するように監督すること．
三　定期自主検査の実施を監督すること．
四　製造施設及び製造の方法についての巡視及び点検を行うこと．
五　高圧ガスの製造に係る保安についての作業標準，設備管理基準及び協力会社管理基準並びに災害の発生又はそのおそれがある場合の措置基準の作成に関し，助言を行うこと．
六　災害の発生又はそのおそれがある場合における応急措置を実施すること．

第83条（定期自主検査を行う製造施設等）

法第35条の2の経済産業省令で定めるガスの種類ごとに経済産業省令で定める量は，ガスの種類にかかわらず，30

立方メートルとする．
3 **自主検査**は，経済産業省令で定める技術上の基準（耐圧試験に係るものを除く．）に適合しているかどうかについて，1年に1回以上行わなければならない．
4 第一種製造者又は特定高圧ガス消費者は，自主検査を行うときは，第一種製造者又は第二種製造者はその選任した保安係員に，特定高圧ガス消費者はその選任した取扱主任者に，当該自主検査の実施について監督を行わせなければならない．
5 第一種製造者，第二種製造者及び特定高圧ガス消費者は，検査記録に次の各号に掲げる事項を記載しなければならない．
　一　検査をしたガス設備又は消費施設
　二　検査をしたガス設備又は消費施設ごとの検査の方法及び結果
　三　検査年月日
　四　検査の実施について監督を行った保安係員又は取扱主任者の氏名

第84条（危険時の措置） 法第36条第1項の経済産業省令で定める災害の発生の防止のための応急の措置は，次の各号に掲げるものとする．
　一　製造施設又は消費施設が危険な状態になったときは，直ちに，応急の措置を行うとともに，製造又は消費の作業を中止し，製造設備若しくは消費設備内のガスを安全な場所に移し，又は大気中に安全に放出し，この作業に特に必要な作業員のほかは退避させること．

第95条（帳簿） 第一種製造者は，事業所ごとに，次の表の上欄に掲げる場合に応じて，それぞれ同表の下欄に掲げる事項を記載した帳簿を備え，同表の第1項及び第2項に掲げる場合にあっては記載の日から2年間，同表第3項に掲げる場合にあっては記載の日から10年間保存しなければならない．

記載すべき場合	記載すべき事項
1　高圧ガスを容器に充てんした場合	充てん容器の記号及び番号，高圧ガスの種類及び充てん圧力，充てん質量，充てん年月日
2　高圧ガスを容器により授受した場合	充てん容器の記号及び番号，高圧ガスの種類及び充てん圧力，授受先，授受年月日
3　製造施設に異常があった場合	異常があった年月日，それに対してとった措置

2 **第一種貯蔵所**又は**第二種貯蔵所**の所有者若しくは占有者は，貯蔵所ごとに，次の表の上欄に掲げる場合に応じて，それぞれ同表の下欄に掲げる事項を記載した帳簿を備え，同表第1項に掲げる場合にあっては記載の日から2年間，同表第2項に掲げる場合にあっては記載の日から10年間保存しなければならない．

記載すべき場合	記載すべき事項
1　高圧ガスを容器により授受した場合	充てん容器の記号及び番号，充てん容器ごとの高圧ガスの種類及び圧力（液化ガスについては，充てん質量），授受先並びに授受年月日
2　第一種貯蔵所又は第二種貯蔵所に異常があった場合	異常があった年月日及びそれに対してとった措置

3　**販売業者**は，販売所ごとに，次の表の上欄に掲げる場合に応じて，それぞれ同表の下欄に掲げる事項を記載した帳簿を備え，記載の日から **2年間**保存しなければならない．

記載すべき場合	記載すべき事項
1　高圧ガスを容器により授受した場合	充てん容器の記号及び番号，充てん容器ごとの高圧ガスの種類及び充てん圧力（液化ガスについては，充てん質量），授受先並びに授受年月日
2　購入する者に対し，高圧ガスによる災害の発生の防止に関し必要な事項周知を行った場合	1　周知に係る消費者の氏名又は名称及び住所 2　周知をした者の氏名 3　周知の年月日

4章 液化石油ガス保安規則

第2条（用語の定義）
十六 第一種設備距離：貯蔵能力に対応する距離
十七 第二種設備距離：貯蔵能力に対応する距離
十八 第一種置場距離：容器置場の面積に対応する距離
十九 第二種置場距離：容器置場の面積に対応する距離

第6条（第一種製造設備に係る技術上の基準） 製造設備が第一種製造設備である製造施設における法第8条第一号の経済産業省令で定める技術上の基準は，次の各号に掲げるものとする．
一 事業所の境界線を明示し，かつ，当該事業所の外部から見やすいように警戒標を掲げること．
二 製造施設は，貯蔵設備及び処理設備の外面から，第一種保安物件に対し第一種設備距離以上，第二種保安物件に対し第二種設備距離以上の距離を有すること．ただし，経済産業大臣がこれと同等の安全性を有するものと認めた措置を講じている場合は，この限りでない．
五 地盤面下に埋設する貯槽は，次に掲げる基準に適合すること．
　イ 貯槽は，地盤面上の重量物の荷重に耐えることができる十分な強度を有し，防水措置を講じた室に設置し，かつ，当該貯槽室内に漏えいしたガスの滞留を防止するための措置を講ずること．
　ロ 第三号又は第四号の規定により貯槽を地盤面下に埋設するときは，貯槽の頂部は，**0.6メートル以上地盤面から下にあること**．
　ハ 貯槽を2以上隣接して設置する場合は，その相互間に1メートル以上の間隔を保つこと．
七 製造設備（液化石油ガスの通る部分に限る．）は，その外面から火気（当該製造設備内のものを除く．）を取り扱う施設に対し8メートル以上の距離を有し，又は当該製造設備から漏えいした液化石油ガスが当該火気を取り扱う施設に流動することを防止するための措置若しくは液化石油ガスが漏えいしたときに連動装置により直ちに使用中の火気を消すための措置を講ずること．
九 貯槽には，液化石油ガスの貯槽であることが容易に識別することができるような措置を講ずること．
十 貯槽（貯蔵能力が1000トン以上のものに限る．）の周囲には，液状の液化石油ガスが漏えいした場合にその流出を防止するための措置を講ずること．
十二 製造設備を設置する室は，液化石油ガスが漏えいしたとき滞留しないような構造とすること．
三十一 製造施設には，その規模に応じて，適切な防消火設備を適切な箇所に設けること．
三十五 容器置場並びに充てん容器及び残ガス容器（以下「充てん容器等」という．）は，次に掲げる基準に適合すること．
　イ 容器置場は，明示され，かつ，そ

の外部から見やすいように警戒標を掲げたものであること．
ロ　容器置場は，2階建以下とする．
ハ　容器置場は，その外面から，<u>第一種保安物件に対し第一種置場距離以上の距離</u>を，第二種保安物件に対し第二種置場距離以上の距離を有すること．

第8条（液化石油ガススタンドに係る技術上の基準）　製造設備が液化石油ガススタンドである製造施設における法第8条第一号の経済産業省令で定める技術上の基準は，次の各号に掲げるものとする．
一　第6条第1項第一号から第三十五号までの基準に適合すること．
二　ディスペンサーは，その本体の外面から公道の道路境界線に対し5メートル以上の距離を有すること．
三　ディスペンサーには，充てん終了時に，液化石油ガスを停止する装置を設け，かつ，充てんホースからの漏えいを防止するための措置を講ずること．
四　充てんを受ける車両は，地盤面上に設置した貯槽の外面から3メートル以上離れて停止させるための措置を講ずること．ただし，貯槽と車両との間にガードレール等の防護措置を講じた場合は，この限りでない．

2　製造設備が液化石油ガススタンドである製造施設における法第8条第二号の経済産業省令で定める技術上の基準は，次の各号に掲げるものとする．
一　第6条第2項第一号及び第四号から第七号までの基準に適合すること．
二　液化石油ガスの充てんは，次に掲げる基準によることにより，充てんした後に液化石油ガスが漏えいし，又は爆発しないような措置を講じてすること．
イ　容器とディスペンサーとの接続部分を外してから車両を発車させること．
ロ　空気中の混入比率が容量で1000分の1である場合において感知できるようなにおいがするものを充てんすること．

3　第1項第一号で準用する第6条第1項第四号の規定による経済産業大臣の地域の指定があったとき，現に当該地域内に存する貯槽については，当該指定があった日から9月間は，同号の規定は適用しない．

第53条（特定高圧ガスの消費者に係る技術上の基準）
三　特定高圧ガスの消費設備は，その貯蔵設備，導管及び減圧設備並びにこれらの間の配管の外面から火気を使用する場所に対し8メートル以上の距離を有し，又は当該貯蔵設備等から漏えいした液化石油ガスに係る流動防止措置若しくは液化石油ガスが漏えいしたときに連動装置により直ちに使用中の火気を消すための措置を講ずること．

2
一　貯蔵設備等の周囲5メートル以内においては，火気の使用を禁じ，かつ，引火性又は発火性の物を置かないこと．ただし，貯蔵設備等と火気又は引火性若しくは発火性の物との間に前項第三号の流動防止措置又は液化石油ガスが漏えいしたときに連動装置により直ちに使用中の火気を消すための措置を講じた場合は，この限りでない．

第七十一条（取扱主任者の選任）　特定高圧ガスの消費者は，次の各号の一に該当

する者を，取扱主任者に選任しなければならない．

一　液化石油ガスの製造又は消費に関し１年以上の経験を有する者

二　学校教育法による大学若しくは高等専門学校又は従前の規定による大学若しくは専門学校において理学若しくは工学に関する課程を修めて卒業した者，協会が行う液化石油ガスの取扱いに関する講習の課程を終了した者又は学校教育法による高等学校若しくは従前の規定による工業学校において工業に関する課程を修めて卒業し，かつ，液化石油ガスの製造又は消費に関し６月以上の経験を有する者

三　甲種化学責任者免状，乙種化学責任者免状，甲種機械責任者免状若しくは乙種機械責任者免状の交付を受けている者又は丙種化学責任者免状の交付を受けている者

5章 コンビナート等保安規則

🔖第 2 条（用語の定義）
　二十二　**特定製造事業所**：次のイからハまでに掲げる製造事業所
　　イ　コンビナート地域内にある製造事業所
　　ロ　保安用不活性ガス以外のガスの処理能力が **100 万立方メートル**（貯槽を設置して専ら高圧ガスの充てんを行う場合にあっては、**200 万立方メートル**）以上の製造事業所
　　ハ　都市計画法第 8 条第 1 項第一号の規定により定められた用途地域内にある保安用不活性ガス以外のガスの処理能力が 50 万立方メートル以上の製造事業所
　二十四　**特定製造者**：特定製造事業所において高圧ガスの製造をする第一種製造者

★以下は、高圧ガス保安法第 8 条で定める技術上の基準（抜粋）である。

🔖第 5 条（製造施設に係る技術上の基準）
　二　可燃性ガスの製造施設は、その貯蔵設備及び処理設備の外面から、保安物件に対し 50 メートル以上の距離を有すること。
　三　新設製造施設：保安物件を当該特定製造事業所の境界線と読み替える。
　四　毒性ガスの製造施設は、次に掲げる距離以上の距離を有すること。
　　イ　製造施設の外面から当該特定製造事業所の境界線まで 20 メートル
　　ロ　ガス設備の外面から保安物件まで、当該ガス設備に係る貯蔵設備又は処理設備の貯蔵能力又は処理能力に対応する距離
　五　可燃性ガス、毒性ガス以外のガスの製造施設は、その貯蔵設備及び処理設備の外面から、保安物件に対し、50 メートル以上の距離を有すること。
　七　製造施設は、その貯蔵設備及び処理設備の外面から、保安のための宿直施設に対し、当該製造施設に係る高圧ガスの種類に応じ、所定の距離以上の距離を有すること。
　九　特定製造事業所の敷地のうち通路、空地等により区画されている区域であって高圧ガス設備が設置されているものは、保安区画（面積が 20 000 平方メートル以下のものに限る。）に区分すること。
　十　保安区画内の高圧ガス設備は、次の基準に適合するものであること。ただし、経済産業大臣がこれと同等の安全性を有するものと認めた措置を講じている場合は、この限りでない。
　　イ　その外面から、当該保安区画に隣接する保安区画内にある高圧ガス設備に対し、30 メートル以上の距離を有すること。
　　ロ　その燃焼熱量の数値は、2.5 テラジュール以下であること。
　十三　可燃性ガスの貯槽（貯蔵能力が 300 立方メートル又は 3 000 キログラム以上のものに限る）は、その外面から、他の可燃性ガス又は酸素の貯槽に対し、1 メートル又は当該貯槽及び他の可燃性ガス若しくは酸素の貯槽の最大直径の和の 4 分の 1 のいずれか大なるものに等しい距離以上の距離を有すること。

十四　可燃性ガスの製造設備は，その外面から火気を取り扱う施設に対し8メートル以上の距離を有し，又は当該製造設備から漏えいしたガスが当該火気を取り扱う施設に流動することを防止するための措置若しくは可燃性ガスが漏えいしたときに連動装置により直ちに使用中の火気を消すための措置を講ずること．

十五　可燃性ガス，毒性ガス及び酸素のガス設備は，気密な構造とすること．

十七　高圧ガス設備は，常用の圧力の1.5倍以上の圧力で水その他の安全な液体を使用して行う耐圧試験，液体を使用することが困難であると認められるときは，常用の圧力の1.25倍以上の圧力で空気，窒素等の気体を使用して行う耐圧試験，又は経済産業大臣がこれらと同等以上のものと認める試験に合格するものであること．

二十四　塔，貯槽及び配管並びにこれらの支持構造物及び基礎は，耐震設計構造物の設計のための地震動，設計地震動による耐震設計構造物の耐震上重要な部分に生じる応力等の計算方法，耐震設計構造物の部材の耐震設計用許容応力その他の経済産業大臣が定める耐震設計の基準により，地震の影響に対して安全な構造とすること．

二十五　高圧ガス設備のうち，反応器又はこれに類する設備であって著しい発熱反応又は副次的に発生する二次反応により爆発等の災害が発生する可能性が大きいものとして経済産業大臣が定めるもの（以下「特殊反応設備」という．）には，当該特殊反応設備の態様に応じてその内部における反応の状況を的確に計測し，かつ，当該特殊反応設備内の温度，圧力及び流量等が正常な反応条件を逸脱し，又は逸脱するおそれがあるときに自動的に警報を発することができる内部反応監視装置を設けること．この場合において，当該内部反応監視装置のうち異常な温度又は圧力の上昇その他の異常な事態の発生を最も早期に検知することができるものは，計測結果を自動的に記録することができるものであること．

二十七　可燃性ガス，毒性ガス又は酸素の高圧ガス設備のうち特殊反応設備又はその他の高圧ガス設備であって当該高圧ガス設備に係る事故の発生が直ちに他の製造設備に波及するおそれのあるものについては，緊急時に安全に，かつ，速やかに遮断するための措置（計器室において操作することができる措置又は自動的に遮断する措置に限る．）を講ずること．

二十九　可燃性ガスの貯槽には，可燃性ガスの貯槽であることが容易に識別することができるような措置を講ずること．

三十一　可燃性ガス若しくは毒性ガスの貯槽又はこれらの貯槽以外の貯槽であって可燃性ガスの貯槽の周辺若しくは可燃性物質を取り扱う設備の周辺にあるもの及びこれらの支柱には，温度の上昇を防止するための措置を講ずること．

三十三　液化ガスの貯槽には，液面計（酸素又は不活性ガスの超低温貯槽以外の貯槽にあっては，丸形ガラス管液面計以外の液面計に限る．）を設けること．この場合において，ガラス液面計を使用するときは，当該ガラス液面計には，その破損を防止するための措

置を講じ，貯槽（可燃性ガス及び毒性ガスのものに限る．）とガラス液面計とを接続する配管には，当該ガラス液面計の破損による漏えいを防止するための措置を講ずること．

三十五　可燃性ガス，毒性ガス又は酸素の液化ガスの貯槽（可燃性ガスの液化ガスの貯槽にあっては貯蔵能力が500トン以上，毒性ガスの液化ガスの貯槽にあっては貯蔵能力が5トン以上，酸素の液化ガスの貯槽にあっては貯蔵能力が1 000トン以上のものに限る．）の周囲には，液状の当該ガスが漏えいした場合にその流出を防止するための措置を講ずること．

四十六　アルシン等，亜硫酸ガス，アンモニア，**塩素**，クロルメチル，酸化エチレン，シアン化水素，ホスゲン又は硫化水素の製造設備には，当該ガスが漏えいしたときに安全に，かつ，速やかに除害するための措置を講ずること．

四十九　可燃性ガス若しくは毒性ガスの製造設備又はこれらの製造設備に係る計装回路には，保安上重要な箇所に，適正な手順以外の手順による操作が行われることを防止し，又はこれらの製造設備が正常な製造の行われる条件を逸脱したとき自動的に当該製造設備に対する原材料の供給を遮断する等当該製造設備内の製造を制御するインターロック機構を設けること．

五十二　毒性ガスの製造施設には，他の製造施設と区分して，その外部から毒性ガスの製造施設である旨を容易に識別することができるような措置を講ずること．この場合において，ポンプ，バルブ及び継手その他毒性ガスが漏え

いするおそれのある箇所には，その旨の危険標識を掲げること．

五十四　可燃性ガス，毒性ガス及び酸素の製造施設には，その規模に応じ，適切な防消火設備を適切な箇所に設けること．

六十　圧縮機と圧力が10メガパスカル以上の圧縮ガスを容器に充てんする場所又は第六十五号に規定する当該ガスの充てん容器に係る容器置場との間には，厚さ12センチメートル以上の鉄筋コンクリート造り又はこれと同等以上の強度を有する構造の障壁を設けること．

六十一　可燃性ガスの製造設備に係る計器室は，次の基準に適合すること．

　イ　当該製造設備において発生するおそれのある危険の程度に応じて安全な位置に設置すること．

　ロ　その構造は，当該製造設備において発生するおそれのある危険の程度及び当該製造設備からの距離に応じ安全なものであること．この場合において，扉及び窓は，耐火性のものであること．

　ハ　アセトアルデヒド，イソプレン，エチレン，塩化ビニル，酸化エチレン，酸化プロピレン，プロパン，プロピレン，ブタン，ブチレン及びブタジエンのガスの製造施設に係る計器室内は，外部からのガスの侵入を防ぐために必要な措置を講ずること．ただし，漏えいしたガスが計器室内に侵入するおそれのない場合にあっては，この限りでない．

六十四　貯槽には，その沈下状況を測定するための措置を講じ，経済産業大臣が定めるところにより沈下状況を測定

すること．この測定の結果，沈下していたものにあっては，その沈下の程度に応じ適切な措置を講ずること．
六十五　容器置場並びに充てん容器及び残ガス容器は，次の基準に適合すること．
　イ　容器置場は，明示され，かつ，その外部から見やすいように警戒標を掲げたものであること．
　ロ　可燃性ガス及び酸素の容器置場は，1階建とする．ただし，圧縮水素のみ又は酸素のみを貯蔵する容器置場にあっては，2階建以下とする．
　ハ　毒性ガスの容器置場は，その外面から保安物件に対し容器置場の面積に対応する距離であって，じょ限量に対応した距離を有すること．
2　製造施設における法第8条第二号の経済産業省令で定める技術上の基準
　一　高圧ガスの製造は，その発生，分離，精製，反応，混合，加圧，減圧等において次に掲げる基準によることにより保安上支障のない状態で行うこと．
　　イ　安全弁又は逃し弁に付帯して設けた止め弁は，常に全開しておくこと．ただし，安全弁又は逃し弁の修理又は清掃のため特に必要な場合は，この限りでない．
　二　高圧ガスの製造は，その充てんにおいて，次に掲げる基準によることにより保安上支障のない状態で行うこと．
　　イ　貯槽に液化ガスを充てんするときは，当該液化ガスの容量が当該貯槽の常用の温度においてその内容積の90パーセントを超えないようにすること．この場合において，毒性ガスの液化ガスの貯槽については，当該90パーセントを超えることを自動的に検知し，かつ，警報するための措置を講ずること．
　六　ガス設備の修理又は清掃及びその後の製造は，次に掲げる基準によることにより保安上支障のない状態で行うこと．
　　イ　修理等を行うときは，あらかじめ，修理等の作業計画及び当該作業の責任者を定め，修理等は，当該作業計画に従い，かつ，当該責任者の監視の下に行うこと又は異常があったときに直ちにその旨を当該責任者に通報するための措置を講じて行うこと．
　八　容器置場及び充てん容器等は，次に掲げる基準に適合すること．
　　イ　充てん容器等は，充てん容器及び残ガス容器にそれぞれ区分して容器置場に置くこと．
　　ロ　可燃性ガス，毒性ガス及び酸素の充てん容器等は，それぞれ区分して容器置場に置くこと．
　　ハ　容器置場には，計量器等作業に必要な物以外の物を置かないこと．
　　ニ　容器置場の周囲2メートル以内においては，火気の使用を禁じ，かつ，引火性又は発火性の物を置かないこと．
　　ホ　充てん容器等は，常に温度40度以下に保つこと．
　　ヘ　充てん容器等には，転落，転倒等による衝撃及びバルブの損傷を防止する措置を講じ，かつ，粗暴な取扱いをしないこと．
　　ト　可燃性ガスの容器置場には，携帯電燈以外の燈火を携えて立ち入らないこと．

第10条（コンビナート製造事業所間の

導管）コンビナート製造事業所間の導管に係る技術上の基準は，次の各号に掲げるものとする．
二　導管を地盤面上に設置し，又は地盤面下に埋設するときは，その見やすい箇所に高圧ガスの種類，導管に異常を認めたときの連絡先その他必要な事項を明瞭に記載した標識を設けること．
三　導管には，腐食を防止するための措置を講ずること．
三十　市街地，主要河川，湖沼等を横断する導管（不活性ガスに係るものを除く．）には，経済産業大臣が定めるところにより，緊急遮断装置又はこれと同等以上の効果のある装置を設けること．
三十二　導管の経路には，高圧ガスの種類及び圧力並びに導管の周囲の状況に応じ，必要な箇所に，地盤の震動を的確に検知し，かつ，警報するための感震装置を設けるとともに，地震時における災害を防止するための措置を講ずること．

11条（連絡方法の通知等） コンビナート製造事業所において高圧ガスの製造を行う者は，製造を開始する前に，関係事業所との間における保安に関する事項の連絡系統，連絡担当者その他の連絡の方法を定め，関係事業所に通知しなければならない．これを変更したときも，同様とする．

3　コンビナート製造者は，次の関係事業所又は関連事業所に，その旨を連絡しなければならない．この場合において，連絡は，当該連絡をされるべき関係事業所又は関連事業所において保安上必要な措置を講ずることができるよう適切に行うものとする．

一　当該コンビナート製造事業所において，高圧ガスに係る事故が発生したとき．
二　多量のガスを放出し，又は放出しようとするとき．
三　異常な騒音又は振動を発生し，又は発生させようとするとき．
四　消防訓練その他の事由により，警報器を鳴らし，又は火炎若しくは煙を発生させようとするとき．
五　隣接するコンビナート製造事業所の境界線から50メートル以内において，火気を取り扱おうとするとき．
六　隣接するコンビナート製造事業所の境界線から100メートル以内において，大量の火気を取り扱おうとするとき．
七　導管又は配管による関連事業所への高圧ガス（保安用の窒素，スチームその他の流体を含む．以下次号及び第九号において同じ．）の輸送を開始し，又は停止しようとするとき．
八　導管又は配管により関連事業所へ輸送するガスの種類，成分，圧力，流量その他の事項について保安上重要な変更をしようとするとき．
九　関連事業所から導管又は配管により輸送される高圧ガスを使用する製造設備の運転を停止しようとするとき．
十　前各号に掲げる場合のほか，保安上特に連絡を要する事態が発生したとき．

7　コンビナート製造者は，その製造施設が危険な状態となった場合又は製造施設に係る事故が発生した場合において，関係事業所から事故の発生又は拡大の防止のため必要な応援を緊急に受けるための措置を講じておかなければならない．

第27条（保安係員等の講習） 法第27条の2第7項の規定により，特定製造者は，保安係員，保安主任者又は保安企画推進員に，保安係員又は保安主任者にあってはそれらの者が製造保安責任者免状の交付を受けた日の属する年度の翌年度の開始の日から3年以内に，保安企画推進員にあってはその者が選任された日から6月以内に，それぞれ第1回の法第27条の2第7項に規定する講習を受けさせなければならない．

2　法第27条の2第7項の規定により，特定製造者は，保安係員，保安主任者又は保安企画推進員に，前項の第1回の講習を受けさせた日の属する年度の翌年度の開始の日から5年以内に，それぞれ第2回の講習を受けさせなければならない．第3回以降の講習についても，同様とする．

3　前2項の規定にかかわらず，特定製造者は，保安係員若しくは保安主任者に選任した日に前2項の期間が経過している場合又は保安係員若しくは保安主任者に選任した日から前2項の期間が経過するまでの日の期間が6月未満の場合は，保安係員又は保安主任者に選任した日から6月以内に講習を受けさせなければならない．

第28条（保安主任者の選任等） 法第27条の3第1項の経済産業省令で定めるガスの種類ごとに経済産業省令で定める容積は，製造をする高圧ガスの種類にかかわらず，100万立方メートル（貯槽を設置して専ら高圧ガスの充てんを行う場合にあっては200万立方メートル）とする．この場合における容積には，保安用不活性ガス以外の不活性ガス及び空気の容積の4分の3及び保安用不活性ガスの容積は，算入しないものとする．

3　法第27条の3第1項の規定により，特定製造者は，第25条第1項に規定する製造施設区分（以下この項において単に「製造施設区分」という．）ごとに，甲種化学責任者免状，乙種化学責任者免状，甲種機械責任者免状又は乙種機械責任者免状の交付を受けている者であって，次項に規定する高圧ガスの製造に関する経験を有する者のうちから，保安主任者を選任しなければならない．ただし，特定液化石油ガスの製造施設（他の製造施設と同一の製造施設区分に属するとみなされるものを除く．）については，甲種化学責任者免状，乙種化学責任者免状，甲種機械責任者免状，乙種機械責任者免状又は丙種化学責任者免状の交付を受けている者（特別試験科目に係る丙種化学責任者免状の交付を受けている者を除く．）であって次項に定める高圧ガスの製造に関する経験を有する者のうちから，保安主任者に選任することができる．

4　法第27条の3第1項の経済産業省令で定める高圧ガスの製造に関する経験は，1種類以上の高圧ガスについてその種類ごとの製造に関する1年以上の経験，圧縮機又は液化ガスを加圧するためのポンプを使用して行う高圧ガスの製造に関する1年以上の経験若しくは高圧ガス設備の設計，施工，管理，検査業務等に従事し，かつ，当該設備の試運転業務を熟知し，高圧ガスの製造に関する1年以上の経験を有する者と同等以上であると認める経験とする．

5　前3項の規定にかかわらず，特定製造者は，乙種化学責任者免状の交付を受けている者を保安主任者に選任する場合に

は，当該者が製造に関する1年以上の経験を有する高圧ガスが属するガスの区分に属する製造施設に限って選任することができる．

🪼**第38条（定期自主検査を行う製造施設）**法第35条の2の経済産業省令で定めるガスの種類ごとに経済産業省令で定める量は，ガスの種類にかかわらず，30立方メートルとする．

2 法第35条の2の経済産業省令で定めるものは，ガス設備（告示で定めるものを除く．以下この条において同じ．）とする．

🪼**第49条（検査記録の届出）**法第39条の11第1項の規定により届出をしようとする認定完成検査実施者は，様式第33の完成検査記録届書に次の各号に掲げる事項を記載した検査の記録を添えて，事業所の所在地を管轄する都道府県知事に提出しなければならない．

一 検査をした特定変更工事の内容
二 特定変更工事の設備ごとの検査の方法，記録及びその結果

6章 容器保安規則

第8条（刻印等の方式）法第45条第1項の規定により，刻印をしようとする者は，容器の圧肉の部分の見やすい箇所に，明瞭に，かつ，消えないように次の各号に掲げる事項をその順序で刻印しなければならない．
　一　検査実施者の名称の符号
　二　容器製造者
　三　充てんすべき高圧ガスの種類
　五　容器の記号
　六　内容積（記号V，単位リットル）
　九　容器検査に合格した年月
　十二　最高充てん圧力（圧縮ガス，超低温容器，液化天然ガス自動車燃料装置用容器）
　　　最高充てん圧力（記号FP，単位メガパスカル）及びM

第10条（表示の方式）
　一　次の表の上欄に掲げる高圧ガスの種類に応じて，それぞれ同表の下欄に掲げる塗色をその容器の外面の見やすい箇所に，容器の表面積の2分の1以上について行うものとする．

高圧ガスの種類	塗色
酸素ガス	黒
水素ガス	赤
液化炭酸ガス	緑
液化アンモニア	白
液化塩素	黄
アセチレンガス	かっ色
その他の高圧ガス	ねずみ色

　二　容器の外面に次に掲げる事項を明示するものとする．
　　イ　充てんすることができる高圧ガスの名称
　　ロ　充てんすることができる高圧ガスが可燃性ガス及び毒性ガスの場合にあっては，当該高圧ガスの性質を示す文字（可燃性ガスにあっては「燃」，毒性ガスにあっては「毒」）

第18条（附属品検査の刻印）法第49条の3第1項の規定により，刻印をしようとする者は，附属品の厚肉の部分の見やすい箇所に，明瞭に，かつ，消えないように次の各号に掲げる事項をその順序で刻印しなければならない．ただし，刻印することが適当でない附属品については，他の薄板に刻印したものを取れないように附属品の見やすい箇所に溶接をし，はんだ付けをし，又はろう付けをしたものをもってこれに代えることができる．
　一　附属品検査に合格した年月日
　二　検査実施者の名称の符号
　三　附属品製造業者の名称又はその符号

四　附属品の記号及び番号
五　附属品の質量（記号 W，単位キログラム）
六　耐圧試験における圧力（記号 TP，単位メガパスカル）及び M
七　附属品が装置されるべき容器の種類
八　液化水素運送自動車用容器に装置する安全弁にあっては安全弁の種類

第 19 条（再充てん禁止容器以外の容器に係る附属品）法第 48 条第 1 項第三号の経済産業省令で定める容器は，次の各号に掲げる容器とし，同項第三号の経済産業省令で定める附属品は，それぞれ当該各号に掲げる附属品とする．
一　次のイからホまでに掲げる容器以外の容器，安全弁
　　イ　安全弁と接することにより当該安全弁を著しく劣化させるおそれがある高圧ガスを充てんする容器
　　ロ　毒性ガスを充てんする容器であって安全弁を装置することが不適切であるもの

第 22 条（液化ガスの質量の計算の方法）法第 48 条第 4 項各号の経済産業省令で定める方法は，次の算式によるものとする．

$$G = V \div C$$

G：液化ガスの質量（単位：キログラム）の数値
V：容器の内容積（単位：リットル）の数値
C：定数

第 24 条（容器再検査の期間）
一　溶接容器，超低温容器及びろう付け容器については，製造した後の経過年数 20 年未満のものは 5 年，経過年数 20 年以上のものは 2 年
三　一般継目なし容器については，5 年
四　一般複合容器については，3 年

第 26 条（容器再検査における容器の規格）
一　容器は，次のイからハまでに規定するところにより外観検査を行い，これに合格するものであること．
　　イ　容器ごとに行うこと．
　　ロ　内面又は外面（アセチレンの容器であって多孔質物を詰めてあるものについては，外面）に容器の使用上支障のある腐食，割れ，すじ等がないものを合格とすること．
　　ハ　内容積が 15 リットル以上 120 リットル未満の液化石油ガスを充てんする容器（液化石油ガス自動車燃料装置用容器を除く．）にあっては，スカートの著しい腐食，摩耗又は変形がないものであり，かつ，底面間隔（容器を水平面に直立させた場合における当該容器本体の底面と水平面との間隔をいう．）が当該容器の底部の腐食の防止のため十分なものを合格とすること．
三　容器は，耐圧試験を行い，これに合格するものであること．
2　法第 49 条第 2 項の経済産業省令で定める規格のうち，超低温容器に係るものは，次の各号に掲げるものとする．
一　容器は，気密試験を行い，これに合格するものであること．
二　容器は，断熱性能試験を行い，これに合格するものであること．

第 27 条（附属品再検査の期間）法第 48 条第 1 項第三号の経済産業省令で定める期間は，次の各号に掲げるものとする．
一　容器に装置されている附属品については，当該附属品が附属品検査に合格

した日から当該附属品が装置されている容器が附属品検査等合格日から2年経過して最初に受ける容器再検査までの間.

四　容器に装置されていない附属品については，2年.

参考文献

1) 高圧ガス保安協会 編（2013）「中級 高圧ガス保安技術（乙種化学・機械講習テキスト）第 11 次改訂版」
2) 高圧ガス保安協会 編（2015）「高圧ガス製造保安責任者 乙種化学・機械 試験問題集 平成 27 年度版」高圧ガス保安協会

〈著者略歴〉
辻森　淳（つじもり　あつし）
1992 年　早稲田大学大学院理工学研究科
　　　　機械工学専攻修了
現　在　関東学院大学理工学部理工学科機械学系教授

高圧ガス製造保安責任者
福祉住環境コーディネーター

- 本書の内容に関する質問は，オーム社ホームページの「サポート」から，「お問合せ」の「書籍に関するお問合せ」をご参照いただくか，または書状にてオーム社編集局宛にお願いします．お受けできる質問は本書で紹介した内容に限らせていただきます．なお，電話での質問にはお答えできませんので，あらかじめご了承ください．
- 万一，落丁・乱丁の場合は，送料当社負担でお取替えいたします．当社販売課宛にお送りください．
- 本書の一部の複写複製を希望される場合は，本書扉裏を参照してください．

JCOPY ＜出版者著作権管理機構　委託出版物＞

完全マスター
高圧ガス製造保安責任者　乙種機械

2015 年 8 月 25 日　第 1 版第 1 刷発行
2024 年 10 月 10 日　第 1 版第10刷発行

著　　者　辻森　淳
発 行 者　村上和夫
発 行 所　株式会社オーム社
　　　　　郵便番号　101-8460
　　　　　東京都千代田区神田錦町 3-1
　　　　　電話　03(3233)0641(代表)
　　　　　URL　https://www.ohmsha.co.jp/

© 辻森　淳 *2015*

印刷・製本　平河工業社
ISBN978-4-274-21783-8　Printed in Japan